变电站土建工程试验项目汇编

韩荣国　于　浩　刘　震
陈明浩　陈之伟　韩　杨　主编

山东大学出版社
SHANDONG UNIVERSITY PRESS
·济南·

图书在版编目(CIP)数据

变电站土建工程试验项目汇编 / 韩荣国等主编. —
济南:山东大学出版社,2023.8
ISBN 978-7-5607-7906-5

Ⅰ. ①变… Ⅱ. ①韩… Ⅲ. ①变电所—建筑工程—试
验 Ⅳ. ①TM63-33

中国国家版本馆 CIP 数据核字(2023)第 165483 号

责任编辑 徐 翔
封面设计 王秋忆

变电站土建工程试验项目汇编
BIANDIANZHAN TUJIAN GONGCHENG SHIYAN XIANGMU HUIBIAN

出版发行 山东大学出版社
社 址 山东省济南市山大南路 20 号
邮政编码 250100
发行热线 (0531)88363008
经 销 新华书店
印 刷 济南新雅图印业有限公司
规 格 720 毫米×1000 毫米 1/16
23 印张 451 千字
版 次 2023 年 8 月第 1 版
印 次 2023 年 8 月第 1 次印刷
定 价 98.00 元

前 言

编写本汇编的目的是想提供一份全面的变电站土建工程试验项目指南，以便工程技术人员、试验人员和相关研究人员在进行土建工程试验时有所参考。随着土建工程行业的不断发展，试验项目和方法也在不断更新和完善，为了提高试验的准确性和可靠性，本汇编整理和归纳了最新的试验项目和技术指标。

本汇编提供了各类土建材料的试验检测技术指标，试验人员可以根据具体的试验需求和条件进行查阅。

本汇编还列举了大量标准和规范，包括国家、行业的相关标准和规范。这些标准和规范是进行土建工程试验的重要依据和指南，有助于试验人员在进行试验时遵循正确的流程。

总之，本汇编旨在为变电站土建工程技术人员、试验人员和相关研究人员提供一份全面、实用的土建工程试验项目指南。希望本汇编能为变电站土建工程试验相关人员提供帮助，为土建工程的质量管控提供有力支撑。

编 者

2023 年 6 月

目　录

第一章　水　泥

一、概述及引用标准

（一）概述

水泥是一种水硬性无机胶凝材料，水泥加水后拌和塑性浆体，能胶结沙石等适当材料，并能在空气和水中硬化。

（1）水泥品种：水泥品种繁多，按用途及性能分为通用水泥、专用水泥和特性水泥。

①通用水泥：一般土木建筑工程经常采用的水泥，主要有硅酸盐水泥、普通硅酸盐水泥、矿渣硅酸盐水泥、火山灰质硅酸盐水泥、粉煤灰硅酸盐水泥和复合硅酸盐水泥等。

②专用水泥：通俗点来说就是有专门用途的水泥，比如道路硅酸盐水泥、G级油井水泥等。专用水泥可以根据不同的专门用途来进行不同的命名，可以有不同的型号。

③特性水泥：是某种特性比较突出的水泥，相对专用水泥来说，它的使用范围更广，比如膨胀硫铝酸盐水泥、快硬硅酸盐水泥、大坝水泥等。

（2）常用通用水泥：

①通用硅酸盐水泥：以硅酸盐水泥熟料和适量的石膏及规定的混合材料制成的水硬性胶凝材料。

②中热硅酸盐水泥：以适当成分的硅酸盐水泥熟料，加入适量石膏，磨细制成的具有中等水化热的水硬性胶凝材料。

③低热硅酸盐水泥：以适当成分的硅酸盐水泥熟料，加入适量石膏，磨细制成的具有低水化热的水硬性胶凝材料。

通用硅酸盐水泥品种、代号、强度等级划分如表 1-1 所示。

表 1-1　通用硅酸盐水泥品种、代号、强度等级划分表

品种	代号	强度等级
硅酸盐水泥	P.Ⅰ	分为 42.5、42.5R、52.5、52.5R、62.5、62.5R 六个等级
	P.Ⅱ	
普通硅酸盐水泥	P.O	分为 42.5、42.5R、52.5、52.5R 四个等级
矿渣硅酸盐水泥	P.S.A	分为 32.5、32.5R、42.5、42.5R、52.5、52.5R 六个等级
	P.S.B	
火山灰质硅酸盐水泥	P.P	
粉煤灰硅酸盐水泥	P.F	
复合硅酸盐水泥	P.C	分为 42.5、42.5R、52.5、52.5R 四个等级

水泥品种与强度等级的选用应根据设计、施工要求以及工程所处环境确定。对于一般建筑结构及预制构件的普通混凝土，宜采用通用硅酸盐水泥；高强混凝土和有抗冻要求的混凝土宜采用硅酸盐水泥或普通硅酸盐水泥；有预防混凝土碱骨料反应要求的混凝土工程宜采用碱含量低于 0.6%的水泥；大体积混凝土宜采用中、低热硅酸盐水泥或低热矿渣硅酸盐水泥。

(二)引用标准

《通用硅酸盐水泥》(GB 175—2007)；

《中热硅酸盐水泥、低热硅酸盐水泥》(GB/T 200—2017)；

《水泥取样方法》(GB/T 12573—2008)；

《建筑材料放射性核素限量》(GB 6566—2010)；

《混凝土质量控制标准》(GB 50164—2011)；

《水泥标准稠度用水量、凝结时间、安定性检验方法》(GB/T 1346—2011)；

《混凝土结构工程施工质量验收规范》(GB 50204—2015)；

《变电(换流)站土建工程施工质量验收规范》(Q/GDW 10183—2021)。

二、试验检测参数

(1)主要项目：强度，凝结时间，安定性，氧化镁含量，氯离子含量，碱含量(碱含量低于 0.6%的水泥)，水化热(中、低热硅酸盐水泥或低热矿渣硅酸盐水泥)。

(2)其他项目：不溶物，三氧化硫，烧失量，比表面积或细度，放射性。

三、试验检测技术指标

(一)强度指标

不同品种、不同强度等级的通用硅酸盐水泥,其不同龄期的强度应符合表1-2的规定。

表 1-2 通用硅酸盐水泥强度

品种	强度等级	抗压强度/MPa		抗折强度/MPa	
		3 d	28 d	3 d	28 d
硅酸盐水泥	42.5	≥17.0	≥42.5	≥3.5	≥6.5
	42.5R	≥22.0		≥4.0	
	52.5	≥23.0	≥52.5	≥4.0	≥7.0
	52.5R	≥27.0		≥5.0	
	62.5	≥28.0	≥62.5	≥5.0	≥8.0
	62.5R	≥32.0		≥5.5	
普通硅酸盐水泥	42.5	≥17.0	≥42.5	≥3.5	≥6.5
	42.5R	≥22.0		≥4.0	
	52.5	≥23.0	≥52.5	≥4.0	≥7.0
	52.5R	≥27.0		≥5.0	
矿渣硅酸盐水泥 火山灰质硅酸盐水泥 粉煤灰硅酸盐水泥	32.5	≥10.0	≥32.5	≥2.5	≥5.5
	32.5R	≥15.0		≥3.5	
	42.5	≥15.0	≥42.5	≥3.5	≥6.5
	42.5R	≥19.0		≥4.0	
	52.5	≥21.0	≥52.5	≥4.0	≥7.0
	52.5R	≥23.0		≥4.5	
复合硅酸盐水泥	42.5	≥15.0	≥42.5	≥3.5	≥6.5
	42.5R	≥19.0		≥4.0	
	52.5	≥21.0	≥52.5	≥4.0	≥7.0
	52.5R	≥23.0		≥4.5	

中、低热水泥 3 d、7 d 和 28 d 的强度指标应符合表 1-3 的规定，低热水泥 90 d的抗压强度应不小于 62.5 MPa。

表 1-3 中、低热水泥 3 d、7 d 和 28 d 的强度指标

<table>
<tr><th rowspan="2">品种</th><th rowspan="2">强度等级</th><th colspan="3">抗压强度/MPa</th><th colspan="3">抗折强度/MPa</th></tr>
<tr><th>3 d</th><th>7 d</th><th>28 d</th><th>3 d</th><th>7 d</th><th>28 d</th></tr>
<tr><td>中热水泥</td><td>42.5</td><td>≥12.0</td><td>≥22.0</td><td>≥42.5</td><td>≥3.0</td><td>≥4.5</td><td>≥6.5</td></tr>
<tr><td rowspan="2">低热水泥</td><td>32.5</td><td>—</td><td>≥10.0</td><td>≥32.5</td><td>—</td><td>≥3.0</td><td>≥5.5</td></tr>
<tr><td>42.5</td><td>—</td><td>≥13.0</td><td>≥42.5</td><td>—</td><td>≥3.5</td><td>≥6.5</td></tr>
</table>

(二)化学指标

不同品种的通用硅酸盐水泥，其化学指标应符合表 1-4 的规定。

表 1-4 通用硅酸盐水泥化学指标 单位：%

<table>
<tr><th>品种</th><th>代号</th><th>不溶物
(质量分数)</th><th>烧失量
(质量分数)</th><th>三氧化硫
(质量分数)</th><th>氧化镁
(质量分数)</th><th>氯离子
(质量分数)</th></tr>
<tr><td rowspan="2">硅酸盐水泥</td><td>P.Ⅰ</td><td>≤0.75</td><td>≤3.0</td><td rowspan="3">≤3.5</td><td rowspan="3">≤5.0①</td><td rowspan="8">≤0.06③</td></tr>
<tr><td>P.Ⅱ</td><td>≤1.5</td><td>≤3.5</td></tr>
<tr><td>普通硅酸盐水泥</td><td>P.O</td><td>—</td><td>≤5.0</td></tr>
<tr><td rowspan="2">矿渣硅酸盐水泥</td><td>P.S.A</td><td>—</td><td>—</td><td rowspan="2">≤4.0</td><td>≤6.0②</td></tr>
<tr><td>P.S.B</td><td>—</td><td>—</td><td>—</td></tr>
<tr><td>火山灰质硅酸盐水泥</td><td>P.P</td><td>—</td><td>—</td><td rowspan="3">≤3.5</td><td rowspan="3">≤6.0②</td></tr>
<tr><td>粉煤灰硅酸盐水泥</td><td>P.F</td><td>—</td><td>—</td></tr>
<tr><td>复合硅酸盐水泥</td><td>P.C</td><td>—</td><td>—</td></tr>
<tr><td>中、低热水泥</td><td>—</td><td>≤0.75</td><td>≤3.0</td><td>≤3.5</td><td>≤5.0①</td><td>—</td></tr>
</table>

①如果水泥蒸压试验合格，则水泥中氧化镁的含量(质量分数)允许放宽至 6.0%。

②如果水泥中氧化镁的含量(质量分数)大于 6.0%，需进行水泥蒸压安定性试验并合格。

③当有更低要求时，该指标由买卖双方确定。

(三)碱含量(选择性指标)

水泥中的碱含量用 $Na_2O+0.658K_2O$ 的计算值表示。若使用活性骨料，用户要求提供低碱水泥，水泥中的碱含量应不大于 0.60%或由买卖双方协商确定。

(四)凝结时间

硅酸盐水泥初凝时间应不小于 45 min,终凝时间应不大于 390 min。

普通硅酸盐水泥、矿渣硅酸盐水泥、火山灰质硅酸盐水泥、粉煤灰硅酸盐水泥和复合硅酸盐水泥初凝时间应不小于 45 min,终凝时间应不大于 600 min。

中、低热硅酸盐水泥初凝时间应不小于 60 min,终凝时间应不大于 720 min。

(五)安定性

沸煮法检测合格。

(六)细度或比表面积(选择性指标)

硅酸盐水泥和普通硅酸盐水泥的细度以比表面积表示,其比表面积应不小于 300 m^2/kg;矿渣硅酸盐水泥、火山灰质硅酸盐水泥、粉煤灰硅酸盐水泥和复合硅酸盐水泥的细度以筛余表示,其 80 μm 方孔筛筛余应不大于 10%或 45 μm 方孔筛筛余应不大于 30%。

中、低热硅酸盐水泥的比表面积应不小于 250 m^2/kg。

(七)水化热

水泥 3 d 和 7 d 的水化热应符合表 1-5 的规定,32.5 级低热水泥 28 d 的水化热应不大于 290 kJ/kg,42.5 级低热水泥 28 d 的水化热应不大于 310 kJ/kg。

表 1-5 水泥 3 d 和 7 d 的水化热指标

品种	强度等级	水化热/(kJ/kg)	
		3 d	7 d
中热水泥	42.5	≤251	≤293
低热水泥	32.5	≤197	≤230
	42.5	≤230	≤260

(八)放射性

建筑主体材料中天然放射性核素镭 226、钍 232、钾 40 的放射性比活度应同时满足 I_{Ra}(内照射指数)≤1.0 和 I_r(外照射指数)≤1.0。

对空心率大于 25%的建筑主体材料,其天然放射性核素镭 226、钍 232、钾 40 的放射性比活度应同时满足 I_{Ra}≤1.0 和 I_r≤1.3。

四、取样规定及取样地点

(一)水泥取样规定

(1)水泥进场时，应对其品种、级别、包装或散装仓号、出厂日期等进行检查。同一生产厂家、同一等级、同一品种、同一批号且连续进场的水泥，袋装水泥按不超过200 t为一批，散装水泥按不超过500 t为一批，每批抽样不少于一次。

(2)取样应有代表性，可连续取，也可以从20个以上不同部位等量取样，取样总量至少为12 kg。

(3)碱含量低于0.6%的水泥应进行碱含量检测。

(4)中、低热硅酸盐水泥或低热矿渣硅酸盐水泥应进行水化热检测。

(5)《变电(换流)站土建工程施工质量验收规范》(Q/GDW 10183—2021)规定，对于变电站工程，水泥进场后，对于同一生产厂家、同一等级、同一品种、同一批号且连续进场的水泥，袋装水泥按不超过100 t为一批，散装水泥按不超过200 t为一批，每批抽样不少于一次。

(6)当在使用中对水泥质量有怀疑或水泥出厂超过3个月(快硬硅酸盐水泥超过1个月)时，应进行复验，并按复验结果使用。

(7)当进行大体积混凝土施工时，必须进行水化热检测。

(8)出厂编号：水泥出厂前按同品种、同强度等级编号和取样。袋装水泥和散装水泥应分别进行编号和取样。每一编号为一取样单位。

水泥出厂编号按年生产能力规定为：

①$2\times10^6$ t以上，不超过4000 t为一编号。

②$1.2\times10^6$～2×10^6 t，不超过2400 t为一编号。

③$6\times10^5$～1.2×10^6 t，不超过1000 t为一编号。

④$3\times10^5$～6×10^5 t，不超过600 t为一编号。

⑤$1\times10^5$～3×10^5 t，不超过400 t为一编号。

⑥$1\times10^5$ t以下，不超过200 t为一编号。

(二)取样地点

(1)主要取样地点为现场水泥库。

(2)散装水泥在散装容器或输送设备中取样。

五、水泥取样的方法

(一)袋装水泥取样的方法

每一个编号内随机抽取不少于20袋水泥，采用袋装水泥取样器(见图1-1)

取样，将取样器沿对角线方向插入水泥包装袋中，用大拇指按住气孔，小心抽出样管，将所取样品放入洁净、干燥、防潮、密闭、不易破损并且不影响水泥性能的容器中，每次抽取的单样量应尽量一致，总量至少 12 kg。

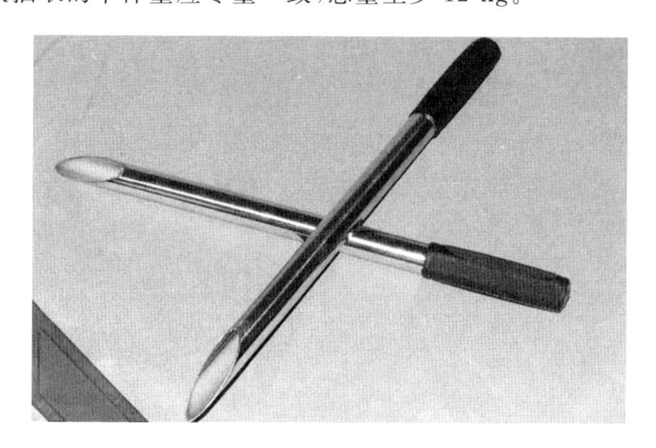

图 1-1 袋装水泥取样器

(二)散装水泥取样的方法

当所取水泥深度不超过 2 m 时，应在每一个编号内用散装水泥取样器(见图 1-2)随机取样。通过转动取样器内管控制开关，在适当位置插入水泥一定深度，关闭后小心抽出，将所取样品放入洁净、干燥、防潮、密闭、不易破损并且不影响水泥性能的容器中，每次抽取的单样量应尽量一致，总量至少 12 kg。

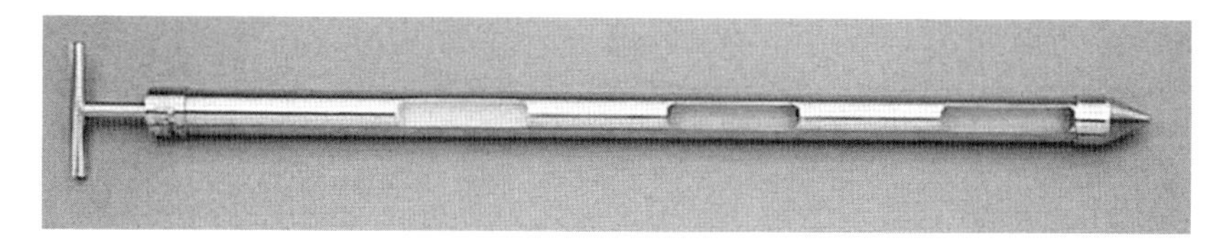

图 1-2 散装水泥取样器

(三)检验样品制备方法

四分法缩分(sample quartering)是一种缩分方法，可用此方法制备检验样品。该方法即将采集回来的各个样品充分混合均匀后，堆为一堆，从正中划“十”字，再将“十”字的对角两份分出来，将分出来的两份混合均匀后再从正中划“十”字，这样直至样品数量达到所需要的数量为止，最终得到的样品即为检验样品。

第二章 砂

一、概述及引用标准

(一)概述

建筑用砂指适用于建筑工程中混凝土及其制品的砂和建筑砂浆用砂。

(1)按粗细程度可将砂分为：

①粗砂：μ_f=3.1～3.7 的砂(μ_f为砂的细度模数)。

②中砂：μ_f=2.3～3.0 的砂。

③细砂：μ_f=1.6～2.2 的砂。

④特细砂：μ_f=0.7～1.5 的砂。

(2)按产源可将砂分为：

①天然砂：在自然条件作用下岩石产生破碎、风化、分选、运移、堆/沉积，形成的粒径小于 4.75 mm 的岩石颗粒(天然砂包括河砂、湖砂、山砂、净化处理的海砂，但不包括软质、风化的颗粒)。

②机制砂：以岩石、卵石、矿山废石和尾矿等为原料，经除土处理，由机械破碎、整形、筛分、粉控等工艺制成的，级配、粒形和石粉含量满足要求且粒径小于 4.75 mm 的颗粒(机制砂不包括软质、风化的颗粒)。

③混合砂：由机制砂和天然砂按一定比例混合而成的砂。

(3)有关砂的一些名词介绍如下：

①含泥量：天然砂中粒径小于 75 μm 的颗粒含量。

②石粉含量：机制砂中粒径小于 75 μm 的颗粒含量。

③泥块含量：砂中原粒径大于 1.18 mm，经水浸泡、淘洗等处理后小于 0.60 mm 的颗粒含量。

④碱骨料反应：砂中碱活性矿物与水泥、矿物掺合料、外加剂等混凝土组成

物及环境中的碱在潮湿环境下缓慢发生并导致混凝土开裂破坏的膨胀反应。

⑤亚甲蓝(MB)值:用于判定机制砂吸附性能的指标。

(二)引用标准

《普通混凝土用砂、石质量及检验方法标准》(JGJ 52—2006);

《建设用砂》(GB/T 14684—2022);

《建筑材料放射性核素限量》(GB 6566—2010);

《混凝土质量控制标准》(GB 50164—2011)。

二、试验检测参数

(1)主要项目:颗粒级配,含泥量,石粉含量(机制砂),泥块含量,氯离子含量,有害物质含量(云母、有机质、轻物质、硫酸盐、硫化物),贝壳含量(海砂及淡化海砂),坚固性,压碎指标(机制砂),片状颗粒含量。

(2)其他项目:表观密度、松散堆积密度、空隙率,放射性,碱骨料反应,含水率和饱和面干吸水率。

(3)注意事项:

①若为海砂和淡化海砂,氯离子含量为必检项目。

②使用新产源的砂时,要进行全面的质量检验。

③对于长期处于潮湿环境的重要混凝土结构所用的砂,应进行碱骨料反应检验。

④机制砂主要参数可不包括氯离子含量和有害物质含量。

⑤砂中氯离子含量应符合下列规定:对于钢筋混凝土用砂,其氯离子含量不得大于0.06%(以干砂的质量百分率计);对于预应力混凝土用砂,其氯离子含量不得大于0.02%(以干砂的质量百分率计)。

三、试验检测技术指标

(一)颗粒级配

(1)除特细砂外,Ⅰ类砂的累计筛余应符合表2-1中2区的规定,分计筛余应符合表2-2的规定;Ⅱ类和Ⅲ类砂的累计筛余应符合表2-1的规定。砂的实际颗粒级配除4.75 mm和0.60 mm筛挡外,可以超出,但各级累计筛余超出值总和不应大于5%。

表 2-1　砂的累计筛余

砂的分类	天然砂			机制砂、混合砂		
级配区	1 区	2 区	3 区	1 区	2 区	3 区
方筛孔尺寸	累计筛余/%					
4.75 mm	0～10	0～10	0～10	0～5	0～5	0～5
2.36 mm	5～35	0～25	0～15	5～35	0～25	0～15
1.18 mm	35～65	10～50	0～25	35～65	10～50	0～25
600 μm	71～85	41～70	16～40	71～85	41～70	16～40
300 μm	80～95	70～92	55～85	80～95	70～92	55～85
150 μm	90～100	90～100	90～100	85～97	80～94	75～94

表 2-2　砂的分计筛余

项目	方筛孔尺寸						
	4.75 mm①	2.36 mm	1.18 mm	600 μm	300 μm	150 μm②	筛底③
分计筛余/%	0～10	10～15	10～25	20～31	20～30	5～15	0～20

①对于机制砂，4.75 mm 筛的分计筛余不应大于 5%。

②对于 MB>1.4 的机制砂，0.15 mm 筛和筛底的分计筛余之和不应大于 25%。

③对于天然砂，筛底的分计筛余不应大于 10%。

(2) Ⅰ类砂的细度模数应为 2.3～3.2。

(二)天然砂的含泥量、机制砂的亚甲蓝值与石粉含量

(1)天然砂的含泥量应符合表 2-3 的规定。

表 2-3　天然砂的含泥量

项目	类别		
	Ⅰ类	Ⅱ类	Ⅲ类
含泥量(质量分数)/%	≤1.0	≤3.0	≤5.0

(2)机制砂的石粉含量应符合表 2-4 的规定。

表 2-4　机制砂的石粉含量

类别	亚甲蓝(MB)值	石粉含量(质量分数)/%
Ⅰ类	MB≤0.5	≤15.0
	0.5<MB≤1.0	≤10.0
	1.0<MB≤1.4 或快速试验合格	≤5.0
	MB>1.4 或快速试验不合格	≤1.0①
Ⅱ类	MB≤1.0	≤15.0
	1.0<MB≤1.4 或快速试验合格	≤10.0
	MB>1.4 或快速试验不合格	≤3.0①
Ⅲ类	MB≤1.4 或快速试验合格	≤15.0
	MB>1.4 或快速试验不合格	≤5.0①

注：砂浆用砂的石粉含量不做限制。

①根据使用环境和用途，经试验验证，由供需双方协商确定，Ⅰ类砂石粉含量可放宽至不大于3.0%，Ⅱ类砂石粉含量可放宽至不大于5.0%，Ⅲ类砂石粉含量可放宽至不大于7.0%。

(三)泥块含量

砂的泥块含量应符合表 2-5 的规定。

表 2-5　砂的泥块含量

项目	类别		
	Ⅰ类	Ⅱ类	Ⅲ类
泥块含量(质量分数)/%	≤0.2	≤1.0	≤2.0

(四)有害物质

砂中如含有云母、轻物质、有机物、硫化物及硫酸盐、氯化物、贝壳，其含量应符合表 2-6 的规定。

表 2-6　砂中有害物质含量

项目	类别		
	Ⅰ类	Ⅱ类	Ⅲ类
云母(质量分数)/%	≤1.0	≤2.0	
轻物质(质量分数)①/%	≤1.0		

续表

项目	类别		
	Ⅰ类	Ⅱ类	Ⅲ类
有机物	合格		
硫化物及硫酸盐(按 SO_3 质量计)/%	≤0.5		
氯化物(以氯离子质量计)/%	≤0.01	≤0.02	≤0.06[②]
贝壳(质量分数)[③]/%	≤3.0	≤5.0	≤8.0

①天然砂中如含有浮石、火山渣等天然轻骨料时,经试验验证后,该指标可不做要求。

②对于钢筋混凝土用净化处理的海砂,其氯化物含量应小于或等于 0.02%。

③该指标仅适用于净化处理的海砂,其他砂种不做要求。

(五)坚固性

采用硫酸钠溶液法进行试验时,砂的质量损失应符合表 2-7 的规定。

表 2-7　砂的质量损失

项目	类别		
	Ⅰ类	Ⅱ类	Ⅲ类
质量损失率/%	≤8		≤10

(六)压碎指标

机制砂的压碎指标应满足表 2-8 的规定。

表 2-8　机制砂的压碎指标

项目	类别		
	Ⅰ类	Ⅱ类	Ⅲ类
单级最大压碎指标/%	≤20	≤25	≤30

(七)片状颗粒含量

Ⅰ类机制砂的片状颗粒含量不应大于 10%。

(八)表观密度、松散堆积密度、空隙率

除特细砂外,砂的表观密度、松散堆积密度和空隙率应符合如下规定:表观密度不小于 2500 kg/m^3,松散堆积密度不小于 1400 kg/m^3,空隙率不大于 44%。

（九）放射性

建筑主体材料中天然放射性核素镭 226、钍 232、钾 40 的放射性比活度应同时满足 $I_{Ra} \leqslant 1.0$ 和 $I_r \leqslant 1.0$。

对空心率大于 25％的建筑主体材料，其天然放射性核素镭 226、钍 232、钾 40 的放射性比活度应同时满足 $I_{Ra} \leqslant 1.0$ 和 $I_r \leqslant 1.3$。

（十）碱骨料反应

当需方提出要求时，应出示膨胀率实测值及碱活性评定结果。

（十一）含水率和饱和面干吸水率

当用户有要求时，应报告其实测值。

四、取样规定及取样地点

（一）取样规定

(1)砂的验收：应按同产地、同规格分批验收。采用大型工具（如火车、货船或汽车）运输的砂，以 400 m^3 或 600 t 为一验收批；采用小型工具（如拖拉机等）运输的砂，应以 200 m^3 或 300 t 为一验收批。不足上述量者，应按一验收批进行验收。当砂的质量比较稳定，进料量又较大时，可以 1000 t 为一验收批。每检验批取样数量为 40～60 kg。

(2)在料堆上取样时，取样部位应均匀分布，取样前先将取样部位表层铲除，然后从各部位抽取大致等量的砂 8 份，组成一组样品。

(3)从皮带运输机上取样时，应在皮带运输机机尾的出料处用接料器定时抽取砂 4 份，组成一组样品。

(4)从火车、汽车、货船上取样时，应从不同部位和深度抽取大致等量的砂 8 份，组成一组样品。

（二）取样地点

取样地点应在现场砂料筛分场、拌和现场或车、船、皮带运输机等运输工具中。

五、取样数量

每一单项检验项目，取样数量应满足表 2-9 的要求。当需要做多项检验时，在确保样品经一项试验后不影响其他试验结果的前提下，可用同组样品进行多项不同的试验。

表 2-9　砂的单项试验取样数量

序号	试验项目	最少取样数量/kg
1	颗粒级配	4.4
2	含泥量	4.4
3	泥块含量	20.0
4	亚甲蓝值与石粉含量	6.0
5	云母含量	0.6
6	轻物质含量	3.2
7	有机物含量	2.0
8	硫化物与硫酸盐含量	0.6
9	氯化物含量	4.4
10	贝壳含量	9.6
11	坚固性	8.0
12	压碎指标	20.0
13	片状颗粒含量	4.4
14	表观密度	2.6
15	松散堆积密度与空隙率	5.0
16	碱骨料反应	20.0
17	放射性	6.0
18	含水率和饱和面干吸水率	4.4

第三章　卵(碎)石

一、概述及引用标准

(一)概述

建筑常用的石子有碎石和卵石,相关术语和定义如下:

(1)碎石:天然岩石、卵石或矿山废石经破碎、筛分等机械加工而成的,粒径大于4.75 mm的岩石颗粒。

(2)卵石:在自然条件作用下岩石产生破碎、风化、分选、运移、堆(沉)积而成的,粒径大于4.75 mm的岩石颗粒。

(3)针、片状颗粒:卵石、碎石颗粒的最大一维尺寸大于该颗粒所属相应粒级的平均粒径2.4倍者为针状颗粒,最小一维尺寸小于该颗粒所属相应粒级的平均粒径0.4倍者为片状颗粒。

(4)不规则颗粒:卵石、碎石颗粒的最小一维尺寸小于该颗粒所属粒级的平均粒径0.5倍的颗粒。

(5)卵石含泥量:卵石中粒径小于75 μm的黏土颗粒含量。

(6)碎石泥粉含量:碎石中粒径小于75 μm的黏土和石粉颗粒含量。

(7)泥块含量:卵石、碎石中原粒径大于4.75 mm,经水浸泡、淘洗等处理后粒径小于2.36 mm的颗粒含量。

(8)碱骨料反应:卵石、碎石中碱活性矿物与水泥、矿物掺合料、外加剂等混凝土组成物及环境中的碱在潮湿环境下缓慢发生并导致混凝土开裂破坏的膨胀反应。

(二)引用标准

《普通混凝土用砂、石质量及检验方法标准》(JGJ 52—2006);

《建筑材料放射性核素限量》(GB 6566—2010);

《混凝土质量控制标准》(GB 50164—2011);

《建设用卵石、碎石》(GB/T 14685—2022)。

二、试验检测参数

(1)主要项目:颗粒级配,含泥量、泥粉含量、泥块含量,针、片状颗粒含量和不规则颗粒含量,坚固性,压碎指标。

(2)其他项目:表观密度、连续级配松散堆积空隙率,吸水率,有害物质含量(有机物、硫化物、硫酸盐),碱骨料反应,放射性,岩石抗压强度,含水率和堆积密度。

(3)注意事项:

①使用新产源的石子时,要进行全面质量检验。

②对于长期处于潮湿环境的重要混凝土结构所用的岩石,应进行碱骨料反应检验。

③用于高强混凝土的粗骨料应检验岩石的抗压强度。

三、试验检测技术指标

(一)颗粒级配

卵石、碎石的颗粒级配应符合表3-1的规定。

表3-1 卵石、碎石的颗粒级配

公称粒级/mm		累计筛余/%											
		方孔筛孔径/mm											
		2.36	4.75	9.50	16.0	19.0	26.5	31.5	37.5	53.0	63.0	75.0	90.0
连续粒级	5~16	95~100	85~100	30~60	0~10	0	—	—	—	—	—	—	—
	5~20	95~100	90~100	40~80	—	0~10	0	—	—	—	—	—	—
	5~25	95~100	90~100	—	30~70	—	0~5	0	—	—	—	—	—
	5~31.5	95~100	90~100	70~90	—	15~45	—	0~5	0	—	—	—	—
	5~40	—	95~100	70~90		30~65	—	—	0~5	0	—	—	—
单粒粒级	5~10	95~100	80~100	0~15	0	—	—	—	—	—	—	—	—
	10~16	—	95~100	80~100	0~15	0	—	—	—	—	—	—	—
	10~20	—	95~100	85~100	—	0~15	0	—	—	—	—	—	—
	16~25	—	—	95~100	55~70	25~40	0~10	0	—	—	—	—	—
	16~31.5	—	95~100	—	85~100	—	—	0~10	0	—	—	—	—
	20~40	—	—	95~100	—	80~100	—	—	0~10	0	—	—	—
	25~31.5	—	—	—	95~100	—	80~100	0~10	0	—	—	—	—
	40~80	—	—	—	—	95~100	—	—	70~100	—	30~60	0~10	0

注:“—”表示该孔径累计筛余不做要求,“0”表示该孔径累计筛余为0。

(二)卵石含泥量、碎石泥粉含量和泥块含量

卵石含泥量、碎石泥粉含量和泥块含量应符合表3-2的规定。

表3-2　卵石含泥量、碎石泥粉含量和泥块含量

项目	类别		
	Ⅰ类	Ⅱ类	Ⅲ类
卵石含泥量(质量分数)/%	≤0.5	≤1.0	≤1.5
碎石泥粉含量(质量分数)/%	≤0.5	≤1.5	≤2.0
泥块含量(质量分数)/%	≤0.1	≤0.2	≤0.7

(三)针、片状颗粒含量和不规则颗粒含量

(1)卵石、碎石的针、片状颗粒含量应符合表3-3的规定。

表3-3　卵石、碎石的针、片状颗粒含量

项目	类别		
	Ⅰ类	Ⅱ类	Ⅲ类
针、片状颗粒含量(质量分数)/%	≤5	≤8	≤15

(2)Ⅰ类卵石、碎石的不规则颗粒含量不应大于10%。

(四)坚固性

采用硫酸钠溶液法进行试验时,卵石、碎石的质量损失应符合表3-4的规定。

表3-4　卵石、碎石的质量损失

项目	类别		
	Ⅰ类	Ⅱ类	Ⅲ类
质量损失率/%	≤5	≤8	≤12

(五)压碎指标

卵石、碎石的压碎指标应符合表3-5的规定。

表3-5　卵石、碎石的压碎指标

项目	类别		
	Ⅰ类	Ⅱ类	Ⅲ类
碎石压碎指标/%	≤10	≤20	≤30

续表

项目	类别		
	Ⅰ类	Ⅱ类	Ⅲ类
卵石压碎指标/%	≤12	≤14	≤16

(六)表观密度、连续级配松散堆积空隙率

卵石、碎石的表观密度、连续级配松散堆积空隙率应符合如下规定:

(1)卵石、碎石的表观密度应不小于 2600 kg/m^3。

(2)卵石、碎石的连续级配松散堆积空隙率应符合表 3-6 的规定。

表 3-6 卵石、碎石的连续级配松散堆积空隙率

项目	类别		
	Ⅰ类	Ⅱ类	Ⅲ类
空隙率/%	≤43	≤45	≤47

(七)吸水率

卵石、碎石的吸水率应符合表 3-7 的规定。

表 3-7 卵石、碎石的吸水率

项目	类别		
	Ⅰ类	Ⅱ类	Ⅲ类
吸水率/%	≤1.0	≤2.0	≤2.5

(八)有害物质含量

卵石、碎石的有害物质含量应符合表 3-8 的规定。

表 3-8 卵石、碎石的有害物质含量

项目	类别		
	Ⅰ类	Ⅱ类	Ⅲ类
有机物含量	合格	合格	合格
硫化物及硫酸盐含量(按 SO_3 质量计)/%	≤0.5	≤1.0	≤1.0

(九)碱骨料反应

当需方提出要求时,应出示膨胀率实测值及碱活性评定结果。

(十)放射性

建筑主体材料中天然放射性核素镭 226、钍 232、钾 40 的放射性比活度应同时满足 $I_{Ra} \leqslant 1.0$ 和 $I_r \leqslant 1.0$。

对空心率大于 25%的建筑主体材料，其天然放射性核素镭 226、钍 232、钾 40 的放射性比活度应同时满足 $I_{Ra} \leqslant 1.0$ 和 $I_r \leqslant 1.3$。

(十一)岩石抗压强度

在水饱和状态下，碎石所用母岩的岩石抗压强度：岩浆岩应不小于 80 MPa，变质岩应不小于 60 MPa，沉积岩应不小于 45 MPa。

(十二)含水率和堆积密度

当需方提出要求时，应出示其实测值。

四、取样规定及取样地点

(一)取样规定

(1)卵(碎)石的验收：应按同产地、同规格分批验收。采用大型工具(如火车、货船或汽车)运输的卵(碎)石，以 400 m^3 或 600 t 为一验收批；采用小型工具(如拖拉机等)运输的卵(碎)石，应以 200 m^3 或 300 t 为一验收批。不足上述量者，应按一验收批进行验收。当卵(碎)石的质量比较稳定，进料量又较大时，可以 1000 t 为一验收批。每检验批取样数量为 40～60 kg。

(2)在料堆上取样时，取样部位应均匀分布，取样前先将取样部位表层铲除，然后从各部位抽取大致等量的石子 15 份[《建设用卵石、碎石》(GB/T 14685—2022)中的取样规定为取 15 份，《普通混凝土用砂、石质量及检验方法标准》(JGJ 52—2006)中的取样规定为取 16 份，二者不一致，本书采用《建设用卵石、碎石》(GB/T 14685—2022)中的取样规定]，组成一组样品。

(3)从皮带运输机上取样时，应在皮带运输机机尾的出料处用接料器定时抽取石子 8 份，组成一组样品。

(4)从火车、汽车、货船上取样时，应从不同部位和深度随机抽取大致等量的石子 15 份，组成一组样品。

(5)岩石抗压强度以同品种、规格、适用等级的产品分批验收，按日产量每 600 t 为一批，不足 600 t 亦为一批；日产量超过 2000 t，按 1000 t 为一批，不足 1000 t 亦为一批；日产量超过 5000 t，按 2000 t 为一批，不足 2000 t 亦为一批。

(二)取样地点

取样地点应在现场石子生产场、现场石子料场或车、船、皮带运输机等运输工具中。

五、试样数量

单项试验的最少取样数量应符合表3-9的规定。若进行几项试验，如确能保证试样经一项试验后不致影响另一项试验的结果，可用同一试样进行几项不同的试验。

表3-9 卵石、碎石的单项试验取样数量

序号	试验项目	最少取样数量/kg							
		最大粒径/mm							
		9.5	16.0	19.0	26.5	31.5	37.5	63.0	≥75.0
1	颗粒级配	9.5	16.0	19.0	25.0	31.5	37.5	63.0	80.0
2	卵石含泥量、碎石泥粉含量	8.0	8.0	24.0	24.0	40.0	40.0	80.0	80.0
3	泥块含量	8.0	8.0	24.0	24.0	40.0	40.0	80.0	80.0
4	针、片状颗粒含量	1.2	4.0	8.0	12.0	20.0	40.0	40.0	40.0
5	不规则颗粒含量	8.0	16.0	16.0	24.0	40.0	80.0	80.0	80.0
6	有机物含量	按试验要求的粒级和数量取样							
7	硫酸盐和硫化物含量								
8	坚固性								
9	岩石抗压强度	选取完整石块，按试验要求锯切或钻取成试验用样品							
10	压碎指标	按试验要求的粒级和数量取样							
11	表观密度	8.0	8.0	8.0	8.0	12.0	16.0	24.0	24.0
12	堆积密度与空隙率	40.0	40.0	40.0	40.0	80.0	80.0	120.0	120.0
13	吸水率	8.0	8.0	16.0	16.0	16.0	24.0	24.0	24.0
14	碱骨料反应	20.0	20.0	20.0	20.0	20.0	20.0	20.0	20.0
15	放射性	10.0	10.0	10.0	10.0	10.0	10.0	10.0	10.0
16	含水率	16.0	16.0	16.0	16.0	16.0	16.0	16.0	16.0

第四章　混凝土用水

一、概述及引用标准

(一)概述

混凝土用水的相关术语和定义如下：

(1)混凝土用水：混凝土拌和用水和混凝土养护用水的总称，包括饮用水、地表水、地下水、再生水、混凝土企业设备洗刷水和海水等。

(2)地表水：存在于江、河、湖、塘、沼泽和冰川等中的水。

(3)地下水：存在于岩石缝隙或土壤孔隙中可以流动的水。

(4)再生水：指污水经适当再生工艺处理后具有使用功能的水。

(5)不溶物：在规定的条件下，水样经过滤，未通过滤膜部分干燥后留下的物质。

(6)可溶物：在规定的条件下，水样经过滤，通过滤膜部分干燥蒸发后留下的物质。

(二)引用标准

《混凝土用水标准》(JGJ 63—2006)；

《建筑材料放射性核素限量》(GB 6566—2010)；

《混凝土质量控制标准》(GB 50164—2011)；

《变电(换流)站土建工程施工质量验收规范》(Q/GDW 10183—2021)。

二、试验检测参数

(1)主要项目：pH 值，不溶物含量，可溶物含量，氯离子含量，硫酸根离子含量，碱含量，水泥凝结时间差，水泥胶砂强度比。

(2)其他项目：放射性。

(3)注意事项如下：

①采用非碱活性骨料时，可不检验碱含量。

②符合现行国家标准《生活饮用水卫生标准》(GB 5749—2022)要求的饮用水，可不经检验直接作为混凝土用水。

③采用地表水、地下水、再生水作为混凝土用水时，应进行放射性检测。

三、试验检测技术指标

(1)混凝土拌和用水水质要求应符合表4-1的规定。对于设计使用年限为100年的结构混凝土，氯离子含量不得超过500 mg/L；对使用钢丝或经热处理钢筋的预应力混凝土，氯离子含量不得超过350 mg/L。

表4-1 混凝土拌和用水水质要求

项目	预应力混凝土	钢筋混凝土	素混凝土
pH值	≥5.0	≥4.5	≥4.5
不溶物含量/(mg/L)	≤2000	≤2000	≤5000
可溶物含量/(mg/L)	≤2000	≤5000	≤10000
氯离子含量/(mg/L)	≤500	≤1000	≤3500
硫酸根离子含量/(mg/L)	≤600	≤2000	≤2700
碱含量/(mg/L)	≤1500	≤1500	≤1500

注：碱含量用$Na_2O+0.658K_2O$的计算值来表示。采用非碱活性骨料时，可不检验碱含量。

(2)被检验水样应与饮用水样进行水泥凝结时间对比试验。对比试验的水泥初凝时间差及终凝时间差均不应大于30 min；同时，初凝和终凝时间应符合现行国家标准《通用硅酸盐水泥》(GB 175—2007)的规定。

(3)被检验水样应与饮用水样进行水泥胶砂强度对比试验，被检验水样配制的水泥胶砂3 d和28 d强度不应低于饮用水配制的水泥胶砂3 d和28 d强度的90%。

(4)放射性。总α放射性(单位为Bq/L)指导限值为0.5，总β放射性(单位为Bq/L)指导限值为1。

四、取样规定及取样地点

(一)取样规定

(1)地表水、地下水、再生水和混凝土企业设备洗刷水在使用前应进行检验；

在使用期间，检验频率宜符合下列要求：

①地表水每 6 个月检验一次。

②地下水每年检验一次。

③再生水每 3 个月检验一次，在质量稳定一年后，可每 6 个月检验一次。

④混凝土企业设备洗刷水每 3 个月检验一次，在质量稳定一年后，可每年检验一次。

⑤当发现水受到污染和对混凝土性能有影响时，应立即检验。

(2)水质检验水样不应少于 5 L，用于测定水泥凝结时间和胶砂强度的水样不应少于 3 L。采集水样的容器应无污染；容器应用待采集水样冲洗三次再灌装，并应密封待用。

(二)取样地点

(1)地表水宜在水域中心部位、距水面 100 mm 以下的位置采集。

(2)地下水应在放水冲洗管道后接取，或直接用容器采集。

(3)再生水应在取水管道终端接取。

(4)混凝土企业设备洗刷水应沉淀后，在池中距水面 100 mm 以下的位置采集。

第五章　粉煤灰

一、概述及引用标准

（一）概述

1.粉煤灰简介

粉煤灰是指从电厂煤粉炉烟道气体中收集的粉末。粉煤灰不包括以下情形：(1)和煤一起煅烧城市垃圾或其他废弃物时收集的粉末；(2)在焚烧炉中煅烧工业或城市垃圾时收集的粉末；(3)循环流化床锅炉燃烧收集的粉末。

2.粉煤灰分类

粉煤灰按煤种和氧化钙含量分为F类和C类。F类粉煤灰是指由无烟煤或烟煤燃烧收集的粉煤灰。C类粉煤灰是指氧化钙含量一般大于或等于10%，由褐煤或次烟煤燃烧收集的粉煤灰。

粉煤灰根据用途分为拌制砂浆和混凝土用粉煤灰、水泥活性混合材料用粉煤灰两类。

预应力混凝土宜掺用Ⅰ级F类粉煤灰，掺用Ⅱ级F类粉煤灰时应经过试验论证；其他混凝土宜掺用Ⅰ级、Ⅱ级粉煤灰，掺用Ⅲ级粉煤灰时应经过试验论证。

3.粉煤灰混凝土的配合比设计原则

粉煤灰混凝土的配合比应根据混凝土的强度等级、强度保证率、耐久性、拌合物的工作性等要求，采用工程实际使用的原材料进行设计。

粉煤灰混凝土的设计龄期应根据建筑物类型和实际承载时间确定，并宜采用较长的设计龄期。地上、地面工程宜为28 d或60 d，地下工程宜为60 d或90 d，大坝混凝土宜为90 d或180 d。

试验室进行粉煤灰混凝土配合比设计时，应采用搅拌机拌和。试验室确定的配合比应通过搅拌楼试拌检验后使用。

粉煤灰混凝土的配合比设计可按体积法或质量法计算。

4.粉煤灰的掺量

粉煤灰在混凝土中的掺量应通过试验确定，最大掺量宜符合表 5-1 的规定。

表 5-1 粉煤灰的最大掺量

混凝土种类	硅酸盐水泥/%		普通硅酸盐水泥/%	
	水胶比≤0.4	水胶比>0.4	水胶比≤0.4	水胶比>0.4
预应力混凝土	30	25	25	15
钢筋混凝土	40	35	35	30
素混凝土	55		45	
碾压混凝土	70		65	

注：1.对浇筑量比较大的基础钢筋混凝土，粉煤灰最大掺量可增加 5%～10%。

2.当粉煤灰掺量超过本表规定时，应进行试验论证。

(二)引用标准

《用于水泥和混凝土中的粉煤灰》(GB/T 1596—2017)；

《水泥化学分析方法》(GB/T 176—2017)；

《粉煤灰混凝土应用技术规范》(GB/T 50146—2014)。

二、试验检测参数

(1)主要项目：细度，烧失量，需水量比，三氧化硫含量，游离氧化钙含量(C 类粉煤灰)，二氧化硅、三氧化二铝和三氧化二铁含量，安定性(C 类粉煤灰)。

(2)其他项目：密度，含水量，强度活性指数。

(3)注意事项：

①对同一供货单位，每月测定一次需水量比，每季度测定一次三氧化硫含量。

②当质量不稳定时，应增加取样频次。

三、试验检测技术指标

拌制砂浆和混凝土用粉煤灰的理化性能指标应符合表 5-2 的规定。

表 5-2 拌制砂浆和混凝土用粉煤灰的理化性能指标

项目		理化性能指标		
		Ⅰ级	Ⅱ级	Ⅲ级
细度(45 μm 方孔筛筛余)/%	F类粉煤灰	≤12.0	≤30.0	≤45.0
	C类粉煤灰			
需水量比/%	F类粉煤灰	≤95.0	≤105.0	≤115.0
	C类粉煤灰			
烧失量(Loss)/%	F类粉煤灰	≤5.0	≤8.0	≤10.0
	C类粉煤灰			
含水量/%	F类粉煤灰	≤1.0		
	C类粉煤灰			
三氧化硫(SO_3)质量分数/%	F类粉煤灰	≤3.0		
	C类粉煤灰			
游离氧化钙(f-CaO)质量分数/%	F类粉煤灰	≤1.0		
	C类粉煤灰	≤4.0		
二氧化硅(SiO_2)、三氧化二铝(Al_2O_3)和三氧化二铁(Fe_2O_3)总质量分数/%	F类粉煤灰	≥70.0		
	C类粉煤灰	≥50.0		
密度/(g/cm^3)	F类粉煤灰	≤2.6		
	C类粉煤灰			
安定性(雷氏法)/mm	C类粉煤灰	≤5.0		
强度活性指数/%	F类粉煤灰	≥70.0		
	C类粉煤灰			

四、取样规定及取样地点

(一)取样规定

(1)取样时,以连续供应的 200 t 相同等级、相同种类的粉煤灰为一编号,不足 200 t 按一个编号论,每一编号为一取样单位。

(2)散装粉煤灰的取样:应从每批中 10 个以上不同部位取等量样品,每份不应少于 1.0 kg,混合搅拌均匀,用四分法缩取出比试验需要量约大一倍的试样。

(3)袋装粉煤灰的取样:应从每批中任抽 10 袋,从每袋中各取等量试样一份，每份不应少于 1.0 kg，混合搅拌均匀，用四分法缩取出比试验需要量约大一倍的试样。

（二）取样地点

（1）取样地点为现场粉煤灰仓库。

（2）散装粉煤灰可在容器或运送设备中取样。

第六章　粒化高炉矿渣粉

一、概述及引用标准

（一）概述

粒化高炉矿渣粉是以粒化高炉矿渣为主要原料，掺加少量天然石膏磨制成一定细度的粉体。

（二）引用标准

《用于水泥、砂浆和混凝土中的粒化高炉矿渣粉》(GB/T 18046—2017)；

《混凝土质量控制标准》(GB 50164—2011)。

二、试验检测参数

(1)主要项目：比表面积，活性指数，流动度比。

(2)其他项目：密度，氯离子含量，放射性，玻璃体含量，含水量，三氧化硫含量，烧失量，不溶物含量，初凝时间比。

三、试验检测技术指标

用于水泥、砂浆和混凝土中的粒化高炉矿渣粉的技术指标应符合表 6-1 的规定。

表 6-1　粒化高炉矿渣粉的技术指标

项目	级别		
	S105	S95	S75
比表面积/(m^2/kg)	≥500.00	≥400.00	≥300.00

续表

项目		级别		
		S105	S95	S75
活性指数/%	7 d	≥95.00	≥70.00	≥55.00
	28 d	≥105.00	≥95.00	≥75.00
流动度比/%		≥95.00		
密度/(g/cm^3)		≥2.80		
氯离子含量(质量分数)/%		≤0.06		
放射性		I_{Ra}≤1.00 且 I_r≤1.00		
玻璃体含量(质量分数)/%		≥85.00		
含水量(质量分数)/%		≤1.00		
三氧化硫含量(质量分数)/%		≤4.00		
烧失量(质量分数)/%		≤1.00		
不溶物含量(质量分数)/%		≤3.00		
初凝时间比/%		≤200.00		

注:I_{Ra}为内照射系数,I_r 为外照射系数。

四、取样规定及取样地点

(一)取样规定

取样时,以连续供应的 200 t 相同等级、相同种类的粒化高炉矿渣粉为一个编号,不足 200 t 按一个编号论,每一编号为一取样单位。

取样应有代表性,可连续取样,也可以在 20 个部位以上等量取样,总量至少 20 kg,试样应混合均匀,按四分法缩取出比试验所需要量大一倍的试样。

(二)取样地点

(1)取样地点应在现场粒化高炉矿渣粉仓库。

(2)散装粒化高炉矿渣粉可在容器或运送设备中取样。

第七章　轻集料

一、概述及引用标准

（一）概述

1.概念介绍

（1）轻集料：堆积密度不大于 1200 kg/m^3 的粗、细集料的总称。

（2）人造轻集料：采用无机材料经加工制粒、高温焙烧而制成的轻粗集料（陶粒等）及轻细集料（陶砂等）。

（3）天然轻集料：由火山爆发形成的多孔岩石经破碎、筛分而制成的轻集料，如浮石、火山渣等。

（4）工业废渣轻集料：由工业副产品或固体废弃物经破碎、筛分而制成的轻集料。

（5）煤渣：煤在锅炉内燃烧后的多孔残渣，经破碎、筛分而成的一种工业废渣轻集料。

（6）自燃煤矸石：采煤、选煤过程中排出的煤矸石，经堆积、自燃、破碎、筛分而成的一种工业废渣轻集料。

（7）超轻集料：堆积密度不大于 500 kg/m^3 的保温用或结构保温用的轻粗集料。

（8）高强轻集料：满足表 7-1 规定的结构用轻粗集料。

表 7-1 高强轻粗集料的筒压强度与强度标号

轻粗集料种类	密度等级	筒压强度/MPa	强度标号
人造轻集料	600	4.0	25
	700	5.0	30
	800	6.0	35
	900	6.5	40

2.分类

轻集料按形成方式分为：

(1)人造轻集料：轻粗集料(陶粒等)和轻细集料(陶砂等)。

(2)天然轻集料：浮石、火山渣等。

(3)工业废渣轻集料：煤渣、自燃煤矸石等。

(二)引用标准

《轻集料及其试验方法 第 1 部分：轻集料》(GB/T 17431.1—2010)；

《轻集料及其试验方法 第 2 部分：轻集料试验方法》(GB/T 17431.2—2010)；

《建筑材料放射性核素限量》(GB 6566—2010)。

二、试验检测参数

(1)主要项目：颗粒级配(筛分析)，密度等级，粒型系数，筒压强度(或强度标号)，吸水率与软化系数。

(2)其他项目：放射性，含泥量，泥块含量，煮沸质量损失，硫化物和硫酸盐含量，有机物含量，烧失量，氯化物含量。

三、试验检测技术指标

(一)颗粒级配

各种轻粗集料和轻细集料的颗粒级配应符合表 7-2 的要求，但人造轻粗集料的最大粒径不宜大于 19.0 mm，轻细集料的细度模数宜在 2.3～4.0 范围内。

表 7-2　轻粗集料和轻细集料的颗粒级配

轻集料	级配类别	公称粒级/mm	累计筛余/%											
			方孔筛孔径											
			37.5 mm	31.5 mm	26.5 mm	19.0 mm	16.0 mm	9.50 mm	4.75 mm	2.36 mm	1.18 mm	0.6 mm	0.3 mm	0.15 mm
细集料	—	0～5	—	—	—	—	—	0	0～10	0～35	20～60	30～80	65～90	75～100
粗集料	连续粒级	5～40	0～10	—	—	40～60	—	50～85	90～100	95～100	—	—	—	—
		5～31.5	0～5	0～10	—	—	40～75	—	90～100	95～100	—	—	—	—
		5～25	0	0～5	0～10	—	30～70	—	90～100	95～100	—	—	—	—
		5～20	0	0～5	—	0～10	—	40～80	90～100	95～100	—	—	—	—
		5～16	—	—	0	0～5	0～10	20～60	85～100	95～100	—	—	—	—
		5～10	—	—	—	—	0	0～15	80～100	95～100	—	—	—	—
	单粒级	10～16	—	—	—	0	0～15	85～100	90～100	—	—	—	—	—

(二)密度等级

轻集料密度等级按堆积密度划分,见表 7-3。

表 7-3　轻集料密度等级

轻集料种类	密度等级		堆积密度范围/(kg/m³)
	轻粗集料	轻细集料	
人造轻集料 天然轻集料 工业废渣轻集料	200	—	＞100～200
	300	—	＞200～300
	400	—	＞300～400
	500	500	＞400～500
	600	600	＞500～600
	700	700	＞600～700
	800	800	＞700～800
人造轻集料 天然轻集料 工业废渣轻集料	900	900	＞800～900
	1000	1000	＞900～1000
	1100	1100	＞1000～1100
	1200	1200	＞1100～1200

(三)轻粗集料的粒型系数

轻粗集料的粒型系数应符合表 7-4 的规定。

表 7-4　轻粗集料的粒型系数

轻粗集料种类	平均粒型系数
人造轻集料	≤2.0
天然轻集料 工业废渣轻集料	不做规定

(四)轻粗集料的筒压强度与强度标号

不同密度等级高强轻粗集料的筒压强度和强度标号应不低于表 7-1 的规定,轻粗集料的筒压强度应不低于表 7-5 的规定。

表 7-5　轻粗集料的筒压强度

轻粗集料种类	密度等级	筒压强度/MPa
人造轻集料	200	0.2
	300	0.5
	400	1.0
	500	1.5
	600	2.0
	700	3.0
	800	4.0
	900	5.0
天然轻集料 工业废渣轻集料	600	0.8
	700	1.0
	800	1.2
	900	1.5
	1000	1.5
工业废渣轻集料中的自燃煤矸石	900	3.0
	1000	3.5
	1100～1200	4.0

（五）吸水率与软化系数

轻粗集料的吸水率应不大于表 7-6 的规定。

表 7-6　轻粗集料的吸水率

轻粗集料种类	密度等级	1 h 吸水率/%
人造轻集料 工业废渣轻集料	200	30
	300	25
	400	20
	500	15
	600～1200	10
人造轻集料中的粉煤灰陶粒①	600～900	20
天然轻集料	600～1200	—

①系指采用烧结工艺生产的粉煤灰陶粒。

人造轻粗集料和工业废料轻粗集料的软化系数应不小于0.8，天然轻粗集料的软化系数应不小于0.7。

轻细集料的吸水率和软化系数不做规定，报告实测试验结果。

（六）有害物含量

轻集料的有害物含量应符合表7-7的规定。

表7-7　轻集料的有害物含量指标

项目名称	技术指标
含泥量/%	≤3.0
	结构混凝土用轻集料≤2.0
泥块含量/%	≤1.0
	结构混凝土用轻集料≤0.5
煮沸质量损失/%	≤5.0
烧失量/%	≤5.0
	天然轻集料不做规定，用于无筋混凝土的煤渣允许含量≤18
硫化物和硫酸盐含量(按三氧化硫计)/%	≤1.0
	用于无筋混凝土的自燃煤矸石允许含量≤1.5
有机物含量	不深于标准色，如深于标准色，按GB/T 17431.2—2010中18.6.3的规定操作，且试验结果应不低于95%
氯化物(以氯离子计)含量/%	≤0.02
放射性	建筑主体材料中天然放射性核素镭226、钍232、钾40的放射性比活度应同时满足I_{Ra}≤1.0和I_r≤1.0

四、取样规定及取样地点

（一）取样规定

(1)对均匀料堆进行取样时，以400 m^3为一批，不足一批者也以一批论，试样可从料堆锥体从上到下的不同部位、不同方向任选10个点抽取，但要注意避免抽取离析的及面层的材料。

(2)从袋装料和散装料(车、船)中抽取试样时，应从10个不同位置和高度(或料袋)抽取。

（二）取样地点

取样地点在现场仓库。

第八章　混凝土外加剂

混凝土外加剂(简称外加剂)是指在拌制混凝土拌和前或拌和过程中掺入的用以改善混凝土性能的物质。

混凝土外加剂按使用功能分为以下11类:普通减水剂(早强型、标准型、缓凝型)及高效减水剂(标准型、缓凝型),高性能减水剂(早强型、标准型、缓凝型),早强剂,引气剂及引气减水剂,缓凝剂,泵送剂,防冻剂,膨胀剂,防水剂,速凝剂,防腐阻锈剂。

采用以下代号表示下列各种外加剂的类型。

早强型高性能减水剂:HPWR-A;

标准型高性能减水剂:HPWR-S;

缓凝型高性能减水剂:HPWR-R;

标准型高效减水剂:HWR-S;

缓凝型高效减水剂:HWR-R;

早强型普通减水剂:WR-A;

标准型普通减水剂:WR-S;

缓凝型普通减水剂:WR-R;

引气减水剂:AEWR;

泵送剂:PA;

早强剂:Ac;

缓凝剂:Re;

引气剂:AE。

混凝土外加剂试验检测时,受检混凝土性能指标应符合表8-1的规定,混凝土外加剂的匀质性指标应符合表8-2的规定。

表 8-1 受检混凝土性能指标

项目		外加剂品种												
		高性能减水剂（HPWR）			高效减水剂（HWR）		普通减水剂（WR）			引气减水剂（AEWR）	泵送剂（PA）	早强剂（Ac）	缓凝剂（Re）	引气剂（AE）
		早强型（HPWR-A）	标准型（HPWR-S）	缓凝型（HPWR-R）	标准型（HWR-S）	缓凝型（HWR-R）	早强型（WR-A）	标准型（WR-S）	缓凝型（WR-R）					
减水率/%，≥		25	25	25	14	14	8	8	8	10	12	—	—	6
泌水率比/%，≤		50	60	70	90	100	95	100	100	70	70	100	100	70
含气量/%		≤6.0	≤6.0	≤6.0	≤3.0	≤4.5	≤4.0	≤4.0	≤5.5	≥3.0	≤5.5	—	—	≥3.0
凝结时间差/min	初凝	−90～+90	−90～+120	>+90	−90～+120	>+90	−90～+90	−90～+120	>+90	−90～+120	—	−90～+90	>+90	−90～+120
	终凝			—		—			—			—	—	
1 h经时变化量	坍落度/mm	—	≤80	≤60	—	—	—	—	—	—	≤80	—	—	—
	含气量/%	—	—	—						−1.5～+1.5	—			−1.5～+1.5
抗压强度比/%，≥	1 d	180	170	—	140	—	135	—	—	—	—	135	—	—
	3 d	170	160	—	130	—	130	115	—	115	—	130	—	95
	7 d	145	150	140	125	125	110	115	110	110	115	110	100	95
	28 d	130	140	130	120	120	100	110	110	100	110	100	100	90
收缩率比/%，≤	28 d	110	110	110	135	135	135	135	135	135	135	135	135	135

续表

项目	外加剂品种												
	高性能减水剂（HPWR）			高效减水剂（HWR）		普通减水剂（WR）			引气减水剂（AEWR）	泵送剂（PA）	早强剂（Ac）	缓凝剂（Re）	引气剂（AE）
	早强型（HPWR-A）	标准型（HPWR-S）	缓凝型（HPWR-R）	标准型（HWR-S）	缓凝型（HWR-R）	早强型（WR-A）	标准型（WR-S）	缓凝型（WR-R）					
相对耐久性（200次）/%，≥	—	—	—	—	—	—	—	—	80	—	—	—	80

注：1.表中抗压强度比、收缩率比、相对耐久性为强制性指标，其余为推荐性指标。

2.除含气量和相对耐久性外，表中所列数据为掺外加剂混凝土与基准混凝土的差值或比值。

3.凝结时间差性能指标中的“－”表示提前，“＋”表示延缓。

4.相对耐久性（200次）性能指标中的“≥80”表示将28 d龄期的受检混凝土试件快速冻融循环200次后，动弹性模量保留值≥80%。

5.1 h含气量经时变化量指标中的“－”表示含气量增加，“＋”表示含气量减少。

6.其他品种的外加剂是否需要测定相对耐久性指标，由供需双方协商确定。

7.当用户对泵送剂等产品有特殊要求时，需要进行的补充试验项目、试验方法及指标，由供需双方协商决定。

表 8-2 混凝土外加剂的匀质性指标

项目	指标
氯离子含量/%	不超过生产厂控制值
总碱量/%	不超过生产厂控制值
固体含量/%	$S>25\%$时,应控制在 $0.95S \sim 1.05S$; $S \leqslant 25\%$时,应控制在 $0.90S \sim 1.10S$
含水率/%	$W>5\%$时,应控制在 $0.90W \sim 1.10W$; $W \leqslant 5\%$时,应控制在 $0.80W \sim 1.20W$
密度/(g/cm³)	$D>1.1$ 时,应控制在 $D \pm 0.03$; $D \leqslant 1.1$ 时,应控制在 $D \pm 0.02$
细度	应在生产厂控制范围内
pH 值	应在生产厂控制范围内
硫酸钠含量/%	不超过生产厂控制值

注:1.生产厂应在相关的技术资料中明示产品匀质性指标的控制值。
2.对相同和不同批次之间的匀质性和等效性的其他要求,可由供需双方商定。
3.表中的 S、W 和 D 分别为含固量、含水率和密度的生产厂控制值。

第一节 普通减水剂及高效减水剂

一、概述及引用标准

(一)概述

减水剂是混凝土外加剂中最重要的品种,按其减水率大小,可分为普通减水剂(以木质素磺酸盐类为代表)、高效减水剂(包括萘系、密胺系、氨基磺酸盐系、脂肪族系等)和高性能减水剂(以聚羧酸系高性能减水剂为代表)。

(二)引用标准

《混凝土外加剂应用技术规范》(GB 50119—2013);
《混凝土外加剂》(GB 8076—2008);
《混凝土质量控制标准》(GB 50164—2011)。

二、试验检测参数

(1)主要项目:

①掺外加剂混凝土性能:减水率,抗压强度比,凝结时间差,收缩率比。

②匀质性指标:pH 值,氯离子含量,总碱量,硫酸钠含量。

(2)其他项目:

①掺外加剂混凝土性能:含气量,泌水率比。

②匀质性指标:含固量(液体必测),含水率(粉状必测),密度(液体必测),细度(粉状必测)。

(3)注意事项:减水剂进场时,初始或经时坍落度(或扩展度)应按进场检验批次,采用工程实际使用的原材料和配合比与上批留样进行平行对比试验,其允许偏差应符合现行国家标准《混凝土质量控制标准》(GB 50164—2011)的有关规定。

三、试验检测技术指标

使用普通减水剂及高效减水剂的受检混凝土性能指标见表 8-1,普通减水剂及高效减水剂的匀质性指标见表 8-2。

四、取样规定及取样地点

(一)取样规定

(1)每 50 t 为一检验批,不足 50 t 时也应按一个检验批计。

(2)每一检验批取样量不应少于 0.2 t 胶凝材料所需用的减水剂量。

(3)每一检验批在取样时应充分混匀,并应分为两等份,其中一份应按规定的检测项目及要求进行检验,每检验批检验不得少于两次;另一份应密封留样保存半年,有疑问时,应进行对比检验。

(二)取样地点

取样地点为现场外加剂仓库。

第二节 高性能减水剂

一、概述及引用标准

(一)概述

高性能减水剂是指比高效减水剂具有更高减水率、更好坍落度保持性能、较小干燥收缩,且具有一定引气性能的减水剂。与其他减水剂相比,高性能减水剂在配制高强度混凝土和高耐久性混凝土时,具有明显的技术优势和较高的性价比。高性能减水剂包括聚羧酸系减水剂、氨基羧酸系减水剂以及其他能够达到《混凝土外加剂》(GB 8076—2008)指标要求的减水剂。

(二)引用标准

《混凝土外加剂应用技术规范》(GB 50119—2013);

《混凝土外加剂》(GB 8076—2008);

《混凝土质量控制标准》(GB 50164—2011)。

二、试验检测参数

(1)主要项目:

①掺外加剂混凝土性能:减水率,抗压强度比,凝结时间差,收缩率比。

②匀质性指标:pH 值,氯离子含量,总碱量。

(2)其他项目:

①掺外加剂混凝土性能:含气量,泌水率比,坍落度 1 h 经时变化量。

②匀质性指标:含固量(液体必测),含水率(粉状必测),密度(液体必测),细度(粉状必测),硫酸钠含量。

(3)注意事项:减水剂进场时,初始或经时坍落度(或扩展度)应按进场检验批次,采用工程实际使用的原材料和配合比与上批留样进行平行对比试验,其允许偏差应符合现行国家标准《混凝土质量控制标准》(GB 50164—2011)的有关规定。

三、试验检测技术指标

使用高性能减水剂的受检混凝土性能指标见表 8-1,高性能减水剂的匀质性指标见表 8-2。

四、取样规定及取样地点

(一)取样规定

(1)每 50 t 为一检验批,不足 50 t 时也应按一个检验批计。

(2)每一检验批取样量不应少于 0.2 t 胶凝材料所需用的减水剂量。

(3)同本章第一节“取样规定”中的第(3)条规定。

(二)取样地点

取样地点为现场外加剂仓库。

第三节　早强剂

一、概述及引用标准

(一)概述

混凝土早强剂是指能提高混凝土早期强度,并且对后期强度无显著影响的外加剂。人们已先后开发出除氯盐和硫酸盐以外的多种早强型外加剂,如亚硝酸盐、铬酸盐等,以及有机物早强剂,如三乙醇胺、甲酸钙、尿素等。

(二)引用标准

《混凝土外加剂应用技术规范》(GB 50119—2013);

《混凝土外加剂》(GB 8076—2008);

《混凝土质量控制标准》(GB 50164—2011)。

二、试验检测参数

(1)主要项目:

①掺外加剂混凝土性能:抗压强度比,凝结时间差,收缩率比。

②匀质性指标:pH 值,氯离子含量,总碱量,硫酸钠含量。

(2)其他项目:

①掺外加剂混凝土性能:泌水率比。

②匀质性指标:含固量(液体必测),含水率(粉状必测),密度(液体必测),细度(粉状必测)。

(3)注意事项:检验含有硫氰酸盐、甲酸盐等的早强剂的氯离子含量时,应采用离子色谱法。

三、试验检测技术指标

使用混凝土早强剂的受检混凝土性能指标见表 8-1，混凝土早强剂的匀质性指标见表 8-2。

四、取样规定及取样地点

(一)取样规定

(1)每 50 t 为一检验批，不足 50 t 时也应按一个检验批计。
(2)每一检验批取样量不应少于 0.2 t 胶凝材料所需用的外加剂量。
(3)同本章第一节“取样规定”中的第(3)条规定。

(二)取样地点

取样地点为现场外加剂仓库。

第四节　引气剂及引气减水剂

一、概述及引用标准

(一)概述

混凝土引气剂是在混凝土搅拌过程中能引入大量均匀分布、稳定而封闭的微小气泡且能保留在硬化混凝土中的外加剂。引气剂可分为松香皂及松香热聚物类、烷基苯磺酸盐类、脂肪醇磺酸盐类等。

引气减水剂是同时具有引气剂和减水剂功能的外加剂。引气减水剂可分为改性木质素磺酸盐类、聚烷基芳基磺酸盐类和由各类引气剂与减水剂组合的复合剂。

(二)引用标准

《混凝土外加剂应用技术规范》(GB 50119—2013)；
《混凝土外加剂》(GB 8076—2008)；
《混凝土质量控制标准》(GB 50164—2011)。

二、试验检测参数

(1)主要项目：

①掺外加剂混凝土性能：减水率，抗压强度比，凝结时间差，收缩率比，含气量，相对耐久性。

②匀质性指标：pH 值，氯离子含量，总碱量。

(2)其他项目：

①掺外加剂混凝土性能：泌水率比，含气量 1 h 经时变化量。

②匀质性指标：含固量(液体必测)，含水率(粉状必测)，密度(液体必测)，细度(粉状必测)。

(3)注意事项：引气剂及引气减水剂进场时，含气量应按进场检验批次，采用工程实际使用的原材料和配合比与上批留样进行平行对比试验，初始含气量允许偏差应为±1.0%。

三、试验检测技术指标

使用混凝土引气剂及引气减水剂的受检混凝土性能指标见表 8-1，混凝土引气剂及引气减水剂的匀质性指标见表 8-2。

四、取样规定及取样地点

(一)取样规定

(1)引气剂以每 10 t 为一检验批，不足 10 t 时也应按一个检验批计；引气减水剂以每 50 t 为一检验批，不足 50 t 时也应按一个检验批计。

(2)每一检验批取样量不应少于 0.2 t 胶凝材料所需用的外加剂量。

(3)同本章第一节“取样规定”中的第(3)条规定。

(二)取样地点

取样地点为现场外加剂仓库。

第五节　缓凝剂

一、概述及引用标准

(一)概述

混凝土缓凝剂是能延长混凝土凝结时间的外加剂。缓凝剂的主要种类有：羟基羧酸及其盐类，如酒石酸、柠檬酸、葡萄糖酸及其盐类以及水杨酸；糖类及含糖有机化合物类，如糖蜜、葡萄糖、蔗糖等；无机盐类，如硼酸盐、磷酸盐、锌盐等；

木质素磺酸盐类，如木钙、木钠等。

（二）引用标准

《混凝土外加剂应用技术规范》(GB 50119—2013)；

《混凝土外加剂》(GB 8076—2008)；

《混凝土质量控制标准》(GB 50164—2011)。

二、试验检测参数

(1)主要项目：

①掺外加剂混凝土性能：抗压强度比，凝结时间差，收缩率比。

②匀质性指标：pH值，氯离子含量，总碱量。

(2)其他项目：

①掺外加剂混凝土性能：泌水率比。

②匀质性指标：含固量（液体必测），含水率（粉状必测），密度（液体必测），细度（粉状必测）。

(3)注意事项：缓凝剂进场时，凝结时间的检测应按进场检验批次，采用工程实际使用的原材料和配合比与上批留样进行平行对比试验，初、终凝时间允许偏差应为±1 h。

三、试验检测技术指标

使用混凝土缓凝剂的受检混凝土性能指标见表8-1，混凝土缓凝剂的匀质性指标见表8-2。

四、取样规定及取样地点

（一）取样规定

(1)每20 t为一检验批，不足20 t时也应按一个检验批计。

(2)每一检验批取样量不应少于0.2 t胶凝材料所需用的外加剂量。

(3)同本章第一节“取样规定”中的第(3)条规定。

（二）取样地点

取样地点为现场外加剂仓库。

第六节 泵送剂

一、概述及引用标准

(一)概述

混凝土泵送剂是根据泵送混凝土的施工工艺、气候条件和水泥品种等工程实际需要配制而成的一种复合型外加剂。

(二)引用标准

《混凝土外加剂应用技术规范》(GB 50119—2013);

《混凝土外加剂》(GB 8076—2008);

《混凝土质量控制标准》(GB 50164—2011)。

二、试验检测参数

(1)主要项目:

①掺外加剂混凝土性能:减水率,抗压强度比,收缩率比,坍落度1 h经时变化量。

②匀质性指标:pH值,氯离子含量,总碱量。

(2)其他项目:

①掺外加剂混凝土性能:泌水率比,含气量。

②匀质性指标:含固量(液体必测),含水率(粉状必测),密度(液体必测),细度(粉状必测)。

(3)注意事项:泵送剂进场时,减水率及坍落度1 h经时变化量应按进场检验批次,采用工程实际使用的原材料和配合比与上批留样进行平行对比试验,减水率允许偏差应为±2%,坍落度1 h经时变化量允许偏差应为±20 mm。

三、试验检测技术指标

使用混凝土泵送剂的受检混凝土性能指标见表8-1,混凝土泵送剂的匀质性指标见表8-2。

四、取样规定及取样地点

(一)取样规定

(1)每50 t为一检验批,不足50 t时也应按一个检验批计。

(2)每一检验批取样量不应少于 0.2 t 胶凝材料所需用的外加剂量。

(3)同本章第一节“取样规定”中的第(3)条规定。

(二)取样地点

取样地点为现场外加剂仓库。

第七节 防冻剂

一、概述及引用标准

(一)概述

防冻剂:能使混凝土在负温下硬化,并在规定养护条件下达到预期性能的外加剂。

无氯盐防冻剂:氯离子含量小于或等于 0.1%的防冻剂。

防冻剂按其成分可分为强电解质无机盐类(氯盐类、氯盐阻锈类、无氯盐类)、水溶性有机化合物类、有机化合物与无机盐复合类、复合型防冻剂。

氯盐类:以氯盐(如氯化钠、氯化钙等)为防冻组分的外加剂。

氯盐阻锈类:含有阻锈组分,并以氯盐为防冻组分的外加剂。

无氯盐类:以亚硝酸盐、硝酸盐等无机盐为防冻组分的外加剂。

有机化合物类:以某些醇类、尿素等有机化合物为防冻组分的外加剂。

复合型防冻剂:以防冻组分复合早强剂、引气剂、减水剂等组分的外加剂。

(二)引用标准

《混凝土外加剂应用技术规范》(GB 50119—2013);

《混凝土防冻剂》(JC 475—2004)。

二、试验检测参数

(1)主要项目:

①掺外加剂混凝土性能:含气量,抗压强度比,28 d 收缩率比,渗透高度比,50 次冻融强度损失率比,对钢筋锈蚀作用。

②匀质性指标:氯离子含量,碱含量。

(2)其他项目:

①掺外加剂混凝土性能:泌水率比,减水率,凝结时间差。

②匀质性指标:含固量(液体必测),含水率(粉状必测),密度(液体必测),细

度(粉状必测),水泥净浆流动度。

(3)注意事项:检验含有硫氰酸盐、甲酸盐等的防冻剂的氯离子含量时,应采用离子色谱法。

三、试验检测技术指标

(一)匀质性

混凝土防冻剂的匀质性指标应符合表 8-3 的规定。

表 8-3 混凝土防冻剂的匀质性指标

序号	试验项目	指标
1	固体含量/%	液体防冻剂: $S \geqslant 20\%$时,$0.95S \leqslant X < 1.05S$; $S < 20\%$时,$0.90S \leqslant X < 1.10S$。 S 是生产厂提供的固体含量(质量分数),X 是测试的固体含量(质量分数)
2	含水率/%	粉状防冻剂: $W \geqslant 5\%$时,$0.90W \leqslant X < 1.10W$; $W < 5\%$时,$0.80W \leqslant X < 1.20W$。 W 是生产厂提供的含水率(质量分数),X 是测试的含水率(质量分数)
3	密度/(g/cm^3)	液体防冻剂: $D > 1.1$ 时,要求为 $D \pm 0.03$; $D \leqslant 1.1$ 时,要求为 $D \pm 0.02$。 D 是生产厂提供的密度值
4	氯离子含量/%	无氯盐防冻剂:≤0.1%(质量分数)
		其他防冻剂:不超过生产厂控制值
5	碱含量/%	不超过生产厂提供的最大值
6	水泥净浆流动度/mm	应不小于生产厂控制值的 95%
7	细度/%	粉状防冻剂细度应不超过生产厂提供的最大值

(二)掺防冻剂混凝土性能

掺防冻剂混凝土性能指标应符合表 8-4 的规定。

表 8-4 掺防冻剂混凝土性能指标

序号	试验项目	性能指标						
		一等品				合格品		
1	减水率/%,≥	10				—		
2	泌水率比/%,≤	80				100		
3	含气量/%,≥	2.5				2.0		
4	凝结时间差/min	初凝	−150～+150			−210～+210		
		终凝						
5	抗压强度比/%,≥	规定温度/℃	−5	−10	−15	−5	−10	−15
		R_{-7}	20	12	10	20	10	8
		R_{28}	100		95	95		90
		R_{-7+28}	95	90	85	90	85	80
		R_{-7+56}	100			100		
6	28 d 收缩率比/%,≤	135						
7	渗透高度比/%,≤	100						
8	50 次冻融强度损失率比/%,≤	100						
9	对钢筋锈蚀作用	应说明对钢筋有无锈蚀作用						

掺防冻剂混凝土的试验项目及试件数量应符合表 8-5 的规定。

表 8-5 掺防冻剂混凝土的试验项目及试件数量

序号	试验项目	试验类别	试验所需试件数量			
			拌和批数	每批取样数目	受检混凝土取样总数目	基准混凝土取样总数目
1	减水率	混凝土拌合物	3	1 次	3 次	3 次
2	泌水率比	混凝土拌合物	3	1 次	3 次	3 次
3	含气量	混凝土拌合物	3	1 次	3 次	3 次
4	凝结时间差	混凝土拌合物	3	1 次	3 次	3 次
5	抗压强度比	硬化混凝土	3	12/3 块[①]	36 块	9 块
6	收缩率比	硬化混凝土	3	1 块	3 块	3 块
7	渗透高度比	硬化混凝土	3	2 块	6 块	6 块

续表

序号	试验项目	试验类别	试验所需试件数量			
			拌和批数	每批取样数目	受检混凝土取样总数目	基准混凝土取样总数目
8	50 次冻融强度损失率比	硬化混凝土	1	6 块	6 块	6 块
9	对钢筋锈蚀作用	新拌或硬化砂浆	3	1 块	3 块	—

①受检混凝土 12 块，基准混凝土 3 块。

四、取样规定及取样地点

（一）取样规定

（1）每 100 t 为一检验批，不足 100 t 时也应按一个检验批计。

（2）每一检验批取样量不应少于 0.2 t 胶凝材料所需用的外加剂量。

（3）同本章第一节“取样规定”中的第（3）条规定。

（二）取样地点

取样地点为现场外加剂仓库。

第八节　膨胀剂

一、概述及引用标准

（一）概述

混凝土膨胀剂是指与水泥、水拌和后经水化反应生成钙矾石、氢氧化钙或钙矾石和氢氧化钙，使混凝土产生体积膨胀的外加剂。

混凝土膨胀剂按水化产物分为硫铝酸钙类混凝土膨胀剂（代号 A）、氧化钙类混凝土膨胀剂（代号 C）和硫铝酸钙-氧化钙类混凝土膨胀剂（代号 AC）三类。

（1）硫铝酸钙类混凝土膨胀剂：与水泥、水拌和后经水化反应生成钙矾石的混凝土膨胀剂。

（2）氧化钙类混凝土膨胀剂：与水泥、水拌和后经水化反应生成氢氧化钙的混凝土膨胀剂。

（3）硫铝酸钙-氧化钙类混凝土膨胀剂：与水泥、水拌和后经水化反应生成钙矾石和氢氧化钙的混凝土膨胀剂。

混凝土膨胀剂按限制膨胀率分为Ⅰ型和Ⅱ型。

(二)引用标准

《混凝土外加剂应用技术规范》(GB 50119—2013);

《混凝土膨胀剂》(GB/T 23439—2017);

《混凝土质量控制标准》(GB 50164—2011)。

二、试验检测参数

(1)主要项目:抗压强度,凝结时间,限制膨胀率,细度。

(2)其他项目:氧化镁含量,碱含量。

三、试验检测技术指标

(一)物理性能

混凝土膨胀剂的物理性能指标应符合表 8-6 规定。

表 8-6 混凝土膨胀剂物理性能指标

项目		指标值	
		Ⅰ型	Ⅱ型
细度	比表面积/(m^2/kg),≥	200	
	1.18 mm 筛筛余/%,≤	0.5	
凝结时间	初凝/min,≥	45	
	终凝/min,≤	600	
限制膨胀率/%	水中 7 d,≥	0.035	0.050
	空气中 21 d,≥	−0.015	−0.010
抗压强度/MPa	7 d,≥	22.5	
	28 d,≥	42.5	

(二)氧化镁含量

混凝土膨胀剂中的氧化镁含量应不大于 5%。

(三)碱含量

混凝土膨胀剂中的碱含量用 $Na_2O+0.658K_2O$ 的计算值表示。若使用活性骨料,用户要求提供低碱混凝土膨胀剂时,混凝土膨胀剂中的碱含量应不大于

0.75%,或由供需双方协商确定。

四、取样规定及取样地点

(一)取样规定

(1)每 200 t 为一检验批,不足 200 t 时也应按一个检验批计。

(2)每一检验批取样量不应少于 10 kg。

(3)同本章第一节"取样规定"中的第(3)条规定。

(二)取样地点

取样地点为现场外加剂仓库。

第九节　防水剂

一、概述及引用标准

(一)概述

砂浆、混凝土防水剂是指能降低砂浆、混凝土在静水压力下的透水性的外加剂。

(二)引用标准

《混凝土外加剂应用技术规范》(GB 50119—2013);

《砂浆、混凝土防水剂》(JC 474—2008);

《混凝土外加剂》(GB 8076—2008)。

二、试验检测参数

(1)主要项目:

①掺外加剂砂浆性能:安定性,抗压强度比,透水压力比,吸水量比(48 h),收缩率比(28 d)。

②掺外加剂混凝土性能:安定性,抗压强度比,吸水量比(48 h),收缩率比(28 d),渗透高度比。

③匀质性指标:氯离子含量,总碱量,含固量(液体必测),含水率(粉状必测),密度(液体必测),细度(粉状必测)。

(2)其他项目:

①掺外加剂砂浆性能:凝结时间。

②掺外加剂混凝土性能：凝结时间差，泌水率比。

三、试验检测技术指标

（一）砂浆、混凝土防水剂匀质性指标

砂浆、混凝土防水剂匀质性指标应符合表 8-7 的规定。

表 8-7　砂浆、混凝土防水剂匀质性指标

试验项目	指标	
	液体	粉状
密度/(g/cm^3)	$D>1.1$ 时，要求为 $D\pm0.03$； $D\leqslant1.1$ 时，要求为 $D\pm0.02$。 D 是生产厂提供的密度值	—
氯离子含量/%	应小于生产厂最大控制值	应小于生产厂最大控制值
总碱量/%	应小于生产厂最大控制值	应小于生产厂最大控制值
细度/%	—	0.315 mm 筛筛余应小于 15%
含水率/%	—	$W\geqslant5\%$时，$0.90W\leqslant X<1.10W$； $W<5\%$时，$0.80W\leqslant X<1.20W$。 W 是生产厂提供的含水率（质量分数），X 是测试的含水率（质量分数）
固体含量/%	$S\geqslant20\%$时，$0.95S\leqslant X<1.05S$； $S<20\%$时，$0.90S\leqslant X<1.10S$。 S 是生产厂提供的固体含量（质量分数），X 是测试的固体含量（质量分数）	—

注：生产厂应在产品说明书中明示产品匀质性指标的控制值。

（二）受检砂浆的性能指标

受检砂浆的性能指标应符合表 8-8 的要求。

表 8-8　受检砂浆的性能指标

试验项目	性能指标	
	一等品	合格品
安定性	合格	合格

续表

试验项目		性能指标	
		一等品	合格品
凝结时间	初凝/min,≥	45	45
	终凝/h,≤	10	10
抗压强度比/%,≥	7 d	100	85
	28 d	90	80
透水压力比/%,≥		300	200
吸水量比(48 h)/%,≤		65	75
收缩率比(28 d)/%,≤		125	135

注:安定性和凝结时间为受检净浆的试验结果,其他项目数据均为受检砂浆与基准砂浆的比值。

(三)受检混凝土的性能指标

受检混凝土的性能指标应符合表 8-9 的规定。

表 8-9　受检混凝土的性能指标

试验项目		性能指标	
		一等品	合格品
安定性		合格	合格
泌水率比/%,≤		50	70
凝结时间差/min,≥	初凝	−90①	−90①
抗压强度比/%,≥	3 d	100	90
	7 d	110	100
	28 d	100	90
渗透高度比/%,≤		30	40
吸水量比(48 h)/%,≤		65	75
收缩率比(28 d)/%,≤		125	135

注:安定性为受检净浆的试验结果,凝结时间差为受检混凝土与基准混凝土的差值,表中其他数据为受检混凝土与基准混凝土的比值。

①“—”表示提前。

四、取样规定及取样地点

(一)取样规定

(1)每 50 t 为一检验批,不足 50 t 时也应按一个检验批计。
(2)每一检验批取样量不应少于 0.2 t 胶凝材料所需用的外加剂量。
(3)同本章第一节“取样规定”中的第(3)条规定。

(二)取样地点

取样地点为现场外加剂仓库。

第十节 速凝剂

一、概述及引用标准

(一)概述

速凝剂是指用于喷射混凝土中,能使混凝土迅速凝结硬化的外加剂。

(二)引用标准

《混凝土外加剂应用技术规范》(GB 50119—2013);
《喷射混凝土用速凝剂》(JC 477—2005);
《喷射混凝土用速凝剂》(GB/T 35159—2017);
《混凝土外加剂》(GB 8076—2008)。

二、试验检测参数

(1)主要项目:氯离子含量,总碱量,pH 值,抗压强度,凝结时间。

(2)其他项目:含固量(液体必测),含水率(粉状必测),密度(液体必测),细度(粉状必测)。

(3)注意事项:速凝剂进场时,水泥净浆初、终凝时间应按进场检验批次,采用工程实际使用的原材料和配合比与上批留样进行平行对比试验,其允许偏差应为±1 min。

三、试验检测技术指标

(一)匀质性指标

喷射混凝土用速凝剂匀质性指标应符合表 8-10 的规定。

表 8-10 喷射混凝土用速凝剂匀质性指标

试验项目	指标	
	液体	粉状
密度	应在生产厂所控制值的±0.02 g/cm^3之内	—
氯离子含量	应小于生产厂最大控制值	应小于生产厂最大控制值
总碱量	应小于生产厂最大控制值	应小于生产厂最大控制值
pH 值	应在生产厂控制值±1 之内	—
细度	—	80 μm 筛余应小于 15%
含水率	—	≤2.0%
含固量	应大于生产厂最小控制值	—

(二)掺速凝剂的净浆和硬化砂浆性能指标

掺速凝剂的净浆和硬化砂浆性能指标应符合表 8-11 的规定。

表 8-11 掺速凝剂的净浆和硬化砂浆性能指标

产品等级	试验项目			
	净浆		砂浆	
	初凝时间/(min:s),≤	终凝时间/(min:s),≤	1 d 抗压强度/MPa,≥	28 d 抗压强度比/%,≥
一等品	3:00	8:00	7.0	75
合格品	5:00	12:00	6.0	70

四、取样规定及取样地点

(一)取样规定

(1)每 50 t 为一检验批,不足 50 t 时也应按一个检验批计。

(2)每一检验批取样量不应少于 0.2 t 胶凝材料所需用的外加剂量。

(3)同本章第一节“取样规定”中的第(3)条规定。

(二)取样地点

取样地点为现场外加剂仓库。

第十一节　防腐阻锈剂

一、概述及引用标准

（一）概述

混凝土防腐阻锈剂是指掺入混凝土中用于抵抗硫酸盐对混凝土的侵蚀、抑制氯离子对钢筋锈蚀的外加剂。

（二）引用标准

《混凝土外加剂应用技术规范》(GB 50119—2013)；

《混凝土外加剂》(GB 8076—2008)；

《混凝土防腐阻锈剂》(GB/T 31296—2014)。

二、试验检测参数

(1)主要项目：主要为混凝土防腐阻锈剂的匀质性指标，包括 pH 值、密度(或细度)、含水率。

(2)其他项目：

①受检混凝土的性能：泌水率，凝结时间差，抗压强度比，收缩率比，氯离子渗透系数比，硫酸盐侵蚀系数比，腐蚀电量比。

②氯离子、碱、硫酸钠含量。

三、试验检测技术指标

（一）匀质性指标

混凝土防腐阻锈剂的匀质性指标应符合表 8-12 的规定。

表 8-12　混凝土防腐阻锈剂的匀质性指标

序号	试验项目	性能指标
1	粉状混凝土防腐阻锈剂含水率/%	$W<5\%$时，$0.90W\leqslant X<1.10W$； $W\geqslant5\%$时，$0.80W\leqslant X<1.20W$。 W 是生产厂提供的含水率(质量分数)， X 是测试的含水率(质量分数)
2	液体混凝土防腐阻锈剂密度/(g/cm³)	$D>1.1$ 时，要求为 $D\pm0.03$； $D\leqslant1.1$ 时，要求为 $D\pm0.02$。 D 是生产厂提供的密度值

续表

序号	试验项目	性能指标
3	粉状混凝土防腐阻锈剂细度/%	应在生产厂控制范围内
4	pH 值	应在生产厂控制范围内

注:生产厂控制值应在产品说明书中或出厂检验报告中明示。

(二)受检混凝土性能指标

受检混凝土的性能指标应符合表 8-13 的规定。

表 8-13　受检混凝土的性能指标

序号	试验项目		性能指标		
			A 型	B 型	AB 型
1	泌水率比/%,≤		100		
2	凝结时间差/min	初凝	−90～+120		
		终凝			
3	抗压强度比/%,≥	3 d	90		
		7 d	90		
		28 d	100		
4	收缩率比/%,≤		110		
5	氯离子渗透系数比/%,≤		85	100	85
6	硫酸盐侵蚀系数比/%,≥		115	100	115
7	腐蚀电量比/%,≤		80	50	50

(三)氯离子、碱、硫酸钠含量

氯离子含量不应大于 0.1%,碱含量不应大于 1.5%,硫酸钠含量不应大于 1.0%。

四、取样规定及取样地点

(一)取样规定

(1)每 50 t 为一检验批,不足 50 t 时也应按一个检验批计。

(2)每一检验批取样量不应少于 0.2 t 胶凝材料所需用的外加剂量。

(3)同本章第一节“取样规定”中的第(3)条规定。

(二)取样地点

取样地点为现场外加剂仓库。

第九章　水泥基灌浆材料

第一节　原材料进场检验

一、概述及引用标准

(一)概述

水泥基灌浆材料是指以水泥为基本材料,掺加外加剂和其他辅助材料,加水拌和后具有大流动度、早强、高强、微膨胀等性能的干混材料。

水泥基灌浆材料按流动度分为Ⅰ类、Ⅱ类、Ⅲ类和Ⅳ类四类,按抗压强度分为A50、A60、A70和A85四个等级。

(二)引用标准

《水泥基灌浆材料》(JC/T 986—2018);

《水泥基灌浆材料应用技术规范》(GB/T 50448—2015);

《混凝土结构工程施工质量验收规范》(GB 50204—2015)。

二、试验检测参数

(1)主要项目:细度,流动度,抗压强度,竖向膨胀率。

(2)其他项目:氯离子含量,对钢筋锈蚀作用,泌水率。

(3)注意事项:

①用于冬期施工的水泥基灌浆材料尚应进行抗压强度比试验。

②进场的灌浆材料应具有产品合格证、使用说明书、出厂检验报告。

三、试验检测技术指标

(一)细度

流动度Ⅰ类、Ⅱ类和Ⅲ类水泥基灌浆材料 4.75 mm 筛筛余为 0;流动度Ⅳ类水泥基灌浆材料最大粒径大于 4.75 mm,且不超过 25 mm。

(二)流动度

水泥基灌浆材料流动度指标应符合表 9-1 的要求。

表 9-1　水泥基灌浆材料流动度指标

项目		技术指标			
		Ⅰ类	Ⅱ类	Ⅲ类	Ⅳ类
截锥流动度	初始值	—	≥340 mm	≥290 mm	≥650 mm①
	30 min	—	≥310 mm	≥260 mm	≥550 mm①
流锥流动度	初始值	≤35 s	—	—	—
	30 min	≤50 s	—	—	—

①表示坍落扩展度。

(三)抗压强度

水泥基灌浆材料抗压强度应符合表 9-2 的规定。

表 9-2　水泥基灌浆材料抗压强度

项目	技术指标/MPa			
	A50	A60	A70	A85
1 d	≥15	≥20	≥25	≥35
3 d	≥30	≥40	≥45	≥60
28 d	≥50	≥60	≥70	≥85

(四)其他性能指标

水泥基灌浆材料其他性能应符合表 9-3 的规定。

表 9-3　水泥基灌浆材料其他性能指标

项目		技术指标
氯离子含量		<0.1%
泌水率		0
对钢筋锈蚀作用		对钢筋无锈蚀作用
竖向膨胀率①	3 h	0.1%～3.5%
	24 h 与 3 h 膨胀率之差	0.02%～0.50%

①抗压强度等级 A85 的水泥基灌浆材料 3 h 竖向膨胀率指标可放宽至 0.02%～3.5%。

用于冬期施工的水泥基灌浆材料性能应符合表 9-4 的规定。

表 9-4　用于冬期施工的水泥基灌浆材料性能指标

规定温度/℃	抗压强度比/%		
	R_{-7}	R_{-7+28}	R_{-7+56}
−5	≥20	≥80	≥90
−10	≥12		

四、取样规定及取样地点

(一)取样规定

(1)每 200 t 为一个编号,每一编号为一个取样单位。取样总量不得少于 30 kg。

(2)每一编号取得的试样应充分混合均匀,分为两等份,其中一份用于检验,另一份密封保存 3 个月,以备仲裁检验。

(二)取样地点

取样地点为灌浆料仓库及施工现场。

第二节　施工过程检测试验

一、概述及引用标准

(一)概述

工程验收应符合设计要求及现行国家标准《混凝土结构工程施工质量验收规范》(GB 50204—2015)的有关规定,并以标准养护条件下的抗压强度留置试块的测试数据作为验收数据,同条件养护试件的留置组数根据实际需要确定。

(二)引用标准

《水泥基灌浆材料应用技术规范》(GB/T 50448—2015);

《混凝土结构工程施工质量验收规范》(GB 50204—2015)。

二、试验检测参数

主要项目:抗压强度。

三、试验检测技术指标

水泥基灌浆材料抗压强度按《混凝土结构工程施工质量验收规范》(GB 50204—2015)进行评定,应符合设计要求。

四、取样规定及取样地点

(一)取样规定

(1)灌浆施工时,应以 50 t 为一个留样检验批,不足 50 t 时应按一个检验批计,每个检验批留置一组标准养护试件。

(2)灌浆材料最大集料粒径不大于 4.75 mm 时,抗压强度试件采用边长 40 mm×40 mm×160 mm 的棱柱体;最大集料粒径大于 4.75 mm 时,抗压强度试件采用边长 100 mm 的立方体。

(二)取样地点

取样地点为施工现场。

第十章　混凝土

混凝土是由水泥、骨料、水等按一定配合比经搅拌、成型、养护等工艺硬化而成的工程材料。

混凝土的强度等级可分为C10、C15、C20、C25、C30、C35、C40、C45、C50、C55、C60、C65、C70、C75、C80、C85、C90、C95、C100。

有特殊要求的混凝土如下所示：

(1)抗渗混凝土：抗渗等级不低于P6的混凝土。

(2)抗冻混凝土：抗冻等级不低于F50的混凝土。

(3)高强混凝土：强度等级不低于C60的混凝土。

(4)泵送混凝土：可在施工现场通过压力泵及输送管道进行浇筑的混凝土。

(5)大体积混凝土：体积较大的(混凝土结构物实体最小几何尺寸不小于1 m)、可能因胶凝材料水化热引起的温度应力而导致有害裂缝的结构混凝土。

第一节　混凝土拌合物性能

一、概述及引用标准

(一)概述

混凝土拌合物是指凝结硬化以前的、具有流动性和塑性的混凝土。

预拌混凝土的质量证明文件主要包括以下文件：

(1)混凝土配合比通知单。

(2)混凝土质量合格证。

(3)强度检验报告。

(4)混凝土运输单(运输小票)。

(5)合同规定的其他资料。

(二)引用标准

《混凝土结构工程施工质量验收规范》(GB 50204—2015);

《预拌混凝土》(GB/T 14902—2012);

《混凝土质量控制标准》(GB 50164—2011);

《普通混凝土拌合物性能试验方法标准》(GB/T 50080—2016);

《混凝土耐久性检验评定标准》(JGJ/T 193—2009);

《混凝土中氯离子含量检测技术规程》(JGJ/T 322—2013);

《水工混凝土耐久性技术规范》(DL/T 5241—2010)。

二、试验检测参数

(1)主要项目:坍落度(或维勃稠度),含气量(有要求时)。

(2)其他项目:碱含量,氯化物总量。

三、试验检测技术指标

混凝土拌合物检验技术指标应符合实验室出具的配合比通知单中的技术指标要求。

四、取样规定及取样地点

(一)取样规定

(1)混凝土坍落度检验:取样频率应与强度检验相同。

①每拌制 100 盘且不超过 100 m^3 的同配合比的混凝土,取样不得少于一次。

②每工作班拌制的同一配合比的混凝土不足 100 盘时,取样不得少于一次。

③当一次连续浇筑超过 1000 m^3 时,同一配合比的混凝土每 200 m^3 取样不少于一次。

④每一楼层、同一配合比的混凝土,取样不得少于一次。

⑤预拌混凝土:应从混凝土到达交货地点开始算起,20 min 内完成。

(2)氯离子含量检测:同一工程、同一配合比的混凝土拌合物中水溶性氯离子含量的检测不应少于一次。当混凝土原材料发生变化时,应重新对混凝土拌合物中水溶性氯离子含量进行检测。

(3)凝结时间:同一工程、同一配合比、采用同一批次水泥和外加剂的混凝土的凝结时间应至少检验一次。

(4)含气量检测:有抗冻要求的混凝土含气量的现场检测频次应不低于坍落度或VC值(工作度)的检测频次,含气量的允许偏差范围为±1.0%。

(二)取样地点

取样地点为搅拌地点及浇筑地点。

第二节 硬化混凝土

一、概述及引用标准

(一)概述

凝结硬化之后的混凝土叫作硬化混凝土,硬化混凝土的性能主要有强度、变形性能以及耐久性等。

(二)引用标准

《混凝土结构工程施工质量验收规范》(GB 50204—2015);

《预拌混凝土》(GB/T 14902—2012);

《混凝土质量控制标准》(GB 50164—2011);

《大体积混凝土施工标准》(GB 50496—2018);

《混凝土耐久性检验评定标准》(JGJ/T 193—2009);

《地下工程防水技术规范》(GB 50108—2008);

《混凝土强度检验评定标准》(GB/T 50107—2010);

《地下防水工程质量验收规范》(GB 50208—2011);

《混凝土中氯离子含量检测技术规程》(JGJ/T 322—2013)。

二、试验检测参数

(1)主要项目:

①力学性能:标准养护试件抗压强度,同条件试件抗压强度。

②耐久性:抗冻性,抗渗性,氯离子含量。

(2)其他项目:抗折强度。

(3)注意事项:

①结构混凝土的强度等级必须符合设计要求。用于检查结构构件混凝土强度的试件,应在混凝土的浇筑地点随机抽取。

②按《混凝土强度检验评定标准》(GB/T 50107—2010)进行混凝土生产质量水平评定。

三、试验检测技术指标

(一)混凝土生产质量水平评定

1.统计方法评定

(1)采用统计方法评定时,应按下列规定进行:

当连续生产的混凝土生产条件在较长时间内保持一致,且同一品种、同一强度等级混凝土的强度变异性保持稳定时,应按本小节第(2)条的规定进行评定。其他情况应按本小节第(3)条的规定进行评定。

(2)一个检验批的样本容量应为连续的3组试件,其强度应同时符合下列规定:

$$m_{f_{cu}} \geqslant f_{cu,k} + 0.7\sigma_0 \tag{10-1}$$

$$f_{cu,min} \geqslant f_{cu,k} - 0.7\sigma_0 \tag{10-2}$$

检验批混凝土立方体抗压强度的标准差应按下式计算:

$$\sigma_0 = \frac{\sqrt{\sum_{i=1}^{n} f_{cu,i}^2 - n m_{f_{cu}}^2}}{n-1} \tag{10-3}$$

当混凝土强度等级不高于C20时,其强度的最小值尚应满足下式要求:

$$f_{cu,min} \geqslant 0.85 f_{cu,k} \tag{10-4}$$

当混凝土强度等级高于C20时,其强度的最小值尚应满足下列要求:

$$f_{cu,min} \geqslant 0.90 f_{cu,k} \tag{10-5}$$

式中:$m_{f_{cu}}$——同一检验批混凝土立方体抗压强度的平均值(N/mm^2),精确到0.1 N/mm^2;

$f_{cu,k}$——混凝土立方体抗压强度的标准值(N/mm^2),精确到0.1 N/mm^2;

σ_0——检验批混凝土立方体抗压强度的标准差(N/mm^2),精确到0.01 N/mm^2,当检验批混凝土立方体抗压强度的标准差计算值小于2.5 N/mm^2时,应取2.5 N/mm^2;

$f_{cu,i}$——前一个检验期内同一品种、同一强度等级的第i组混凝土试件的立方体抗压强度代表值(N/mm^2),精确到0.1 N/mm^2,该检验期不应少于60 d,也不得大于90 d;

n——前一检验期内的样本容量,在该期间样本容量不应少于45;

$f_{cu,min}$——同一检验批混凝土立方体抗压强度的最小值(N/mm^2),精确到0.1 N/mm^2。

(3)当样本容量不少于10组时,其强度应同时满足下列要求:

$$m_{f_{cu}} \geqslant f_{cu,k} + \lambda_1 \cdot S_{f_{cu}} \tag{10-6}$$

$$f_{cu,min} \geqslant \lambda_2 \cdot f_{cu,k} \tag{10-7}$$

同一检验批混凝土立方体抗压强度的标准差应按下式计算:

$$S_{f_{cu}} = \sqrt{\frac{\sum_{i=1}^{n} f_{cu,i}^2 - n m_{f_{cu}}^2}{n-1}} \tag{10-8}$$

式中:$S_{f_{cu}}$——同一检验批混凝土立方体抗压强度的标准差(N/mm^2),精确到0.01 N/mm^2,当检验批混凝土立方体抗压强度的标准差计算值小于2.5 N/mm^2时,应取2.5 N/mm^2;

λ_1,λ_2——合格评定系数,按表10-1取用;

n——本检验期内的样本容量。

表10-1 混凝土强度的合格评定系数

合格评定系数	试件组数		
	10~14	15~19	≥20
λ_1	1.15	1.05	0.95
λ_2	0.90	0.85	

2.非统计方法评定

(1)当用于评定的样本容量小于10组时,应采用非统计方法评定混凝土强度。

(2)按非统计方法评定混凝土强度时,其强度应同时符合下列规定:

$$m_{f_{cu}} \geqslant \lambda_3 \cdot f_{cu,k} \tag{10-9}$$

$$f_{cu,min} \geqslant \lambda_4 \cdot f_{cu,k} \tag{10-10}$$

式中:λ_3,λ_4——合格评定系数,应按表10-2取用。

表10-2 混凝土强度的非统计方法合格评定系数

合格评定系数	混凝土强度等级	
	<C60	≥C60
λ_3	1.15	1.10
λ_4	0.95	

3.混凝土强度的合格性评定

当检验结果满足公式(10-1)～(10-10)的规定时，则该批混凝土强度应评定为合格；当不能满足上述规定时，该批混凝土强度应评定为不合格。

(二)硬化混凝土试验检测参数评定原则

(1)为拆模留置的同条件试件抗压强度应满足施工方案中规定的拆模强度要求。

(2)混凝土耐久性指标应满足设计要求。

(3)混凝土道路试块抗折强度应满足设计混凝土抗折强度要求。

四、取样规定及取样地点

(一)取样规定

(1)同配合比混凝土力学性能检测取样应符合以下规定：

①每拌制100盘且不超过100 m^3的同配合比的混凝土，取样不得少于一次。

②每工作班拌制的同一配合比的混凝土不足100盘时，取样不得少于一次。

③当一次连续浇筑同一配合比的混凝土超过1000 m^3时，每200 m^3取样不少于一次。

④每一楼层、同一配合比的混凝土，取样不得少于一次。

⑤每次取样至少留置一组标准养护试件，同条件养护试件的留置组数根据实际需要确定。

⑥对于灌注桩、人工挖孔工程桩的桩身混凝土，每根桩不得少于一组。

⑦灌注桩每浇筑50 m^3必须有一组试件，小于50 m^3的桩，每根桩必须有一组试件。

⑧每50 m^3地下墙应做一组试件，每幅槽段不得少于一组。

⑨预拌混凝土除应在预拌厂内按规定留置试件外，混凝土运至施工现场后，尚应按《预拌混凝土》(GB/T 14902—2012)的规定留置。

(2)有抗渗、抗冻要求的混凝土：对同一工程、同一配合比的混凝土，检验批不应少于一个；对同一检验批，设计要求的各个检验项目均应至少完成一组试验。

①对于连续浇筑混凝土，每500 m^3应留置一组抗渗试件(一组为6个抗渗试件)，且每项工程不得少于两组。

②大体积混凝土连续浇筑2000～5000 m^3取一组抗冻试件，非大体积混凝土500～1000 m^3取一组抗冻试件。

③对于地下防渗墙混凝土，每5个槽段留一组抗渗试件和一组抗冻试件。

(3)有氯离子含量要求的混凝土：试件应以3个为一组，从同一组混凝土试件取样；从每个试件内部各取不少于 200 g。从既有结构或构件钻取混凝土芯样；钻取混凝土芯样时，相同混凝土配合比的芯样为一组，每组芯样的取样数量不应少于 3 个；当结构部位已经出现钢筋锈蚀、顺筋裂缝等明显裂化现象时，每组芯样的取样数量应增加一倍，同一结构部位的芯样应为同一组；取样深度不应小于钢筋保护层的厚度。

(二)取样地点

取样地点为搅拌地点及浇筑地点。混凝土试件所用的拌合物应从同一盘混凝土或同一车混凝土中取样。

第三节 不发火混凝土及骨料

一、概述及引用标准

(一)概述

不发火(防爆)面层：面层采用的材料和硬化后的试件，与金属或石块等坚硬物体进行摩擦、冲击或冲擦等机械试验时，不会产生火花(或火星)，不会致使易燃物起火或爆炸的建筑地面。

不发火性：当所有材料与金属或石块等坚硬物体发生摩擦、冲击或冲擦等机械作用时，不会产生火花(或火星)，不会致使易燃物起火或爆炸的性质。

(二)引用标准

《建筑地面工程施工质量验收规范》(GB 50209—2010)。

二、试验检测参数

主要项目：不发火性。

三、试验检测技术指标

不发火(防爆)建筑地面材料及其制品不发火性的试验方法如下：

(1)试验前的准备：准备直径为 150 mm 的砂轮，在暗室内检查其分离火花的能力。如发出清晰的火花，则该砂轮可用于不发火(防爆)建筑地面材料及其制品不发火性的试验。

(2)粗骨料的试验：从不少于 50 个，每个重 50～250 g(准确度达到 1 g)的试件中选出 10 个，在暗室内进行不发火性试验。只有每个试件上磨掉不少于20 g，且试验过程中未发现任何瞬时的火花，方可判定为不发火性试验合格。

(3)粉状骨料的试验：对于粉状骨料，除应试验其制造的原料外，还应将骨料用水泥或沥青胶结料制成块状材料后进行试验。原料、胶结块状材料的试验方法同本小节第(2)条。

(4)不发火水泥砂浆、水磨石和水泥混凝土的试验方法同本小节第(2)条、第(3)条。

四、取样规定及取样地点

(一)取样规定

(1)粗骨料的试验：从不少于50个试件中选出做不发火试验的试件10个，被选出的试件应具有不同表面、不同颜色、不同结晶体、不同硬度，每个试件的质量为50～250 g(准确度达到1 g)。

(2)粉状骨料的试验：粉状骨料除着重试验其制造的原料外，还应将这些细粒材料用胶结料(水泥或沥青)制成块状材料来进行试验，试件数量同本小节第(1)条。

(3)不发火水泥砂浆、水磨石和水泥混凝土的试验的试件数量同本小节第(1)条。

(二)取样地点

取样地点为施工现场或材料仓库。

第四节　结构实体同条件养护试件

一、概述及引用标准

(一)概述

同条件养护试件所对应的结构构件或结构部位应由施工、监理等各方共同选定，且同条件养护试件的取样宜均匀分布于工程施工周期内；同条件养护试件应在混凝土浇筑入模处见证取样；同条件养护试件应留置在靠近相应结构构件的适当位置，并应采取相同的养护方法。

(二)引用标准

《混凝土结构工程施工质量验收规范》(GB 50204—2015)。

二、试验检测参数

主要项目：抗压强度。

三、试验检测技术指标

对同一强度等级的同条件养护试件，其强度值应除以 0.88 后按本章第二节的“统计方法评定”的第(1)条规定进行评定，评定结果符合要求时可判定结构实体混凝土强度合格。

四、取样规定及取样地点

(一)取样规定

对混凝土结构工程中的各强度等级混凝土，均应留置同条件养护试件；同一强度等级的同条件养护试件不宜少于十组，且不应少于三组。每连续两层楼取样不应少于一组；每 2000 m^3 取样不得少于一组。

(二)取样地点

取样地点为现场浇筑入模处。

五、同条件养护抗压试件养护

同条件养护试件的拆模时间可与实际构件的拆模时间相同，拆模后，应放置在靠近相应结构构件或结构部位的适当位置，并采取相同的养护方法。

同条件养护试件应在达到等效养护龄期时进行强度试验，等效养护龄期应根据同条件养护试件强度与在标准养护条件下 28 d 相等的原则确定：等效养护龄期可取按日平均温度逐日累计达到 600 ℃ · d 时所对应的龄期，日平均温度 0 ℃以下龄期不计入(养护环境)，等效养护龄期不应小于 14 d，也不宜大于 60 d。

冬期施工、人工加热养护的结构构件，其同条件养护试件的等效养护龄期可按结构构件的实际养护条件，由监理(建设)、施工等各方共同确定。

结构构件同条件试件应有测温记录，并应有测温人员的签字。

第十一章 建筑用钢材

建筑用钢材是指建筑工程中使用的各种钢材，按化学成分分类可分为碳素钢和合金钢。

碳素钢按其含碳量的多少又分为低碳钢、中碳钢和高碳钢。

合金钢按其合金元素总量的多少又分为低合金钢、中合金钢和高合金钢。

第一节 钢筋混凝土用热轧光圆钢筋

一、概述及引用标准

(一)概述

热轧光圆钢筋是指经热轧成型，横截面通常为圆形，表面光滑的成品钢筋，代号 HPB。

特征值：在无限多次的检验中，与某一规定概率所对应的分位值。

牌号：钢筋的屈服强度特征值为 300 级。表 11-1 为钢筋牌号的构成及其含义。

表 11-1 钢筋牌号的构成及其含义

产品名称	牌号	牌号构成	英文字母含义
热轧光圆钢筋	HPB300	由 HPB＋屈服强度特征值构成	HPB——热轧光圆钢筋的英文(hot rolled plain bars)缩写

钢筋的公称直径范围为 6～22 mm，推荐的钢筋公称直径为 6 mm、8 mm、10 mm、12 mm、16 mm、20 mm。表 11-2 为热轧光圆钢筋的公称横截面面积与

理论质量。

表 11-2 热轧光圆钢筋公称横截面面积与理论质量

公称直径/mm	公称横截面面积/mm^2	理论质量/(kg/m)
6	28.27	0.222
8	50.27	0.395
10	78.54	0.617
12	113.1	0.888
14	153.9	1.21
16	201.1	1.58
18	254.5	2.00
20	314.2	2.47
22	380.1	2.98

注:表中理论质量按密度为 7.85 g/cm^3 计算。

(二)引用标准

《钢筋混凝土用钢 第 1 部分:热轧光圆钢筋》(GB/T 1499.1—2017);
《混凝土结构工程施工质量验收规范》(GB 50204—2015);
《钢的成品化学成分允许偏差》(GB/T 222—2006)。

二、试验检测参数

(1)主要项目:外观检查,力学性能(下屈服强度、抗拉强度、断后伸长率、最大力总延伸率),弯曲性能,质量偏差。
(2)其他项目:化学成分分析。

三、试验检测技术指标

(一)外观检查

(1)钢筋的截面形状和尺寸允许偏差。钢筋的直径允许偏差和不圆度应符合表 11-3 的规定。钢筋实际质量与理论质量的偏差符合表 11-5 的规定时,钢筋的直径允许偏差不作为交货条件。

表 11-3 钢筋的直径允许偏差和不圆度

公称直径/mm	允许偏差/mm	不圆度/mm
6～12	±0.3	≤0.4
14～22	±0.4	

(2)长度允许偏差。按定尺长度交货的直条钢筋，其长度允许偏差范围为 0 ～+50 mm。

(3)弯曲度和端部。直条钢筋的弯曲度应不影响正常使用，每米弯曲度应不大于 4 mm，总弯曲度应不大于钢筋总长度的 0.4%。钢筋端部应剪切正直，局部变形应不影响使用。

(二)力学性能

钢筋的力学性能应符合表 11-4 的规定。

表 11-4 钢筋的力学性能

牌号	下屈服强度 R_{eL}/MPa	抗拉强度 R_m/MPa	断后伸长率 A/%	最大力总延伸率 A_{gt}/%	冷弯试验 180°
	≥				
HPB300	300	420	25	10.0	$d=a$

注：d 为弯芯直径，a 为钢筋公称直径。

(三)弯曲性能

钢筋应进行弯曲试验。按规定的弯芯直径(弯芯直径等于受弯钢筋公称直径)弯曲 180°后，钢筋受弯曲部位表面不得产生裂纹。

(四)质量偏差

钢筋实际质量与理论质量的允许偏差应符合表 11-5 的规定。

表 11-5 钢筋实际质量与理论质量的允许偏差

公称直径/mm	实际质量与理论质量的偏差/%
6～12	±6.0
14～22	±5.0

(五)化学成分分析

(1)钢筋的牌号及化学成分(熔炼分析)应符合表 11-6 的规定。

表 11-6　钢筋的牌号及化学成分(熔炼分析)

牌号	化学成分(质量分数)/%,≤				
	C	Si	Mn	P	S
HPB300	0.250	0.550	1.500	0.045	0.045

(2)钢筋的成品化学成分允许偏差应符合表 11-7 的规定。

表 11-7　非合金钢和低合金钢成品化学成分允许偏差　单位:%

元素	规定化学成分上限值	允许偏差	
		上偏差	下偏差
C	≤0.25	0.020	0.0200
	>0.25～0.55	0.030	0.0300
	>0.55	0.040	0.0400
Mn	≤0.80	0.030	0.0300
	>0.80～1.70	0.060	0.0600
Si	≤0.37	0.030	0.0300
	>0.37	0.050	0.0500
S	≤0.05	0.005	—
	>0.05～0.35	0.020	0.0100
P	≤0.06	0.005	—
	>0.06～0.15	0.010	0.0100
V	≤0.20	0.020	0.0100
Ti	≤0.20	0.020	0.0100
Nb	0.015～0.060	0.005	0.0050
Cu	≤0.55	0.050	0.0500
Cr	≤1.50	0.050	0.0500
Ni	≤1.00	0.050	0.0500
Pb	0.15～0.35	0.030	0.0300
Al	≥0.015	0.003	0.0030
N	0.01～0.02	0.005	0.0050
Ca	0.002～0.006	0.002	0.0005

四、取样规定及取样地点

(一)取样规定

(1)钢筋应按批进行全数检查和验收,每批由同一厂家、同一牌号、同一炉罐号、同一规格的钢筋组成。每批质量通常不大于 60 t。超过 60 t 部分,每增加 40 t(或不足 40 t 的余数),增加 1 个拉伸试验试样和 1 个弯曲试验试样。

(2)试样数量:拉伸试样 2 根、弯曲试样 2 根、反向弯曲试样 1 根、化学分析试样 1 根。

(3)测量钢筋的质量偏差时,试样应从不同钢筋上截取,数量应不少于 5 根,每根试样长度应不小于 500 mm。

(4)允许由同一牌号、同一冶炼方法、同一浇注方法、不同炉罐号的钢筋组成混合批,但各炉罐号含碳量之差应不大于 0.02%,含锰量之差应不大于 0.15%。混合批质量应不大于 60 t。

(5)成型钢筋进场时,应抽取试件做屈服强度、抗拉强度、伸长率和质量偏差检验。对由热轧钢筋制成的成型钢筋,当有施工单位或监理单位的代表驻厂监督生产过程,并提供原材钢筋力学性能第三方检验报告时,可仅进行质量偏差检验。检查数量:同一厂家、同一类型、同一钢筋来源的成型钢筋,不超过 30 t 为一批,每批中每种钢筋牌号、规格均应至少抽取 1 个钢筋试件,总数不应少于 3 个。

(二)取样地点

取样地点为现场钢筋仓库、加工厂等。

第二节　钢筋混凝土用热轧带肋钢筋

一、概述及引用标准

(一)概述

普通热轧钢筋:按热轧状态交货的钢筋。

细晶粒热轧钢筋:在热轧过程中,通过控轧和控冷工艺形成的细晶粒钢筋,其晶粒度为 9 级或更细。

带肋钢筋:横截面通常为圆形,且表面带肋的混凝土结构用钢材。

牌号:钢筋按屈服强度特征值分为 400、500、600 级。表 11-8 为钢筋牌号的构成及其含义。

表 11-8 钢筋牌号的构成及其含义

<table>
<tr><th>产品名称</th><th>牌号</th><th>牌号构成</th><th>英文字母含义</th></tr>
<tr><td rowspan="5">普通热轧钢筋</td><td>HRB400</td><td rowspan="3">由 HRB＋屈服强度特征值构成</td><td rowspan="5">HRB——热轧带肋钢筋的英文(hot rolled ribbed bars)缩写。
E——“地震”的英文(earthquake)首字母</td></tr>
<tr><td>HRB500</td></tr>
<tr><td>HRB600</td></tr>
<tr><td>HRB400E</td><td rowspan="2">由 HRB＋屈服强度特征值＋E 构成</td></tr>
<tr><td>HRB500E</td></tr>
<tr><td rowspan="4">细晶粒热轧钢筋</td><td>HRBF400</td><td rowspan="2">由 HRBF＋屈服强度特征值构成</td><td rowspan="4">HRBF——在热轧带肋钢筋的英文(hot rolled ribbed bars)缩写后加“细”的英文(fine)首字母。
E——“地震”的英文(earthquake)首字母</td></tr>
<tr><td>HRBF500</td></tr>
<tr><td>HRBF400E</td><td rowspan="2">由 HRBF＋屈服强度特征值＋E 构成</td></tr>
<tr><td>HRBF500E</td></tr>
</table>

钢筋的公称直径范围为 6～50 mm。表 11-9 为热轧带肋钢筋的公称横截面面积与理论质量。

表 11-9 热轧带肋钢筋的公称横截面面积与理论质量

公称直径/mm	公称横截面面积/mm²	理论质量/(kg/m)
6	28.27	0.222
8	50.27	0.395
10	78.54	0.617
12	113.1	0.888
14	153.9	1.21
16	201.1	1.58
18	254.5	2.00
20	314.2	2.47
22	380.1	2.98
25	490.9	3.85
28	615.8	4.83
32	804.2	6.31

续表

公称直径/mm	公称横截面面积/mm²	理论质量/(kg/m)
36	1018	7.99
40	1257	9.87
50	1964	15.42

注:表中理论质量按密度为 7.85 g/cm³ 计算。

(二)引用标准

《钢筋混凝土用钢　第 2 部分:热轧带肋钢筋》(GB/T 1499.2—2018);
《混凝土结构工程施工质量验收规范》(GB 50204—2015);
《钢的成品化学成分允许偏差》(GB/T 222—2006)。

二、试验检测参数

(1)主要项目:外观检查,力学性能(下屈服强度、抗拉强度、断后伸长率、最大力总延伸率),弯曲性能,质量偏差。

(2)其他项目:反向弯曲性能,化学成分分析。

三、试验检测技术指标

(一)外观检查

(1)长度允许偏差。按定尺长度交货的直条钢筋,其长度允许偏差范围为 0 ～＋50 mm。

(2)弯曲度和端部。直条钢筋的弯曲度应不影响正常使用,每米弯曲度不大于 4 mm,总弯曲度不大于钢筋总长度的 0.4%。钢筋端部应剪切正直,局部变形应不影响使用。

(二)力学性能

钢筋的力学性能应符合表 11-10 的规定。

表 11-10　钢筋的力学性能

牌号	下屈服强度 R_{eL}/MPa	抗拉强度 R_m/MPa	断后伸长率 A/%	最大力总延伸率 A_{gt}/%	R_m^0/R_{eL}^0	R_{eL}^0/R_{eL}
	≥					≤
HRB400 HRBF400	400	540	16	7.5	—	—
HRB400E HRBF400E			—	9.0	1.25	1.30
HRB500 HRBF500	500	630	15	7.5	—	—
HRB500E HRBF500E			—	9.0	1.25	1.30
HRB600	600	730	14	7.5	—	—

注：R_m^0 为钢筋实测抗拉强度，R_{eL}^0 为钢筋实测下屈服强度。

（三）弯曲性能

钢筋应进行弯曲试验。按表 11-11 规定的弯曲压头直径弯曲 180°后，钢筋受弯曲部位表面不得产生裂纹。

表 11-11　弯曲压头直径

牌号	公称直径 d/mm	弯曲压头直径
HRB400 HRBF400 HRB400E HRBF400E	6～25	$4d$
	28～40	$5d$
	>40～50	$6d$
HRB500 HRBF500 HRB500E HRBF500E	6～25	$6d$
	28～40	$7d$
	>40～50	$8d$
HRB600	6～25	$6d$
	28～40	$7d$
	>40～50	$8d$

(四)质量偏差

钢筋实际质量与理论质量的允许偏差应符合表 11-12 的规定。

表 11-12　钢筋实际质量与理论质量的允许偏差

公称直径/mm	实际质量与理论质量的偏差/%
6～12	±6.0
14～20	±5.0
22～50	±4.0

(五)反向弯曲性能

对牌号带 E 的钢筋应进行反向弯曲试验。经反向弯曲试验后,钢筋受弯曲部位表面不得产生裂纹。

根据需方要求,其他牌号钢筋也可进行反向弯曲试验。

可用反向弯曲试验代替弯曲试验。

反向弯曲试验的弯曲压头直径比弯曲试验相应增加一个钢筋公称直径。

(六)化学成分分析

(1)相应钢筋牌号所对应的化学成分和碳当量(熔炼分析)应符合表 11-13 的规定。

表 11-13　钢筋牌号对应的化学成分和碳当量(熔炼分析)

<table>
<tr><th rowspan="3">牌号</th><th colspan="5">化学成分(质量分数)/%</th><th rowspan="2">碳当量
Ceq/%</th></tr>
<tr><th>C</th><th>Si</th><th>Mn</th><th>P</th><th>S</th></tr>
<tr><th colspan="6">≤</th></tr>
<tr><td>HRB400
HRBF400
HRB400E
HRBF400E</td><td rowspan="2">0.25</td><td rowspan="3">0.80</td><td rowspan="3">1.60</td><td rowspan="3">0.045</td><td rowspan="3">0.045</td><td>0.54</td></tr>
<tr><td>HRB500
HRBF500
HRB500E
HRBF500E</td><td>0.55</td></tr>
<tr><td>HRB600</td><td>0.28</td><td>0.58</td></tr>
</table>

(2)碳当量 Ceq(%)可按式(11-1)计算。

$$Ceq = C + Mn/6 + (Cr + V + Mo)/5 + (Cu + Ni)/15 \tag{11-1}$$

式中,C、Mn、Cr、V、Mo、Cu、Ni 为钢中该元素的含量。

(3)钢的氮含量应不大于 0.012%,供方如能保证可不做分析,钢中如有足够数量的氮结合元素,含氮量的限制可适当放宽。

(4)钢筋的成品化学成分允许偏差应符合表 11-8 的规定。碳当量 Ceq 的允许偏差为+0.03%。

四、取样规定及取样地点

(一)取样规定

(1)钢筋应按批进行全数检查和验收,每批由同一厂家、同一牌号、同一炉罐号、同一规格的钢筋组成。每批质量通常不大于 60 t。超过 60 t 部分,每增加 40 t(或不足 40 t 的余数),增加 1 个拉伸试验试样和 1 个弯曲试验试样。

(2)试样数量:拉伸试样 2 根、弯曲试样 2 根、反向弯曲试样 1 根、化学分析试样 1 根。

(3)测量钢筋的质量偏差时,试样应从不同钢筋上截取,数量应不少于 5 根,每根试样长度应不小于 500 mm。

(4)成型钢筋进场时,应抽取试件做屈服强度、抗拉强度、伸长率和质量偏差检验,检验结果应符合国家现行相关标准的规定。对由热轧钢筋制成的成型钢筋,当有施工单位或监理单位的代表驻厂监督生产过程,并提供原材钢筋力学性能第三方检验报告时,可仅进行质量偏差检验。检查数量:同一厂家、同一类型、同一钢筋来源的成型钢筋,不超过 30 t 为一批,每批中每种钢筋牌号、规格均应至少抽取 1 个钢筋试件,总数不应少于 3 个。

(二)取样地点

取样地点为现场钢筋仓库、加工厂等。

第三节　冷轧带肋钢筋

一、概述及引用标准

(一)概述

冷轧带肋钢筋:热轧圆盘条经冷轧后,在其表面带有沿长度方向均匀分布的横肋的钢筋。

牌号：钢筋分为CRB550、CRB650、CRB800、CRB600H、CRB680H、CRB800H六个牌号。CRB550、CRB600H为普通钢筋混凝土用钢筋；CRB650、CRB800、CRB800H为预应力混凝土用钢筋；CRB680H既可作为普通钢筋混凝土用钢筋，也可作为预应力混凝土用钢筋。

公称直径范围：CRB550、CRB600H、CRB680H钢筋的公称直径范围为4～12 mm。CRB650、CRB800、CRB800H钢筋的公称直径为4 mm、5 mm、6 mm。

（二）引用标准

《冷轧带肋钢筋混凝土结构技术规程》(JGJ 95—2011)；

《冷轧带肋钢筋》(GB/T 13788—2017)。

二、试验检测参数

(1)主要项目：外观检查，延伸强度，抗拉强度，抗拉强度/延伸强度，断后伸长率，最大力总延伸率，弯曲，反复弯曲。

(2)其他项目：长度，质量，应力松弛。

三、试验检测技术指标

（一）外观检查

二面肋和三面肋钢筋横肋呈月牙形，四面肋横肋的纵截面应为月牙状并且不应与横肋相交。

横肋沿钢筋横截面周圈上均匀分布，其中二面肋钢筋一面肋的倾角应与另一面反向，三面肋钢筋有一面肋的倾角应与另两面反向。四面肋钢筋两相邻面横肋的倾角应与另两面横肋方向相反。

二面肋和三面肋钢筋横肋中心线和钢筋纵轴线的夹角应为40°～60°。四面肋钢筋横肋轴线与钢筋轴线的夹角应为40°～70°，两排肋之间的角度可以为35°～75°。

二面肋和三面肋钢筋横肋两侧面和钢筋表面的斜角α不得小于45°，四面肋钢筋横肋两侧面和钢筋表面的斜角α不得小于40°，横肋与钢筋表面呈弧形相交。

（二）质量偏差

钢筋实际质量与理论质量的允许偏差应符合表11-14及表11-15的规定。

表 11-14 二面肋和三面肋钢筋的尺寸、质量及允许偏差

公称直径 d/mm	公称横截面面积/mm^2	质量		横肋中点高		横肋 1/4 处高 $h_{1/4}$/mm	横肋顶宽 b/mm	横肋间距		相对肋面积,≥
		理论质量/(kg/m)	允许偏差/%	h/mm	允许偏差/mm			Z/mm	允许偏差/%	
4.0	12.6	0.099	±4	0.30	+0.10 −0.05	0.24	0.2d	4.0	±15	0.036
4.5	15.9	0.125		0.32		0.26		4.0		0.039
5.0	19.6	0.154		0.32		0.26		4.0		0.039
5.5	23.7	0.186		0.40		0.32		5.0		0.039
6.0	28.3	0.222		0.40		0.32		5.0		0.039
6.5	33.2	0.261		0.46		0.37		5.0		0.045
7.0	38.5	0.302		0.46		0.37		5.0		0.045
7.5	44.2	0.347		0.55		0.44		6.0		0.045
8.0	50.3	0.395		0.55		0.44		6.0		0.045
8.5	56.7	0.445		0.55	±0.10	0.44		7.0		0.045
9.0	63.6	0.499		0.75		0.60		7.0		0.052
9.5	70.8	0.556		0.75		0.60		7.0		0.052
10.0	78.5	0.617		0.75		0.60		7.0		0.052
10.5	86.5	0.679		0.75		0.60		7.4		0.052
11.0	95.0	0.746		0.85		0.68		7.4		0.056
11.5	103.8	0.815		0.95		0.76		8.4		0.056
12.0	113.1	0.888		0.95		0.76		8.4		0.056

注:1.横肋 1/4 处高、横肋顶宽供孔型设计用。

2.二面肋钢筋允许有高度不大于 0.5h 的纵肋。

表 11-15 四面肋钢筋的尺寸、质量及允许偏差

公称直径 d/mm	公称横截面面积/mm^2	质量		横肋中点高		横肋 1/4 处高 $h_{1/4}$/mm	横肋顶宽 b/mm	横肋间距		相对肋面积,≥
		理论质量/(kg/m)	允许偏差/%	h/mm	允许偏差/mm			Z/mm	允许偏差/%	
6.0	28.3	0.222	±4	0.39	+0.10 −0.05	0.28	0.2d	5.0	±15	0.039
7.0	38.5	0.302		0.45		0.32		5.3		0.045
8.0	50.3	0.395		0.52		0.36		5.7		0.045
9.0	63.6	0.499		0.59	±0.10	0.41		6.1		0.052
10.0	78.5	0.617		0.65		0.45		6.5		0.052
11.0	95.0	0.746		0.72		0.50		6.8		0.056
12.0	113.0	0.888		0.78		0.54		7.2		0.056

注:横肋 1/4 处高、横肋顶宽供孔型设计用。

(三)长度

钢筋通常按盘卷交货,经供需双方协商也可按定尺长度交货,按定尺交货时,其长度及允许偏差由供需双方协商确定。

(四)弯曲度

直条钢筋的每米弯曲度应不大于 4 mm,总弯曲度应不大于钢筋全长的 0.4%。

(五)质量

盘卷钢筋的质量应不小于 100 kg。每盘应由一根钢筋组成,CRB650、CRB680H、CRB800、CRB800H 作为预应力混凝土用钢筋使用时,不得有焊接接头。

直条钢筋按同一牌号、同一规格、同一长度成捆交货,捆重由供需双方协商确定。

(六)力学性能和工艺性能

钢筋的力学性能和工艺性能应符合表 11-16 的规定。反复弯曲试验的弯曲半径应符合表 11-17 的规定。

表 11-16　钢筋的力学性能和工艺性能

分类	牌号	规定塑性延伸强度 $R_{P0.2}$/MPa,≥	抗拉强度 R_m/MPa,≥	$R_m/R_{P0.2}$,≥	断后伸长率/%,≥		最大力总延伸率/%,≥	弯曲试验 180°①	反复弯曲次数	应力松弛初始应力应相当于公称抗拉强度的 70%
					A	$A_{100\ mm}$	A_{gt}			1000 h 松弛率/%,≤
普通钢筋混凝土用	CRB550	500	550	1.05	11.0	—	2.5	$D=3d$	—	—
	CRB600H	540	600	1.05	14.0	—	5.0	$D=3d$	—	—
	CRB680H②	600	680	1.05	14.0	—	5.0	$D=3d$	4	5
预应力混凝土用	CRB650	585	650	1.05	—	4.0	2.5	—	3	8
	CRB800	720	800	1.05	—	4.0	2.5	—	3	8
	CRB800H	720	800	1.05	—	7.0	4.0	—	4	5

①D 为弯芯直径,d 为钢筋公称直径。

②当该牌号钢筋作为普通钢筋混凝土用钢筋使用时,对反复弯曲和应力松弛不做要求;当该牌号钢筋作为预应力混凝土用钢筋使用时,应进行反复弯曲试验代替 180°弯曲试验,并检测松弛率。

表 11-17 反复弯曲试验的弯曲半径 单位:mm

项目	钢筋公称直径		
	4	5	6
弯曲半径	10	15	15

四、取样规定及取样地点

(一)取样规定

(1)钢筋应按批进行检查和验收,每批应由同一牌号、同一外形、同一规格、同一生产工艺和同一交货状态的钢筋组成,每批不大于 60 t。

(2)拉伸试样每盘 1 根、弯曲试样每批 2 根、反复弯曲试样每批 2 根。

(3)进行钢筋质量检测时,试样长度不应小于 500 mm。

(4)CRB550、CRB600H 的钢筋质量偏差、拉伸试验和弯曲试验的检验批质量不应超过 10 t,每个检验批的取样为:每个检验批由 3 个试样组成。应随机抽取 3 捆(盘),从每捆(盘)抽取一根钢筋(钢筋一端),并在任一端截去500 mm后取一个长度不小于 300 mm 的试样。3 个试样均应进行质量偏差检验,再取其中 2 个分别进行拉伸试验和弯曲试验。试件切口应平滑且与长度方向垂直。

(5)CRB650、CRB650H、CRB800、CRB800H、CRB970 钢筋的质量偏差、拉伸试验和反复弯曲试验的检验批质量不应超过 5 t。当连续 10 批的检验结果均合格时,可改为质量不超过 10 t 为一个检验批进行检验。

(6)上述第(1)～(3)条为出厂检验规定,(4)(5)条为进场复试规定。

(二)取样地点

取样地点为现场钢筋仓库、加工厂等。

第四节 预应力混凝土用钢丝

一、概述及引用标准

(一)概述

冷拉钢丝:盘条通过拔丝等减径工艺经冷加工而形成的产品,以盘卷供货的钢丝。

消除应力钢丝:按下述一次性连续处理方法之一生产的钢丝。钢丝在塑性变形下(轴应变)进行的短时热处理,得到的应是低松弛钢丝;钢丝通过矫直工序后在适当的温度下进行的短时热处理,得到的应是普通松弛钢丝。

螺旋肋钢丝:钢丝表面沿着长度方向具有连续、规则的螺旋肋条。

刻痕钢丝:钢丝表面沿着长度方向具有规则间隔的压痕。

(二)引用标准

《预应力混凝土用钢丝》(GB/T 5223—2014);

《钢丝验收、包装、标志及质量证明书的一般规定》(GB/T 2103—2008)。

二、试验检测参数

(1)主要项目:外观检查,力学性能(抗拉强度,最大力下总伸长率,断面收缩率,弯曲试验,扭转试验,松弛试验,墩头强度)。

(2)其他项目:疲劳试验,腐蚀试验。

三、试验检测技术指标

(一)尺寸、外形、质量及允许偏差

尺寸、外形、质量及允许偏差应符合《预应力混凝土用钢丝》(GB/T 5223—2014)第 6 条的规定。

(二)力学性能

(1)压力管道用无涂(镀)层冷拉钢丝的力学性能应符合表 11-18 的规定。0.2%屈服力 $F_{p0.2}$ 应不小于最大力的特征值 F_m 的 75%。

表 11-18 压力管道用冷拉钢丝的力学性能

公称直径 d_a/mm	公称抗拉强度 R_m/MPa	最大力的特征值 F_m/kN	最大力的最大值 $F_{m,max}$/kN	0.2%屈服力 $F_{p0.2}$/kN,≥	每 210 mm 扭矩的扭转次数 N,≥	断面收缩率 Z/%,≥	氢脆敏感性能负载为 70%最大力时,断裂时间 t/h,≥	应力松弛性能初始力为最大力的 70%时,1000 h 应力松弛率 r/%,≤
4.00	1470	18.48	20.99	13.86	10	35	75	7.5
5.00		28.86	32.79	21.65	10	35		
6.00		41.56	47.21	31.17	8	30		
7.00		56.57	64.27	42.42	8	30		
8.00		73.88	83.93	55.41	7	30		

续表

公称直径 d_a/mm	公称抗拉强度 R_m/MPa	最大力的特征值 F_m/kN	最大力的最大值 $F_{m,max}$/kN	0.2%屈服力 $F_{p0.2}$/kN,≥	每210 mm扭矩的扭转次数 N,≥	断面收缩率 Z/%,≥	氢脆敏感性能负载为70%最大力时,断裂时间 t/h,≥	应力松弛性能初始力为最大力的70%时,1000 h应力松弛率 r/%,≤
4.00	1570	19.73	22.24	14.80	10	35	75	7.5
5.00		30.82	34.75	23.11	10	35		
6.00		44.38	50.03	33.29	8	30		
7.00		60.41	68.11	45.31	8	30		
8.00		78.91	88.96	59.18	7	30		
4.00	1670	20.99	23.50	15.74	10	35		
5.00		32.78	36.71	24.59	10	35		
6.00		47.21	52.86	35.41	8	30		
7.00		64.26	71.96	48.20	8	30		
8.00		83.93	93.99	62.95	6	30		
4.00	1770	22.25	24.76	16.69	10	35		
5.00		34.75	38.68	26.06	10	35		
6.00		50.04	55.69	37.53	8	30		
7.00		68.11	75.81	51.08	6	30		

(2)消除应力的光圆及螺旋肋钢丝的力学性能应符合表11-19的规定。0.2%屈服力 $F_{p0.2}$ 应不小于最大力的特征值 F_m 的88%。

(3)消除应力的刻痕钢丝的力学性能,除弯曲次数外,其他应符合表11-19的规定。对所有规格消除应力的刻痕钢丝,其弯曲次数均应不少于3次。

表 11-19 消除应力的光圆及螺旋肋钢丝的力学性能

公称直径 d_a/mm	公称抗拉强度 R_m/MPa	最大力的特征值 F_m/kN	最大力的最大值 $F_{m,max}$/kN	0.2%屈服力 $F_{p0.2}$/kN，≥	最大力总伸长率（L_0=200 mm）A_{gt}/%，≥	反复弯曲性能		应力松弛性能	
						弯曲次数/(次/180°)，≥	弯曲半径 R/mm	初始力相当于最大力的百分数/%	1000 h应力松弛率 r/%，≤
4.00	1470	18.48	20.99	16.22	3.5	3	10	70 80	2.5 4.5
4.80		26.61	30.23	23.35		4	15		
5.00		28.86	32.78	25.32		4	15		
6.00		41.56	47.21	36.47		4	15		
6.25		45.10	51.24	39.58		4	20		
7.00		56.57	64.26	49.64		4	20		
7.50		64.94	73.78	56.99		4	20		
8.00		73.88	83.93	64.84		4	20		
9.00		93.52	106.25	82.07		4	25		
9.50		104.19	118.37	91.44		4	25		
10.00		115.45	131.16	101.32		4	25		
11.00		139.69	158.70	122.59		—	—		
12.00		166.26	188.88	145.90		—	—		
4.00	1570	19.73	22.24	17.37		3	10		
4.80		28.41	32.03	25.00		4	15		
5.00		30.82	34.75	27.12		4	15		
6.00		44.38	50.03	39.06		4	15		
6.25		48.17	54.31	42.39		4	20		
7.00		60.41	68.11	53.16		4	20		
7.50		69.36	78.20	61.04		4	20		
8.00		78.91	88.96	69.44		4	20		
9.00		99.88	112.60	87.89		4	25		
9.50		111.28	125.46	97.93		4	25		
10.00		123.31	139.02	108.51		4	25		
11.00		149.20	168.21	131.30		—	—		
12.00		177.57	200.19	156.26		—	—		

续表

公称直径 d_a/mm	公称抗拉强度 R_m/MPa	最大力的特征值 F_m/kN	最大力的最大值 $F_{m,max}$/kN	0.2%屈服力 $F_{p0.2}$/kN,≥	最大力总伸长率(L_0=200 mm) A_{gt}/%,≥	反复弯曲性能		应力松弛性能	
						弯曲次数/(次/180°),≥	弯曲半径 R/mm	初始力相当于最大力的百分数/%	1000 h应力松弛率 r/%,≤
4.00	1670	20.99	23.50	18.47	3.5	3	10	70 80	2.5 4.5
5.00		32.78	36.71	28.85		4	15		
6.00		47.21	52.86	41.54		4	15		
6.25		51.24	57.38	45.09		4	20		
7.00		64.26	71.96	56.55		4	20		
7.50		73.78	82.62	64.93		4	20		
8.00		83.93	93.98	73.86		4	20		
9.00		106.25	118.97	93.50		4	25		
4.00	1770	22.25	24.76	19.58		3	10		
5.00		34.75	38.68	30.58		4	15		
6.00		50.04	55.69	44.03		4	15		
7.00		68.11	75.81	59.94		4	20		
7.50		78.20	87.04	68.81		4	20		
4.00	1860	23.38	25.89	20.57		3	10		
5.00		36.51	40.44	32.13		4	15		
6.00		52.58	58.23	46.27		4	15		
7.00		71.57	79.27	62.98		4	20		

(4)对公称直径 d_a大于 10 mm 的钢丝进行弯曲试验。在芯轴直径 $D=10d_a$的条件下,试样弯曲 180°后弯曲处应无裂纹。

(5)钢丝的弹性模量为(205±10)GPa,但不作为交货条件。当需方要求时,应满足该范围值。

(6)根据供货协议,可以提供表 11-18、表 11-19 以外其他强度级别的钢丝,其力学性能按协议执行。

(7)允许使用推算法确定 1000 h 松弛值。应进行初始力为实际最大力 70%的 1000 h 松弛试验,如需方要求,也可以做初始力为实际最大力 80%的 1000 h 松弛试验。

(8)供方应进行墩头强度检验,墩头强度应不低于母材公称抗拉强度的 95%。

(三)表面质量

(1)钢丝表面不得有裂纹和油污,也不允许有影响使用的拉痕、机械损伤等。允许有深度不大于钢丝公称直径 4%的不连续纵向表面缺陷。

(2)除非供需双方另有协议,否则钢丝表面只要没有目视可见的锈蚀凹坑,表面浮锈不应作为拒收的理由。

(3)消除应力的钢丝表面允许存在回火颜色。

(四)消除应力钢丝的伸直性

取弦长为1 m的钢丝,放在一个平面上,其弦与弧内侧最大自然矢高,所有的钢丝均应不大于20 mm。

(五)疲劳试验

经供需双方协商,并在合同中注明,可对钢丝进行疲劳性能试验。

(六)氢脆敏感性应力腐蚀试验

经供需双方协商,并在合同中注明,可对消除应力钢丝进行氢脆敏感性应力腐蚀试验。

四、取样规定及取样地点

(一)取样规定

(1)钢丝应成批检查和验收,每批应由同一牌号、同一规格、同一加工状态的钢丝组成,每批质量应不大于60 t。

(2)如产品标准未规定取样数量,则按下列规定执行:钢丝应逐盘进行形状、尺寸和表面检查,从检查合格的钢丝中抽取5%,但应不少于3盘,进行力学性能试验及其他试验。

(二)取样地点

取样地点为现场钢材仓库、加工厂等。

第五节 预应力混凝土用钢棒

一、概述及引用标准

(一)概述

淬火和回火钢棒:盘条经加工后加热到奥氏体化温度后快速冷却,然后在相变温度以下加热进行回火所得钢棒。

淬火和回火钢棒分为光圆钢棒、螺旋槽钢棒、螺旋肋钢棒、带肋钢棒。

(二)引用标准

《预应力混凝土用钢棒》(GB/T 5223.3—2017)。

二、试验检测参数

（1）主要项目：外观检查，力学性能（抗拉强度，规定非比例延伸强度，伸长率，弯曲试验，应力松弛试验）。

（2）其他项目：疲劳试验。

三、试验检测技术指标

（一）尺寸、外形、质量及允许偏差

尺寸、外形、质量及允许偏差应符合《预应力混凝土用钢棒》（GB/T 5223.3—2017）第6条的规定。

（二）力学性能

（1）钢棒应进行拉伸试验，其抗拉强度、规定塑性延伸强度应符合表11-20的规定；伸长特性要求（包括延性级别和相应伸长率）应符合表11-21的规定。

（2）钢棒应进行弯曲试验（螺旋槽钢棒除外），其性能应符合表11-20的规定。

（3）钢棒应进行初始力为70%公称抗拉强度时1000 h的松弛试验。假如需方有要求，也应测定初始力为60%和80%公称抗拉强度时1000 h的松弛值，并应符合表11-20的规定。

表11-20　钢棒的力学性能和工艺性能

<table>
<tr><th rowspan="2">表面形状类型</th><th rowspan="2">公称直径 D_n/mm</th><th rowspan="2">抗拉强度 R_m/MPa，≥</th><th rowspan="2">规定塑性延伸强度 $R_{p0.2}$/MPa，≥</th><th colspan="2">弯曲性能</th><th colspan="2">应力松弛性能</th></tr>
<tr><th>性能要求</th><th>弯曲半径/mm</th><th>初始应力为公称抗拉强度的百分数/%</th><th>1000 h应力松弛率 r/%，≤</th></tr>
<tr><td rowspan="11">光圆</td><td>6</td><td rowspan="11">1080
1230
1420
1570</td><td rowspan="11">930
1080
1280
1420</td><td rowspan="5">反复弯曲不少于4次</td><td>15</td><td rowspan="11">60
70
80</td><td rowspan="11">1.0
2.0
4.5</td></tr>
<tr><td>7</td><td>20</td></tr>
<tr><td>8</td><td>20</td></tr>
<tr><td>9</td><td>25</td></tr>
<tr><td>10</td><td>25</td></tr>
<tr><td>11</td><td rowspan="6">弯曲160°～180°后弯曲处无裂纹</td><td rowspan="6">弯曲压头直径为钢棒公称直径的10倍</td></tr>
<tr><td>12</td></tr>
<tr><td>13</td></tr>
<tr><td>14</td></tr>
<tr><td>15</td></tr>
<tr><td>16</td></tr>
</table>

续表

<table>
<tr><th rowspan="2">表面形状类型</th><th rowspan="2">公称直径 D_n/mm</th><th rowspan="2">抗拉强度 R_m/MPa，≥</th><th rowspan="2">规定塑性延伸强度 $R_{p0.2}$/MPa，≥</th><th colspan="2">弯曲性能</th><th colspan="2">应力松弛性能</th></tr>
<tr><th>性能要求</th><th>弯曲半径/mm</th><th>初始应力为公称抗拉强度的百分数/%</th><th>1000 h 应力松弛率 r/%，≤</th></tr>
<tr><td rowspan="5">螺旋槽</td><td>7.1</td><td rowspan="5">1080
1230
1420
1570</td><td rowspan="5">930
1080
1280
1420</td><td colspan="2" rowspan="5">—</td><td rowspan="25">60
70
80</td><td rowspan="25">1.0
2.0
4.5</td></tr>
<tr><td>9.0</td></tr>
<tr><td>10.7</td></tr>
<tr><td>12.6</td></tr>
<tr><td>14.0</td></tr>
<tr><td rowspan="13">螺旋肋</td><td>6</td><td rowspan="9">1080
1230
1420
1570</td><td rowspan="9">930
1080
1280
1420</td><td rowspan="5">反复弯曲不少于4次/180°</td><td>15</td></tr>
<tr><td>7</td><td>20</td></tr>
<tr><td>8</td><td>20</td></tr>
<tr><td>9</td><td>25</td></tr>
<tr><td>10</td><td>25</td></tr>
<tr><td>11</td><td rowspan="8">弯曲160°～180°后弯曲处无裂纹</td><td rowspan="8">弯曲压头直径为钢棒公称直径的10倍</td></tr>
<tr><td>12</td></tr>
<tr><td>13</td></tr>
<tr><td>14</td></tr>
<tr><td>16</td><td rowspan="4">1080
1270</td><td rowspan="4">930
1140</td></tr>
<tr><td>18</td></tr>
<tr><td>20</td></tr>
<tr><td>22</td></tr>
<tr><td rowspan="6">带肋钢棒</td><td>6</td><td rowspan="6">1080
1230
1420
1570</td><td rowspan="6">930
1080
1280
1420</td><td colspan="2" rowspan="6">—</td></tr>
<tr><td>8</td></tr>
<tr><td>10</td></tr>
<tr><td>12</td></tr>
<tr><td>14</td></tr>
<tr><td>16</td></tr>
</table>

(4)16～22 mm 螺旋肋钢棒用于矿山支护时，除应符合表 11-20、表 11-21 的规定外，还应满足 $L_0=5D_n$ 的断后伸长率不小于 10%，最大力总伸长率不小于 3.5%，室温冲击吸收能量(KV_2)不小于 30 J。

(5)经供需双方协商，并在合同中注明，可对钢棒进行疲劳试验。

(6)钢棒的弹性模量为(200±10)GPa，但不作为交货条件。当需方要求时，应满足该范围值。

(7)根据供货协议，可以提供其他强度级别的产品，其力学性能按协议执行。

表 11-21　伸长特性要求

韧性级别	最大力总伸长率 A_{gt}/%，≥	断后伸长率($L_0=8D_n$)A/%，≥
延性 35	3.5	7.0
延性 25	2.5	5.0

注：1.日常检验可用断后伸长率代替，仲裁试验以最大力总伸长率为准。

2.最大力总伸长率标距 $L_0=200$ mm。

(三)表面质量

钢棒表面不得有影响使用的有害损伤和缺陷，允许有浮锈。

(四)伸直性

取弦长为 1 m 的钢棒，放在一个平面上，其弦与弧内侧最大自然矢高应不大于 5 mm。仲裁时以每盘去掉一圈时的试样为准。

(五)疲劳试验

经供需双方协商，若合同中注明，应对钢丝进行疲劳性能试验。

四、取样规定及取样地点

(一)取样规定

钢棒应成批检查和验收，每批应由同一牌号、同一规格、同一加工状态的钢棒组成，每批质量应不大于 60 t。

(二)取样地点

取样地点为现场钢材仓库、加工厂等。

第六节　预应力混凝土用钢绞线

一、概述及引用标准

(一)概述

标准型钢绞线:由冷拉光圆钢丝捻制成的钢绞线。

刻痕钢绞线:由刻痕钢丝捻制成的钢绞线。

模拔型钢绞线:捻制后再经冷拔成的钢绞线。

(二)引用标准

《预应力混凝土用钢绞线》(GB/T 5224—2014)。

二、试验检测参数

(1)主要项目:外观检查,力学性能(最大力、最大力总伸长率)。

(2)其他项目:力学性能(应力松弛性能试验),疲劳性能,偏斜拉伸性能和应力腐蚀性能。

三、试验检测技术指标

(一)尺寸、外形、质量及允许偏差

尺寸、外形、质量及允许偏差应符合《预应力混凝土用钢绞线》(GB/T 5224—2014)第6条的规定。

(二)力学性能

(1)1×2结构钢绞线的力学性能应符合表11-22的规定。

表 11-22 1×2 结构钢绞线的力学性能

钢绞线结构	钢绞线公称直径 D_n/mm	公称抗拉强度 R_m/MPa	整根钢绞线最大力 F_m/kN，≥	整根钢绞线最大力的最大值 $F_{m,max}$/kN，≤	0.2%屈服力 $F_{p0.2}$/kN，≥	最大力总伸长率（L_0≥400 mm）A_{gt}/%，≥	应力松弛性能	
							初始力相当于最大力的百分数/%	1000 h 应力松弛率 r/%，≤
1×2	8.00	1470	36.9	41.9	32.5	对所有规格 3.5	对所有规格 70 80	对所有规格 2.5 4.5
	10.00		57.8	65.6	50.9			
	12.00		83.1	94.4	73.1			
	5.00	1570	15.4	17.4	13.6			
	5.80		20.7	23.4	18.2			
	8.00		39.4	44.4	34.7			
	10.00		61.7	69.6	54.3			
	12.00		88.7	100.0	78.1			
	5.00	1720	16.9	18.9	14.9			
	5.80		22.7	25.3	20.0			
	8.00		43.2	48.2	38.0			
	10.00		67.6	75.5	59.5			
	12.00		97.2	108.0	85.5			
	5.00	1860	18.3	20.2	16.1			
	5.80		24.6	27.2	21.6			
	8.00		46.7	51.7	41.1			
	10.00		73.1	81.0	64.3			
	12.00		105.0	116.0	92.5			
	5.00	1960	19.2	21.2	16.9			
	5.80		25.9	28.5	22.8			
	8.00		49.2	54.2	43.3			
	10.00		77.0	84.9	67.8			

(2)1×3 结构钢绞线的力学性能应符合表 11-23 的规定。

(3)1×7 结构钢绞线的力学性能应符合表 11-24 的规定。

表 11-23　1×3 结构钢绞线的力学性能

钢绞线结构	钢绞线公称直径 D_n/mm	公称抗拉强度 R_m/MPa	整根钢绞线最大力 F_m/kN,≥	整根钢绞线最大力的最大值 $F_{m,max}$/kN,≤	0.2%屈服力 $F_{p0.2}$/kN,≥	最大力总伸长率 (L_0≥400 mm) A_{gt}/%,≥	应力松弛性能	
							初始力相当于最大力的百分数/%	1000 h应力松弛率 r/%,≤
1×3	8.60	1470	55.4	63.0	48.8	对所有规格	对所有规格	对所有规格
	10.80		86.6	98.4	76.2			
	12.90		125.0	142.0	110.0			
	6.20	1570	31.1	35.0	27.4			
	6.50		33.3	37.5	29.3			
	8.60		59.2	66.7	52.1			
	8.74		60.6	68.3	53.3			
	10.80		92.5	104.0	81.4			
	12.90		133.0	150.0	117.0			
	8.74	1670	64.5	72.2	56.8			
	6.20	1720	34.1	38.0	30.0			
	6.50		36.5	40.7	32.1			
	8.60		64.8	72.4	57.0			
	10.80		101.0	113.0	88.9	3.5	70 80	2.5 4.5
	12.90		146.0	163.0	128.0			
	6.20	1860	36.8	40.8	32.4			
	6.50		39.4	43.7	34.7			
	8.60		70.1	77.7	61.7			
	8.74		71.8	79.5	63.2			
	10.80		110.0	121.0	96.8			
	12.90		158.0	175.0	139.0			
	6.20	1960	38.8	42.8	34.1			
	6.50		41.6	45.8	36.6			
	8.60		73.9	81.4	65.0			
	10.80		115.0	127.0	101.0			
	12.90		166.0	183.0	146.0			
1×3I	8.70	1570	60.4	68.1	53.2			
		1720	66.2	73.9	58.3			
		1860	71.6	79.3	63.0			

表 11-24 1×7 结构钢绞线的力学性能

钢绞线结构	钢绞线公称直径 D_n/mm	公称抗拉强度 R_m/MPa	整根钢绞线最大力 F_m/kN,≥	整根钢绞线最大力的最大值 $F_{m,max}$/kN,≤	0.2%屈服力 $F_{p0.2}$/kN,≥	最大力总伸长率(L_0≥500 mm) A_{gt}/%,≥	应力松弛性能	
							初始力相当于最大力的百分数/%	1000 h应力松弛率 r/%,≤
1×7	15.20 (15.24)	1470	206.0	234	181.0	对所有规格	对所有规格	对所有规格
		1570	220.0	248	194.0			
		1670	234.0	262	206.0			
	9.50 (9.53)	1720	94.3	105	83.0			
	11.10 (11.11)		128.0	142	113.0			
	12.70		170.0	190	150.0			
	15.20 (15.24)		241.0	269	212.0			
	17.80 (17.78)		327.0	365	288.0			
	18.90	1820	400.0	444	352.0			
	15.70	1770	266.0	296	234.0			
	21.60		504.0	561	444.0			
	9.50 (9.53)	1860	102.0	113	89.8	3.5	70 80	2.5 4.5
	11.10 (11.11)		138.0	153	121.0			
	12.70		184.0	203	162.0			
	15.20 (15.24)		260.0	288	229.0			
	15.70		279.0	309	246.0			
	17.80 (17.78)		355.0	391	311.0			
	18.90		409.0	453	360.0			
	21.60		530.0	587	466.0			
	9.50 (9.53)	1960	107.0	118	94.2			
	11.10 (11.11)		145.0	160	128.0			
	12.70		193.0	213	170.0			
	15.20 (15.24)		274.0	302	241.0			

续表

钢绞线结构	钢绞线公称直径 D_n/mm	公称抗拉强度 R_m/MPa	整根钢绞线最大力 F_m/kN,≥	整根钢绞线最大力的最大值 $F_{m,max}$/kN,≤	0.2%屈服力 $F_{p0.2}$/kN,≥	最大力总伸长率(L_0≥500 mm) A_{gt}/%,≥	应力松弛性能	
							初始力相当于最大力的百分数/%	1000 h应力松弛率 r/%,≤
1×7I	12.70	1860	184.0	203	162.0	3.5	70 80	2.5 4.5
	15.20 (15.24)		260.0	288	229.0			
(1×7)C	12.70	1860	208.0	231	183.0			
	15.20 (15.24)	1820	300.0	333	264.0			
	18.00	1720	384.0	428	338.0			

(4)1×19结构钢绞线的力学性能应符合表11-25的规定。

表11-25 1×19结构钢绞线的力学性能

钢绞线结构	钢绞线公称直径 D_n/mm	公称抗拉强度 R_m/MPa	整根钢绞线最大力 F_m/kN,≥	整根钢绞线最大力的最大值 $F_{m,max}$/kN,≤	0.2%屈服力 $F_{p0.2}$/kN,≥	最大力总伸长率(L_0≥500 mm) A_{gt}/%,≥	应力松弛性能	
							初始力相当于最大力的百分数/%	1000 h应力松弛率 r/%,≤
1×19S (1+9+9)	28.6	1720	915	1021	805	对所有规格	对所有规格	对所有规格
	17.8	1770	368	410	334			
	19.3		431	481	379			
	20.3		480	534	422			
	21.8		554	617	488			
	28.6		942	1048	829			
	20.3	1810	491	545	432			
	21.8		567	629	499	3.5	70 80	2.5 4.5
	17.8	1860	387	428	341			
	19.3		454	503	400			
	20.3		504	558	444			
	21.8		583	645	513			
1×19W (1+6+6/6)	28.6	1720	915	1021	805			
		1770	942	1048	829			
		1860	990	1096	854			

(5)钢绞线的弹性模量为(195±10)GPa,可不作为交货条件。当需方要求时,应满足该范围值。

(6)0.2%屈服力 $F_{p0.2}$ 值应为整根钢绞线实际最大力 F_{max} 的 88%～95%。

(7)根据供需双方协议,可以提供表 11-22～表 11-25 以外的强度级别的钢绞线。

(8)如无特殊要求,只进行初始力为 70% F_{max} 的松弛试验,允许使用推算法进行 120 h 松弛试验确定 1000 h 松弛率。用于矿山支护的 1×19 结构的钢绞线松弛率不做要求。

(三)表面质量

(1)除非用户有特殊要求,钢绞线表面不得有油、润滑脂等物质。

(2)钢绞线表面不得有影响使用性能的有害缺陷。允许存在轴向表面缺陷,但其深度应小于单根钢丝直径的 4%。

(3)允许钢绞线表面有轻微浮锈,表面不能有目视可见的锈蚀凹坑。

(4)钢绞线表面允许存在回火颜色。

(四)钢绞线的伸直性

取弦长为 1 m 的钢绞线,放在一个平面上,其弦与弧内侧最大自然矢高不大于 25 mm。

(五)疲劳性能、偏斜拉伸性能和应力腐蚀性能

经供需双方协商,并在合同中注明,可以进行轴向疲劳试验、偏斜拉伸试验和应力腐蚀试验。

四、取样规定及取样地点

(一)取样规定

钢绞线应成批检查和验收,每批由同一牌号、同一规格、同一生产工艺捻制的钢绞线组成,每批质量应不大于 60 t。

(二)取样地点

取样地点为现场钢材仓库、加工厂等。

第七节　低合金高强度结构钢

一、概述及引用标准

(一)概述

低合金高强度结构钢是在含碳量 $W_C \leqslant 0.20\%$ 的碳素结构钢基础上加入少量合金元素制成的，其韧性高于碳素结构钢，同时具有良好的焊接性能、冷热压力加工性能和耐腐蚀性，部分钢种还具有较低的脆性转变温度。此类钢中除含有一定量的硅(Si)或锰(Mn)基本元素外，还含有其他适合我国资源情况的元素，如钒(V)、铌(Nb)、钛(Ti)、铝(Al)、钼(Mo)、氮(N)和稀土元素等微量元素。此类钢同碳素结构钢相比，具有强度高、使用寿命长、应用范围广、经济性能好等优点。该钢多轧制成板材、型材、无缝钢管等，被广泛用于桥梁、船舶、锅炉、车辆及重要建筑结构中。

(二)引用标准

《钢及钢产品　力学性能试验取样位置及试样制备》(GB/T 2975—2018)；

《低合金高强度结构钢》(GB/T 1591—2018)。

二、试验检测参数

(1)主要项目：表面质量，外形尺寸，拉伸性能(屈服点、抗拉强度、断后伸长率)，工艺性能，冷弯，冲击试验。

(2)其他项目：化学分析，Z向钢厚度方向断面收缩率，无损检测。

三、试验检测技术指标

(一)尺寸、外形和质量

(1)热轧钢棒的尺寸、外形、质量及允许偏差应符合《热轧钢棒尺寸、外形、重量及允许偏差》(GB/T 702—2017)的规定，具体组别应在合同中注明。

(2)热轧型钢的尺寸、外形、质量及允许偏差应符合《热轧型钢》(GB/T 706—2016)的规定，具体组别应在合同中注明。

(3)热轧钢板和钢带的尺寸、外形、质量及允许偏差应符合《热轧钢板和钢带的尺寸、外形、重量及允许偏差》(GB/T 709—2019)的规定，具体精度类别应在合同中注明。

(4)热轧 H 型钢和剖分 T 型钢的尺寸、外形、质量及允许偏差应符合《热轧 H 型钢和剖分 T 型钢》(GB/T 11263—2017)的规定。

(5)经供需双方协商,可供应其他尺寸、外形及允许偏差的钢材。

(二)钢的牌号及化学成分

钢的牌号及化学成分应符合《低合金高强度结构钢》(GB/T 1591—2018)第7.1条的规定。

(三)力学性能及工艺性能

1.拉伸

(1)热轧钢材的拉伸性能应符合表 11-26 和表 11-27 的规定。

表 11-26　热轧钢材的拉伸性能

牌号		上屈服强度 R_{eH}①/MPa,≥									抗拉强度 R_m/MPa			
		公称厚度或直径/mm												
钢级	质量等级	≤16	>16~40	>40~63	>63~80	>80~100	>100~150	>150~200	>200~250	>250~400	≤100	>100~150	>150~250	>250~400
Q355	B、C	355	345	335	325	315	295	285	275	—	470~630	450~600	450~600	—
	D									265②				450~600②
Q390	B、C、D	390	380	360	340	340	320	—	—	—	490~650	470~620	—	—
Q420③	B、C	420	410	390	370	370	350	—	—	—	520~680	500~650	—	—
Q460③	C	460	450	430	410	410	390	—	—	—	550~720	530~700	—	—

①当屈服不明显时,可用规定塑性延伸强度 $R_{p0.2}$ 代替上屈服强度。

②只适用于质量等级为 D 的钢板。

③只适用于型钢和棒材。

表 11-27 热轧钢材的伸长率

牌号		断后伸长率 A/%,≥						
钢级	质量等级	公称厚度或直径/mm						
		试样方向	≤40	>40~63	>63~100	>100~150	>150~250	>250~400
Q355	B、C、D	纵向	22	21	20	18	17	17①
		横向	20	19	18	18	17	17①
Q390	B、C、D	纵向	21	20	20	19	—	—
		横向	20	19	19	18	—	—
Q420②	B、C	纵向	20	19	19	19	—	—
Q460②	C	纵向	18	17	17	17	—	—

①只适用于质量等级为 D 的钢板。

②只适用于型钢和棒材。

(2)正火、正火轧制钢材的拉伸性能应符合表 11-28 的规定。

(3)热机械轧制(TMCP)钢材的拉伸性能应符合表 11-29 的规定。

(4)根据需方要求并在合同中注明,要求钢板厚度方向性能时,钢材厚度方向的断面收缩率应按《厚度方向性能钢板》(GB/T 5313—2010)的规定。

(5)对于公称宽度不小于 600 mm 的钢板及钢带,拉伸试验取横向试样;其他钢材的拉伸试验取纵向试样。

2.夏比(V 型缺口)冲击

(1)钢材的夏比(V 型缺口)冲击试验的试验温度及冲击吸收能量应符合表 11-30 的规定。

表 11-28 正火、正火轧制钢材的拉伸性能

牌号		上屈服强度 R_{eH}[①]/MPa,≥								抗拉强度 R_m/MPa			断后伸长率 A/%,≥					
钢级	质量等级	公称厚度或直径/mm																
		≤16	>16~40	>40~63	>63~80	>80~100	>100~150	>150~200	>200~250	≤100	>100~200	>200~250	≤16	>16~40	>40~63	>63~80	>80~200	>200~250
Q355N	B、C、D、E、F	355	345	335	325	315	295	285	275	470~630	450~600	450~600	22	22	22	21	21	21
Q390N	B、C、D、E	390	380	360	340	340	320	310	300	490~650	470~620	470~620	20	20	20	19	19	19
Q420N	B、C、D、E	420	400	390	370	360	340	330	320	520~680	500~650	500~650	19	19	19	18	18	18
Q460N	C、D、E	460	440	430	410	400	380	370	370	540~720	530~710	510~690	17	17	17	17	17	16

注:正火状态包含正火加回火状态。

①当屈服不明显时,可用规定塑性延伸强度 $R_{p0.2}$ 代替上屈服强度 R_{eH}。

表 11-29 热机械轧制(TMCP)钢材的拉伸性能

牌号		上屈服强度 R_{eH}[①]/MPa,≥						抗拉强度 R_m/MPa					断后伸长率 A/%,≥
钢级	质量等级	公称厚度或直径/mm											
		≤16	>16~40	>40~63	>63~80	>80~100	>100~120[②]	≤40	>40~63	>63~80	>80~100	>100~120[②]	
Q355M	B、C、D、E、F	355	345	335	325	325	320	470~630	450~610	440~600	440~600	430~590	22
Q390M	B、C、D、E	390	380	360	340	340	335	490~650	480~640	470~630	460~620	450~610	20

续表

牌号		上屈服强度 R_{eH}① /MPa,≥						抗拉强度 R_m/MPa					断后伸长率 A/%,≥
		公称厚度或直径/mm											
钢级	质量等级	≤16	>16~40	>40~63	>63~80	>80~100	>100~120②	≤40	>40~63	>63~80	>80~100	>100~120②	
Q420M	B、C、D、E	420	400	390	380	370	365	520~680	500~660	480~640	470~630	460~620	19
Q460M	C、D、E	460	440	430	410	400	385	540~720	530~710	510~690	500~680	490~660	17
Q500M	C、D、E	500	490	480	460	450	—	610~770	600~760	590~750	540~730	—	17
Q550M	C、D、E	550	540	530	510	500	—	670~830	620~810	600~790	590~780	—	16
Q620M	C、D、E	620	610	600	580	—	—	710~880	690~880	670~860	—	—	15
Q690M	C、D、E	690	680	670	650	—	—	770~940	750~920	730~900	—	—	14

注:热机械轧制(TMCP)状态包含热机械轧制加回火状态。

①当屈服不明显时,可用规定塑性延伸强度 $R_{p0.2}$ 代替上屈服强度 R_{eH}。

②对于型钢和棒材,厚度或直径应不大于 150 mm。

表 11-30 夏比(V 型缺口)冲击试验的温度和冲击吸收能量

牌号		以下试验温度的冲击吸收能量最小值 KV_2/J									
钢级	质量等级	20 ℃		0 ℃		−20 ℃		−40 ℃		−60 ℃	
		纵向	横向	纵向	横向	纵向	横向	纵向	横向	纵向	横向
Q355、Q390、Q420	B	34	27	—	—	—	—	—	—	—	—
Q355、Q390、Q420、Q460	C	—	—	34	27	—	—	—	—	—	—
Q355、Q390	D	—	—	—	—	34①	27①	—	—	—	—
Q355N、Q390N、Q420N	B	34	27	—	—	—	—	—	—	—	—
Q355N、Q390N、Q420N、Q460N	C	—	—	34	27	—	—	—	—	—	—
	D	55	31	47	27	40②	20	—	—	—	—
	E	63	40	55	34	47	27	31③	20③	—	—
Q355N	F	63	40	55	34	47	27	31	20	27	16
Q355M、Q390M、Q420M	B	34	27	—	—	—	—	—	—	—	—
Q355M、Q390M、Q420M、Q460M	C	—	—	34	27	—	—	—	—	—	—
	D	55	31	47	27	40②	20	—	—	—	—
	E	63	40	55	34	47	27	31③	20③	—	—
Q355M	F	63	40	55	34	47	27	31	20	27	16

续表

牌号		以下试验温度的冲击吸收能量最小值 KV_2/J									
钢级	质量等级	20 ℃		0 ℃		−20 ℃		−40 ℃		−60 ℃	
		纵向	横向	纵向	横向	纵向	横向	纵向	横向	纵向	横向
Q500M、Q550M、Q620M、Q690M	C	—	—	55	34	—	—	—	—	—	—
	D	—	—	—	—	47②	27	—	—	—	—
	E	—	—	—	—	—	—	31③	20③	—	—

注：1.当需方未指定试验温度时，正火、正火轧制和热机械轧制的C、D、E、F级钢材分别做0 ℃、−20 ℃、−40 ℃、−60 ℃冲击。

2.冲击试验取纵向试样，经供需双方协商，也可取横向试样。

①仅适用于厚度大于250 mm的Q355D钢板。

②当需方指定时，D级钢材可做−30 ℃冲击试验，冲击吸收能量纵向不小于27 J。

③当需方指定时，E级钢材可做−50 ℃冲击试验，冲击吸收能量纵向不小于27 J、横向不小于16 J。

(2)公称厚度不小于 6 mm 或公称直径不小于 12 mm 的钢材应做冲击试验[对于型钢,厚度是指《钢及钢产品　力学性能试验取样位置及试样制备》(GB/T 2975—2018)中规定的制备试样的厚度]。冲击试样取尺寸为 10 mm×10 mm×55 mm的标准试样;当钢材不足以制取标准试样时,应采用 10 mm×7.5 mm×55 mm 或 10 mm×5 mm×55 mm 的小尺寸试样,冲击吸收能量应分别不小于表 11-30 规定值的 75%或 50%,并应优先采用较大尺寸试样。

3.弯曲

(1)根据需方要求,钢材可进行弯曲试验,其指标应符合表 11-31 的规定。

表 11-31　弯曲试验

试样方向	180°弯曲试验 D——弯曲压头直径,a——试样厚度或直径	
	公称厚度或直径/mm	
	≤16	>16～100
对于公称宽度不小于 600 mm 的钢板及钢带,拉伸试验取横向试样;其他钢材的拉伸试验取纵向试样	$D=2a$	$D=3a$

(2)如供方能保证弯曲试验合格,可不做检验。

(四)表面质量要求

1.钢板

(1)钢板表面不应有气泡、结疤、裂纹、折叠、夹杂和压入氧化铁皮等影响使用的有害缺陷。钢板不应有目视可见的分层。

(2)钢板表面允许有不妨碍检查表面缺陷的薄层氧化铁皮、铁锈及由于压入氧化铁皮和轧辊所造成的不明显的粗糙、网纹、麻点、划痕及其他局部缺欠,但其深度不应大于钢板厚度的公差之半,并应保证钢板允许的最小厚度。

(3)钢板表面缺陷允许用修磨等方法清除,清理处应平滑无棱角,清理深度不应大于钢板厚度的负偏差,并应保证钢板允许的最小厚度。

(4)钢板表面存在不能按上一条规定清理的缺陷,经供需双方协商,可进行焊接修补,并应满足以下要求:

①采用适当的焊接方法。

②在焊补前采用铲平或磨平等适当的方法完全除去钢板上的有害缺陷,除去部分的深度应在钢板公称厚度的 20%以内,单面的修磨面积合计应在钢板面积的 2%以内。

③钢板焊接部位的边缘上不得有咬边或重叠,堆高应高出轧制面 1.5 mm 以上,然后用铲平或磨平等方法除去堆高。

④热处理钢板焊接修补后应再次进行热处理。

(5)经供需双方协商,钢板的表面质量也可符合《热轧钢板表面质量的一般要求》(GB/T 14977—2008)的规定。

2.钢带及其剪切钢板

(1)钢带表面不应有结疤、裂纹、折叠、夹杂、气泡和氧化铁皮压入等对使用有害的缺陷。钢带不应有目视可见的分层。

(2)钢带表面允许有不影响使用的薄层氧化铁皮、铁锈和轻微的麻点、划痕等局部缺欠,其深度或高度不得超过钢带厚度公差之半,并应保证钢带的允许最小厚度。

(3)允许钢带有局部缺陷交货,但带缺陷部分不应超过每卷钢带总长度的6%。

(4)经供需双方协商,钢带的表面质量也可符合《热轧钢板表面质量的一般要求》(GB/T 14977—2008)的规定。

3.型钢

(1)型钢的表面质量应符合相关标准的规定。

(2)经供需双方协商,型钢的表面质量也可执行《热轧型钢表面质量一般要求》(YB/T 4427—2014)的规定。

4.钢棒

(1)钢棒的表面质量应符合相关标准的规定。

(2)经供需双方协商,钢棒的表面质量可执行《热轧棒材和盘条表面质量等级交货技术条件》(GB/T 28300—2012)的规定。

(五)无损检测

经供需双方协商,可采用无损检测的方法检验钢材的内部质量,其检测标准和要求应在合同中规定。

四、取样规定及取样地点

(一)取样规定

(1)钢材应成批验收。每批应由同一牌号、同一炉号、同一规格、同一交货状态的钢材组成,每批质量应不大于60 t,但卷重大于30 t的钢带和连轧板可按两个轧制卷组成一批;对容积大于200 t转炉冶炼的型钢,每批质量应不大于80 t。经供需双方协商,可每炉检验两批。

(2)Q355B级钢允许同一牌号、同一冶炼和浇注方法、同一规格、同一生产工艺制度、同一交货状态或同一热处理制度、不同炉号的钢材组成混合批,但每批不得多于6个炉号,且各炉号碳含量之差不得大于0.02%,锰含量之差不得大于0.15%。

(二)取样地点

取样地点为现场钢材仓库、加工厂等。

第八节 碳素结构钢

一、概述及引用标准

(一)概述

碳素结构钢是碳素钢的一种,含碳量为0.05%~0.70%,个别可高达0.90%,可分为普通碳素结构钢和优质碳素结构钢两类。其用途很广、用量很大,主要用于铁道、桥梁、各类建筑工程,制造承受静载荷的各种金属构件及不重要、不需要热处理的机械零件和一般焊接件。

(二)引用标准

《碳素结构钢》(GB/T 700—2006);

《钢及钢产品 力学性能试验取样位置及试样制备》(GB/T 2975—2018)。

二、试验检测参数

(1)主要项目:外观检查,力学性能(屈服点、抗拉强度、断后伸长率、冷弯试验、冲击试验)。

(2)其他项目:化学分析。

三、试验检测技术指标

(一)尺寸、外形、质量及允许偏差

钢板、钢带、型钢和钢棒的尺寸、外形、质量及允许偏差应分别符合相应标准的规定。

(二)表面质量

钢材的表面质量应分别符合钢板、钢带、型钢和钢棒等有关产品标准的规定。

(三)牌号和化学成分

钢的牌号和化学成分应符合《碳素结构钢》(GB/T 700—2006)第5.1条的规定。

(四)力学性能

(1)钢材的拉伸和冲击试验结果应符合表11-32的规定,弯曲试验结果应符合表11-33的规定。

表 11-32　力学性能

牌号	等级	屈服强度①R_{eH}/(N/mm²),≥						抗拉强度② R_m/(N/mm²)	断后伸长率 A/%,≥					冲击试验(V型缺口)	
		厚度(或直径)/mm							厚度(或直径)/mm					温度/℃	冲击吸收功(纵向)/J,≥
		≤16	>16~40	>40~60	>60~100	>100~150	>150~200		≤40	>40~60	>60~100	>100~150	>150~200		
Q195	—	195	185	—	—	—	—	315~430	33	—	—	—	—	—	—
Q215	A	215	205	195	185	175	165	335~450	31	30	29	27	26	—	—
	B													+20	27
Q235	A	235	225	215	215	195	185	370~500	26	25	24	22	21	—	—
	B													+20	27③
	C													0	
	D													−20	
Q275	A	275	265	255	245	225	215	410~540	22	21	20	18	17	—	—
	B													+20	27
	C													0	
	D													−20	

①Q195 的屈服强度值仅供参考,不作为交货条件。

②厚度大于 100 mm 的钢材,抗拉强度下限允许降低 20 N/mm²。宽带钢(包括剪切钢板)抗拉强度上限不作为交货条件。

③厚度小于 25 mm 的 Q235B 级钢材,如供方能保证冲击吸收功值合格,经需方同意,可不做检验。

表 11-33 冷弯性能

牌号	试样方向	冷弯试验 180°，$B=2a$①	
		钢材厚度（或直径）②/mm	
		≤60	>60～100
		弯芯直径 d	
Q195	纵	0	—
	横	0.5a	
Q215	纵	0.5a	1.5a
	横	a	2a
Q235	纵	a	2a
	横	1.5a	2.5a
Q275	纵	1.5a	2.5a
	横	2a	3a

①B 为试样宽度，a 为试样厚度（或直径）。

②钢材厚度（或直径）大于 100 mm 时，弯曲试验由双方协商确定。

(2)用 Q195 和 Q235B 级沸腾钢轧制的钢材，其厚度（或直径）应不大于 25 mm。

(3)做拉伸和冷弯试验时，型钢和钢棒取纵向试样；钢板、钢带取横向试样，断后伸长率允许比表 11-32 降低 2%（绝对值）。窄钢带取横向试样，如果受宽度限制，可以取纵向试样。

(4)如供方能保证冷弯试验符合表 11-33 的规定，可不做检验。A 级钢冷弯试验合格时，抗拉强度上限可以不作为交货条件。

(5)厚度不小于 12 mm 或直径不小于 16 mm 的钢材应做冲击试验，试样尺寸为 10 mm×10 mm×55 mm。经供需双方协议，厚度为 6～12 mm 或直径为 12～16 mm 的钢材可以做冲击试验，试样尺寸为 10 mm×7.5 mm×55 mm 或 10 mm×5 mm×55 mm 或 10 mm×产品厚度×55 mm。《碳素结构钢》(GB/T700—2006)附录 A 中给出了规定的冲击吸收功值，如当采用 10 mm×5 mm×55 mm 的试样时，其试验结果应不小于规定值的 50%。

(6)夏比（V 型缺口）冲击吸收功值按一组 3 个试样单值的算术平均值计算，允许其中 1 个试样的单个值低于规定值，但不得低于规定值的 70%。

如果没有满足上述条件，可从同一抽样产品上再取 3 个试样进行试验，先后 6 个试样的平均值不得低于规定值，允许有 2 个试样低于规定值，但其中低于规定值70%的试样只允许有1个。

四、取样规定及取样地点

(一)取样规定

(1)每批由同一牌号、同一炉号、同一质量等级、同一品种、同一尺寸、同一交货状态的钢材组成,每批质量不应大于60 t。

(2)试样数量:拉伸试样每批1根、冷弯试样每批1根、化学分析每炉1根、冲击试验每批3根。

(3)公称容量比较小的炼钢炉冶炼的钢轧成的钢材,同一冶炼、浇注和脱氧方法,不同炉号、同一牌号的A级钢或B级钢,允许组成混合批,但每批各炉号含碳量之差不得大于0.02%,含锰量之差不得大于0.15%。

(二)取样地点

取样地点为现场钢材仓库、加工厂等。

第九节　优质碳素结构钢

一、概述及引用标准

(一)概述

优质碳素结构钢是含碳量小于0.8%的碳素钢,这种钢中所含的硫、磷及非金属夹杂物比碳素结构钢少,机械性能较为优良。

优质碳素结构钢按含碳量不同可分为三类:低碳钢(含碳量≤0.25%)、中碳钢(含碳量为0.25%~0.6%)和高碳钢(含碳量>0.6%)。

优质碳素结构钢按含锰量不同分为正常含锰量(含锰0.25%~0.8%)和较高含锰量(含锰0.70%~1.20%)两组,后者具有较好的力学性能和加工性能。

优质碳素结构钢的硫、磷含量低于0.035%,主要用来制造较为重要的机件。在工程中一般用于生产预应力砼用钢丝、钢绞线、锚具以及高强度螺栓、重要结构的钢铸件等。

(二)引用标准

《优质碳素结构钢》(GB/T 699—2015)。

二、试验检测参数

(1)主要项目:外观检查,力学性能(屈服点、抗拉强度、伸长率),硬度。

(2)其他项目:工艺性能(冲击、顶锻试验),化学成分分析,低倍组织,脱碳层深度。

三、试验检测技术指标

(一)尺寸、外形及质量

(1)热轧钢棒的尺寸、外形、质量及其允许偏差应符合《热轧钢棒尺寸、外形、重量及允许偏差》(GB/T 702—2017)的规定,具体要求应在合同中注明。

(2)锻制钢棒的尺寸、外形、质量及其允许偏差应符合《锻制钢棒尺寸、外形、重量及允许偏差》(GB/T 908—2019)的规定,具体要求应在合同中注明。

(二)牌号及化学成分

牌号及化学成分应符合《优质碳素结构钢》(GB/T 699—2015)第 6.1 条的规定。

(三)力学性能

(1)试样毛坯经正火后制成试样测定钢棒的纵向拉伸性能应符合表 11-34 的规定,如供方能保证拉伸性能合格,可不进行试验。

(2)根据需方要求,用热处理(淬火+回火)毛坯制成试样测定 25～50、25Mn～50Mn 钢棒的纵向冲击吸收能量应符合表 11-34 的规定。公称直径小于 16 mm 的圆钢和公称厚度不大于 12 mm 的方钢、扁钢,不做冲击试验。

(3)切削加工用钢棒或冷拔坯料用钢棒的交货硬度应符合表 11-34 的规定。对于未热处理钢材的硬度,供方若能保证合格,可不进行检验。高温回火或正火后钢棒的硬度值由供需双方协商确定。

(4)根据需方要求,25～60 钢棒的抗拉强度允许比表 11-34 中的规定值降低 20 MPa,但其断后伸长率同时提高 2%(绝对值)。

表 11-34　力学性能

序号	牌号	试样毛坯尺寸[①]/mm	推荐的热处理制度[③]			力学性能					交货硬度(HBW)	
			正火	淬火	回火	抗拉强度/MPa	下屈服强度[④]/MPa	断后伸长率 A/%	断面收缩率 Z/%	冲击吸收能量 KU_2/J	未热处理钢	退火钢
			加热温度/℃			≥					≤	
1	08	25	930	—	—	325	195	33	60	—	131	—
2	10	25	930	—	—	335	205	31	55	—	137	—
3	15	25	920	—	—	375	225	27	55	—	143	—
4	20	25	910	—	—	410	245	25	55	—	156	—
5	25	25	900	870	600	450	275	23	50	71	170	—
6	30	25	880	860	600	490	295	21	50	63	179	—
7	35	25	870	850	600	530	315	20	45	55	197	—
8	40	25	860	840	600	570	335	19	45	47	217	187
9	45	25	850	840	600	600	355	16	40	39	229	197
10	50	25	830	830	600	630	375	14	40	31	241	207
11	55	25	820	—	—	645	380	13	35	—	255	217
12	60	25	810	—	—	675	400	12	35	—	255	229
13	65	25	810	—	—	695	410	10	30	—	255	229
14	70	25	790	—	—	715	420	9	30	—	269	229
15	75	试样[②]	—	820	480	1080	880	7	30	—	285	241
16	80	试样[②]	—	820	480	1080	930	6	30	—	285	241
17	85	试样[②]	—	820	480	1130	980	6	30	—	302	255
18	15Mn	25	920	—	—	410	245	26	55	—	163	—
19	20Mn	25	910	—	—	450	275	24	50	—	197	—
20	25Mn	25	900	870	600	490	295	22	50	71	207	—
21	30Mn	25	880	860	600	540	315	20	45	63	217	187
22	35Mn	25	870	850	600	560	335	18	45	55	229	197
23	40Mn	25	860	840	600	590	355	17	45	47	229	207
24	45Mn	25	850	840	600	620	375	15	40	39	241	217
25	50Mn	25	830	830	600	645	390	13	40	31	255	217
26	60Mn	25	810	—	—	690	410	11	35	—	269	229

续表

序号	牌号	试样毛坯尺寸[1]/mm	推荐的热处理制度[3]			力学性能					交货硬度(HBW)	
			正火	淬火	回火	抗拉强度/MPa	下屈服强度[4]/MPa	断后伸长率 A/%	断面收缩率 Z/%	冲击吸收能量 KU_2/J	未热处理钢	退火钢
			加热温度/℃			≥					≤	
27	65Mn	25	830	—	—	735	430	9	30	—	285	229
28	70Mn	25	790	—	—	785	450	8	30	—	285	229

注:1.表中的力学性能适用于公称直径或厚度不大于 80 mm 的钢棒。

2.公称直径或厚度大于 80～250 mm 的钢棒,允许其断后伸长率、断面收缩率比本表的规定分别降低 2%(绝对值)和 5%(绝对值)。

3.公称直径或厚度大于 120～250 mm 的钢棒允许改锻(轧)成 70～80 mm 的试料取样检验,其结果应符合本表的规定。

①钢棒尺寸小于试样毛坯尺寸时,用原尺寸钢棒进行热处理。

②留有加工余量的试样,其性能为淬火＋回火状态下的性能。

③热处理温度允许调整范围:正火±30 ℃,淬火±20 ℃,回火±50 ℃;推荐保温时间:正火不少于 30 min,空冷;淬火不少于 30 min,75、80 和 85 钢油冷,其他钢棒水冷;600 ℃回火不少于 1 h。

④当屈服现象不明显时,可用规定塑性延伸强度 $R_{p0.2}$ 代替。

(四)顶锻

(1)顶锻用钢应在合同中注明热顶锻或冷顶锻。热顶锻试验后的试样高度应为原试样高度的 1/3,冷顶锻试验后的试样高度应为原试样高度的 1/2。顶锻后试样表面不应有目视可见的裂纹。

(2)公称直径大于 80 mm、要求热顶锻的钢棒或公称直径大于 30 mm、要求冷顶锻的钢棒,如供方能保证顶锻试验合格,可不进行试验。

(五)低倍

(1)钢棒的横截面酸浸低倍试片上不应有目视可见的缩孔、气泡、裂纹、夹杂、翻皮和白点。供切削加工用的钢棒允许有不超过表 11-35 规定的皮下夹杂、皮下气泡等缺欠。

表 11-35 切削加工用钢棒局部缺欠允许深度 单位:mm

公称直径或厚度	局部缺欠允许深度
＜100	钢棒公称尺寸负偏差
≥100	钢棒公称尺寸公差

(2)钢棒的酸浸低倍组织应符合表11-36的规定。

表11-36 低倍组织合格级别

一般疏松	中心疏松	锭型偏析	中心偏析[①]
级别,≤			
2.5	2.5	2.5	2.5

①仅对连铸钢棒。

(3)如供方能保证低倍检验合格,可采用《钢的低倍缺陷超声波检验法》(GB/T 7736—2008)规定的超声检测法或其他无损探伤法代替酸浸低倍检验。

(六)脱碳层

据需方要求,并在合同中注明组别,对于公称碳含量下限大于0.30%的钢棒检验脱碳层时,每边总脱碳层深度(铁素体+过渡层)应符合表11-37的规定。

表11-37 总脱碳层允许深度

组别	允许总脱碳层深度,≤
第Ⅰ组	1.0%D
第Ⅱ组	1.5%D

注:D为钢棒公称直径或厚度。

(七)表面质量

(1)压力加工用钢棒的表面不应有目视可见的裂纹、结疤、折叠及夹杂。如有上述缺陷应清除,清除深度从钢棒实际尺寸算起应不超过表11-38的规定,清除宽度应不小于深度的5倍。对公称直径或厚度大于140 mm的钢棒,在同一截面的最大清除深度不应多于2处。允许有从实际尺寸算起不超过尺寸公差之半的个别细小划痕、压痕、麻点及深度不大于0.2 mm的小裂纹存在。

表11-38 压力加工用钢棒允许缺陷清除深度

公称直径或厚度/mm	允许缺陷清除深度
<80	钢棒公称尺寸公差的1/2
≥80～140	钢棒公称尺寸公差
>140～200	钢棒公称尺寸的5%
>200	钢棒公称尺寸的6%

(2)切削加工用钢棒的表面允许有从钢棒公称尺寸算起不超过表11-35规定的局部缺欠。

(3)以喷丸或剥皮状态交货的钢棒表面应洁净、光滑,不应有裂纹、折叠、结疤、夹杂和氧化铁皮,若有上述缺陷存在,允许局部修磨,但最大修磨处应保证钢棒的最小尺寸。

四、取样规定及取样地点

(一)取样规定

(1)钢棒应按批检查和验收。每批由同一牌号、同一炉号、同一加工方法、同一尺寸、同一交货状态、同一热处理制度(或炉次)的钢棒组成。

(2)试样数量:拉伸试样每批2根,硬度试样每批3根,冲击试样每批一组(U型缺口取2个,V型缺口取3个),顶锻试样每批2根,化学分析试样每炉1根。

(二)取样地点

取样地点为现场钢材仓库、加工厂等。

第十二章　钢筋焊接与机械连接

钢筋焊接是钢筋连接的一种，常见的有电阻点焊、闪光对焊、电弧焊、电渣压力焊、气压焊、预埋件埋弧压力焊等。

钢筋焊接及机械连接施工前，应对不同钢筋生产厂的进场钢筋进行接头工艺检验，工艺检验应符合下列要求：

(1)每种规格钢筋的接头试件不应少于3根。

(2)每根试件的抗拉强度和3根接头试件的残余变形的平均值均应符合规程要求。

(3)第一次工艺检验中1根试件的抗拉强度和3根接头试件的残余变形的平均值不合格时，允许抽3根试件进行复检，复检仍不合格评定为工艺性能检验不合格。

施工单位项目专业质量检查员应检查钢筋、钢板质量证明书，焊接材料产品合格证和焊接工艺试验时的接头力学性能试验报告。钢筋焊接接头力学性能检验时，应在接头外观质量检查合格后随机切取试件进行试验。试验方法应按现行行业标准《钢筋焊接接头试验方法标准》(JGJ/T 27—2014)有关规定执行。试验报告应包括下列内容：

(1)工程名称、取样部位。

(2)批号、批量。

(3)钢筋生产厂家和钢筋批号、钢筋牌号、规格。

(4)焊接方法。

(5)焊工姓名及考试合格证编号。

(6)施工单位。

(7)焊接工艺试验时的力学性能试验报告。

第一节 钢筋闪光对焊

一、概述及引用标准

(一)概述

钢筋闪光对焊是指将两钢筋以对接形式水平安放在对焊机上,利用电阻热使接触点金属熔化,产生强烈闪光和飞溅,迅速施加顶锻力完成的一种压焊方法。

钢筋闪光对焊可采用连续闪光焊、预热闪光焊或闪光-预热闪光焊工艺方法。生产中,可根据不同条件按下列规定选用:

(1)当钢筋直径较小,钢筋牌号较低时,在表12-1规定的范围内,可采用“连续闪光焊”。

(2)当钢筋直径超过表12-1的规定,且钢筋端面较平整时,宜采用“预热闪光焊”。

(3)当钢筋直径超过表12-1的规定,且钢筋端面不平整时,应采用“闪光-预热闪光焊”。

连续闪光焊所能焊接的钢筋直径上限,应根据焊机容量、钢筋牌号等具体情况而定,并应符合表12-1的规定。

表12-1 连续闪光焊钢筋直径上限

焊机容量/kVA	钢筋牌号	钢筋直径/mm
160 (150)	HPB300 HRB335、HRBF335 HRB400、HRBF400	22 22 20
100	HPB300 HRB335、HRBF335 HRB400、HRBF400	20 20 18
80 (75)	HPB300 HRB335、HRBF335 HRB400、HRBF400	16 14 12

(二)引用标准

《钢筋焊接及验收规程》(JGJ 18—2012)。

二、试验检测参数

主要项目:外观检查,拉伸试验,弯曲试验(螺丝端杆接头可只做拉伸试验)。

三、试验检测技术指标

(一)外观检查

闪光对焊接头外观质量检查结果,应符合下列规定:

(1)对焊接头表面应呈圆滑、带毛刺状,不得有肉眼可见的裂纹。

(2)与电极接触处的钢筋表面不得有明显烧伤。

(3)接头处的弯折角度不得大于2°。

(4)接头处的轴线偏移不得大于钢筋直径的1/10,且不得大于1 mm。

(二)拉伸试验

钢筋闪光对焊接头、电弧焊接头、电渣压力焊接头、气压焊接头、箍筋闪光对焊接头、预埋件钢筋T形接头的拉伸试验,应从每一检验批接头中随机切取3个接头进行并应按下列规定对试验结果进行评定。

(1)符合下列条件之一,应评定该检验批接头拉伸试验合格:

①3个试件均断于钢筋母材,呈延性断裂,其抗拉强度大于或等于钢筋母材抗拉强度标准值。

②2个试件断于钢筋母材,呈延性断裂,其抗拉强度大于或等于钢筋母材抗拉强度标准值;另一试件断于焊缝,呈脆性断裂,其抗拉强度大于或等于钢筋母材抗拉强度标准值的1.0倍。

试件断于热影响区,呈延性断裂,应视作与断于钢筋母材等同;试件断于热影响区,呈脆性断裂,应视作与断于焊缝等同。

(2)符合下列条件之一,应进行复验:

①2个试件断于钢筋母材,呈延性断裂,其抗拉强度大于或等于钢筋母材抗拉强度标准值;另一试件断于焊缝或热影响区,呈脆性断裂,其抗拉强度小于钢筋母材抗拉强度标准值的1.0倍。

②1个试件断于钢筋母材,呈延性断裂,其抗拉强度大于或等于钢筋母材抗拉强度标准值;另2个试件断于焊缝或热影响区,呈脆性断裂。

(3)3个试件均断于焊缝,呈脆性断裂,其抗拉强度均大于或等于钢筋母材抗拉强度标准值的1.0倍,应进行复验。当3个试件中有1个试件抗拉强度小于钢筋母材抗拉强度标准值的1.0倍时,应评定该检验批接头拉伸试验不合格。

(4)复验时,应切取6个试件进行试验。若有4个或4个以上试件断于钢筋母材，呈延性断裂，其抗拉强度大于或等于钢筋母材抗拉强度标准值，另2个或2个以下试件断于焊缝，呈脆性断裂，其抗拉强度大于或等于钢筋母材抗拉强度标准值的1.0倍，应评定该检验批接头拉伸试验复验合格。

(5)对于可焊接余热处理钢筋RRB400W焊接接头拉伸试验，其抗拉强度应符合同级别热轧带肋钢筋抗拉强度标准值540 MPa的规定。

(6)对于预埋件钢筋T形接头拉伸试验，3个试件的抗拉强度均大于或等于表12-2的规定值时，应评定该检验批接头拉伸试验合格。若有1个接头试件抗拉强度小于表12-2的规定值，应进行复验。复验时，应切取6个试件进行试验，其抗拉强度均大于或等于表12-2的规定值时，应评定该检验批接头拉伸试验复验合格。

表12-2 预埋件钢筋T形接头抗拉强度规定值

钢筋牌号	抗拉强度规定值/MPa
HPB300	400
HRB335、HRBF335	435
HRB400、HRBF400	520
HRB500、HRBF500	610
RRB400W	520

(三)弯曲试验

钢筋闪光对焊接头、气压焊接头进行弯曲试验时，应从每一个检验批接头中随机切取3个接头，焊缝应处于弯曲中心点，弯芯直径和弯曲角度应符合表12-3的规定。

表12-3 接头弯曲试验指标

钢筋牌号	弯芯直径	弯曲角度/(°)
HPB300	$2d$	90
HRB335、HRBF335	$4d$	90
HRB400、HRBF400、RRB400W	$5d$	90
HRB500、HRBF500	$7d$	90

注：1.d为钢筋直径(mm)。

2.直径大于25 mm的钢筋焊接接头，弯芯直径应增加1倍钢筋直径。

弯曲试验结果应按下列规定进行评定：

(1)当弯曲角度至90°，有2个或3个试件外侧(含焊缝和热影响区)未发生宽度达到 0.5 mm 的裂纹时，应评定该检验批接头弯曲试验合格。

(2)当有 2 个试件发生宽度达 0.5 mm 的裂纹时，应进行复验。

(3)当有 3 个试件发生宽度达 0.5 mm 的裂纹时，应评定该检验批接头弯曲试验不合格。

(4)复验时，应切取 6 个试件进行试验，当不超过 2 个试件发生宽度达到 0.5 mm的裂纹时，应评定该检验批接头弯曲试验复验合格。

四、取样规定及取样地点

(一)取样规定

(1)外观检查每批抽样 10%，且不少于 10 件，力学性能检验每批随机抽样一组。

(2)闪光对焊接头的质量检验，应分批进行外观质量检查和力学性能检验，并应符合下列规定：

①在同一台班内，由同一个焊工完成的 300 个同牌号、同直径钢筋焊接接头应作为一批。当同一台班内焊接的接头数量较少，可在一周之内累计计算；累计仍不足 300 个接头时，应按一批计算。

②进行力学性能检验时，应从每批接头中随机切取 6 个接头，其中 3 个做拉伸试验，3 个做弯曲试验。

③异径钢筋接头可只做拉伸试验。

(二)取样地点

在施工现场焊接成品中取样。

第二节　箍筋闪光对焊

一、概述及引用标准

(一)概述

箍筋闪光对焊是指将待焊箍筋两端以对接形式安放在对焊机上，利用电阻热使接触点金属熔化，产生强烈闪光和飞溅，迅速施加顶锻力，焊接形成封闭环式箍筋的一种压焊方法。

(二)引用标准

《钢筋焊接及验收规程》(JGJ 18—2012)。

二、试验检测参数

主要项目：外观检查，拉伸试验。

三、试验检测技术指标

（一）外观检查

箍筋闪光对焊接头外观质量检查结果应符合下列规定：

(1)对焊接头表面应呈圆滑、带毛刺状，不得有肉眼可见裂纹。

(2)轴线偏移不得大于钢筋直径的1/10，且不得大于1 mm。

(3)对焊接头所在直线边的顺直度检测结果凹凸不得大于5 mm。

(4)对焊箍筋外皮尺寸应符合设计图纸的规定，允许偏差应为±5 mm。

(5)与电极接触处的钢筋表面不得有明显烧伤。

（二）拉伸试验

箍筋闪光对焊接头拉伸试验的技术指标详见本章第一节“拉伸试验”中的规定。

四、取样规定及取样地点

（一）取样规定

(1)在同一台班内，由同一焊工完成的600个同牌号、同直径箍筋闪光对焊接头作为一个检验批；如超出600个接头，其超出部分可以与下一台班完成接头累计计算。

(2)每一检验批中，应随机抽查5%的接头进行外观质量检查。

(3)每个检验批中应随机切取3个对焊接头做拉伸试验。

（二）取样地点

在施工现场焊接成品中取样。

第三节　电阻点焊

一、概述及引用标准

（一）概述

钢筋电阻点焊是指将两钢筋（丝）安放成交叉叠接形式，压紧于两电极之间，利用电阻热熔化母材金属，加压形成焊点的一种压焊方法。

混凝土结构中钢筋焊接骨架和钢筋焊接网，宜采用电阻点焊制作。

（二）引用标准

《钢筋焊接及验收规程》(JGJ 18—2012)。

二、试验检测参数

主要项目：外观检查，拉伸试验，弯曲试验。

三、试验检测技术指标

（一）外观检查

(1)焊接骨架外观质量检查结果应符合下列规定：

①焊点的压入深度应为较小钢筋直径的18%～25%。

②每件制品的焊点脱落、漏焊数量不得超过焊点总数的4%，且相邻两焊点不得有漏焊及脱落。

③应测量焊接骨架的长度、宽度和高度，并应抽查纵、横方向3～5个网格的尺寸，其允许偏差应符合表12-4的规定。

④当外观质量检查结果不符合上述规定时，应逐件检查，并剔除不合格品。对不合格品经整修后，可提交二次验收。

表12-4　焊接骨架的允许偏差

项目		允许偏差/mm
焊接骨架	长度	±10
	宽度	±5
	高度	±5
骨架钢筋间距		±10
受力主筋	间距	±15
	排距	±5

(2)焊接网外形尺寸检查和外观质量检查结果应符合下列规定：

①焊点的压入深度应为较小钢筋直径的18%～25%。

②钢筋焊接网间距的允许偏差应取±10 mm和规定间距的±5%的较大值，网片长度和宽度的允许偏差应取±25 mm和规定长度的±0.5%的较大值，网格数量应符合设计规定。

③钢筋焊接网焊点开焊数量不应超过整张网片交叉点总数的1%,并且任一根钢筋上开焊点不得超过该支钢筋上交叉点总数的一半;焊接网最外边钢筋上的交叉点不得开焊。

④钢筋焊接网表面不应有影响使用的缺陷;当性能符合要求时,允许钢筋表面存在浮锈和因矫直造成的钢筋表面轻微损伤。

(二)拉伸试验

电阻点焊接头拉伸试验的技术指标详见本章第一节"拉伸试验"中的规定。

(三)弯曲试验

电阻点焊接头弯曲试验的技术指标详见本章第一节"弯曲试验"中的规定。

四、取样规定及取样地点

(一)取样规定

(1)外观检查每批抽样5%,且不少于5件,力学性能检验每批随机抽样一组。

(2)检验批划分:同一焊工完成的同直径、同牌号、同类型的300个接头为一批,一周内累计不足300个也为一批。

(二)取样地点

在施工现场焊接成品中取样。

第四节 电弧焊

一、概述及引用标准

(一)概述

钢筋焊条电弧焊:以焊条作为一极,钢筋为另一极,利用焊接电流通过产生的电弧热进行焊接的一种熔焊方法。

钢筋二氧化碳气体保护电弧焊:以焊丝作为一极,钢筋为另一极,并以二氧化碳气体作为电弧介质,保护金属熔滴、焊接熔池和焊接区高温金属的一种熔焊方法。

(二)引用标准

《钢筋焊接及验收规程》(JGJ 18—2012)。

二、试验检测参数

主要项目：外观检查，拉伸试验。

三、试验检测技术指标

（一）外观检查

电弧焊接头外观质量检查结果应符合下列规定：

（1）焊缝表面应平整，不得有凹陷或焊瘤。

（2）焊接接头区域不得有肉眼可见的裂纹。

（3）焊缝余高应为 2～4 mm。

（4）咬边深度、气孔、夹渣等缺陷允许值及接头尺寸的允许偏差应符合表 12-5 的规定。

表 12-5　钢筋电弧焊接头尺寸偏差及缺陷允许值

名称		单位	接头形式		
			帮条焊	搭接焊 钢筋与钢板搭接焊	坡口焊 窄间隙焊 熔槽帮条焊
帮条沿接头中心线的纵向偏移		mm	$0.3d$	—	—
接头处弯折角度		°	2	2	2
接头处钢筋轴线的偏移		mm	$0.1d$	$0.1d$	$0.1d$
			1	1	1
焊缝宽度		mm	$+0.1d$	$+0.1d$	—
焊缝长度		mm	$-0.3d$	$-0.3d$	—
咬边深度		mm	0.5	0.5	0.5
在长 $2d$ 焊缝表面上的气孔及夹渣	数量	个	2	2	—
	面积	mm^2	6	6	—
在全部焊缝表面上的气孔及夹渣	数量	个	—	—	2
	面积	mm^2	—	—	6

注：d 为钢筋直径（mm）。

(二)拉伸试验

电弧焊接头拉伸试验的技术指标详见本章第一节“拉伸试验”中的规定。

四、取样规定及取样地点

(一)取样规定

(1)在现浇混凝土结构中,应以300个同牌号钢筋、同形式接头作为一批;在房屋结构中,应在不超过连续二楼层中选取300个同牌号钢筋、同形式接头作为一批;每批随机切取3个接头做拉伸试验。

(2)在装配式结构中,可按生产条件制作模拟试件,每批3个,做拉伸试验。

(3)钢筋与钢板搭接焊接头可只进行外观质量检查。

(4)在同一批中若有3种不同直径的钢筋焊接接头,应在最大直径钢筋接头和最小直径钢筋接头中分别切取3个试件进行拉伸试验。钢筋电渣压力焊接头、钢筋气压焊接头取样均遵循这一原则。

(二)取样地点

在施工现场焊接成品中取样。

第五节 电渣压力焊

一、概述及引用标准

(一)概述

钢筋电渣压力焊是指将两钢筋安放成竖向对接形式,通过直接引弧法或间接引弧法,利用焊接电流通过两钢筋端面间隙,在焊剂层下形成电弧过程和电渣过程,产生电弧热和电阻热,熔化钢筋,加压完成的一种压焊方法。

(二)引用标准

《钢筋焊接及验收规程》(JGJ 18—2012)。

二、试验检测参数

主要项目:外观检查,拉伸试验。

三、试验检测技术指标

(一)外观检查

电渣压力焊接头外观质量检查结果应符合下列规定:

(1)四周焊包凸出钢筋表面的高度:当钢筋直径为 25 mm 及以下时,不得小于 4 mm;当钢筋直径为 28 mm 及以上时,不得小于 6 mm。

(2)钢筋与电极接触处应无烧伤缺陷。

(3)接头处的弯折角度不得大于 2°。

(4)接头处的轴线偏移不得大于 1 mm。

(二)拉伸试验

电渣压力焊接头拉伸试验的技术指标详见本章第一节“拉伸试验”中的规定。

四、取样规定及取样地点

(一)取样规定

(1)外观检查每批抽样 10%,且不少于 10 件,力学性能检验每批随机抽样一组。

(2)在现浇钢筋混凝土结构中,应以 300 个同牌号钢筋接头作为一批。

(3)在房屋结构中,应在不超过连续二楼层中选取 300 个同牌号钢筋接头作为一批;当不足 300 个接头时,仍应作为一批。

(4)每批随机切取 3 个接头试件做拉伸试验。

(二)取样地点

在施工现场焊接成品中取样。

第六节　钢筋气压焊

一、概述及引用标准

(一)概述

钢筋气压焊是指采用氧乙炔火焰或氧液化石油气火焰(或其他火焰),对两钢筋对接处加热,使其达到热塑性状态(固态)或熔化状态(熔态)后,加压完成的一种压焊方法。

(二)引用标准

《钢筋焊接及验收规程》(JGJ 18—2012)。

二、试验检测参数

主要项目:外观检查,拉伸试验,弯曲试验。

三、试验检测技术指标

(一)外观检查

钢筋气压焊接头外观质量检查结果应符合下列规定:

(1)接头处的轴线偏移(e)不得大于钢筋直径的1/10,且不得大于1 mm;当不同直径钢筋焊接时,应按较小钢筋直径计算;当大于上述规定值,但在钢筋直径的3/10以下时,可加热矫正;当大于3/10时,应切除重焊。

(2)接头处表面不得有肉眼可见的裂纹。

(3)接头处的弯折角度不得大于2°;当大于规定值时,应重新加热矫正。

(4)固态气压焊接头镦粗直径(d_c)不得小于钢筋直径的1.4倍,熔态气压焊接头镦粗直径(d_c)不得小于钢筋直径的1.2倍;当小于上述规定值时,应重新加热镦粗。

(5)镦粗长度(L_c)不得小于钢筋直径的1.0倍,且凸起部分应平缓圆滑;当小于上述规定值时,应重新加热镦长。

(二)拉伸试验

钢筋气压焊接头拉伸试验的技术指标详见本章第一节“拉伸试验”中的规定。

(三)弯曲试验

钢筋气压焊接头弯曲试验的技术指标详见本章第一节“弯曲试验”中的规定。

四、取样规定及取样地点

(一)取样规定

(1)外观检查每批抽样10%,且不少于10件,力学性能检验每批随机抽样一组。

(2)检验批划分。

①在现浇钢筋混凝土结构中，应以300个同牌号钢筋接头作为一批；在房屋结构中，应在不超过连续二楼层中选取300个同牌号钢筋接头作为一批；当不足300个接头时，仍应作为一批。

②在柱、墙的竖向钢筋连接中，应从每批接头中随机切取3个接头做拉伸试验；在梁、板的水平钢筋连接中，应另切取3个接头做弯曲试验。

③在同一批中，异径钢筋气压焊接头可只做拉伸试验。

(二)取样地点

在施工现场焊接成品中取样。

第七节　预埋件T形接头焊

一、概述及引用标准

(一)概述

预埋件钢筋埋弧压力焊：将钢筋与钢板安放成T形接头形式，利用焊接电流，在焊剂层下产生电弧，形成熔池，加压完成的一种压焊方法。

预埋件钢筋埋弧螺柱焊：用电弧螺柱焊焊枪夹持钢筋，使钢筋垂直对准钢板，采用螺柱焊电源设备产生强电流、短时间的焊接电弧，在熔剂层保护下使钢筋焊接端面与钢板间产生熔池后，适时将钢筋插入熔池，形成T形接头的焊接方法。

(二)引用标准

《钢筋焊接及验收规程》(JGJ 18—2012)。

二、试验检测参数

主要项目：外观检查，拉伸试验。

三、试验检测技术指标

(一)外观检查

预埋件钢筋T形接头外观质量检查结果应符合下列规定：

(1)焊条电弧焊时，角焊缝焊脚尺寸(K)应符合《钢筋焊接及验收规程》(JGJ 18—2012)第4.5.11条第1款的规定。

(2)埋弧压力焊或埋弧螺柱焊时，四周焊包凸出钢筋表面的高度：当钢筋直径为 18 mm 及以下时，不得小于 3 mm；当钢筋直径为 20 mm 及以上时，不得小于 4 mm。

(3)焊缝表面不得有气孔、夹渣和肉眼可见裂纹。

(4)钢筋咬边深度不得超过 0.5 mm。

(5)钢筋相对钢板的直角偏差不得大于 2°。

(二)拉伸试验

预埋件 T 形接头拉伸试验的技术指标详见本章第一节“拉伸试验”中的规定。

四、取样规定及取样地点

(一)取样规定

当进行力学性能检验时，应以 300 件同类型预埋件作为一批。一周内连续焊接时，可累计计算。当不足 300 件时，也应按一批计算。

(二)取样地点

在施工现场焊接成品中取样。

第八节 钢筋机械连接

一、概述及引用标准

(一)概述

钢筋机械连接是指通过钢筋与连接件或其他介入材料的机械咬合作用或钢筋端面的承压作用，将一根钢筋中的力传递至另一根钢筋的连接方法。

(1)接头等级的选用应符合下列规定：

①混凝土结构中要求充分发挥钢筋强度或对延性要求高的部位应选用Ⅱ级或Ⅰ级接头；当在同一连接区段内钢筋接头面积百分率为 100%时，应选用Ⅰ级接头。

②混凝土结构中钢筋应力较高但对延性要求不高的部位可选用Ⅲ级接头。

(2)下列情况应进行型式检验：

①确定接头性能等级时。

②套筒材料、规格、接头加工工艺改动时。

③型式检验报告超过4年时。

(3)接头型式检验试件应符合下列规定:

①对每种类型、级别、规格、材料、工艺的钢筋机械连接接头,型式检验试件不应少于12个,其中钢筋母材拉伸强度试件不应少于3个,单向拉伸试件不应少于3个,高应力反复拉压试件不应少于3个,大变形反复拉压试件不应少于3个。

②全部试件的钢筋均应在同一根钢筋上截取。

③接头试件应按《钢筋机械连接技术规程》(JGJ 107—2016)第6.3节的要求进行安装。

④型式检验试件不得采用经过预拉的试件。

(4)工程应用接头时,应对接头技术提供单位提交的接头相关技术资料进行审查与验收,并应包括下列内容:

①工程所用接头的有效型式检验报告。

②连接件产品设计、接头加工安装要求的相关技术文件。

③连接件产品合格证和连接件原材料质量证明书。

(5)接头工艺检验应针对不同钢筋生产厂的钢筋进行,施工过程中更换钢筋生产厂或接头技术提供单位时,应补充进行工艺检验。工艺检验应符合下列规定:

①各种类型和型式接头都应进行工艺检验,检验项目包括单向拉伸极限抗拉强度和残余变形。

②每种规格钢筋接头试件不应少于3根。

③接头试件测量残余变形后可继续进行极限抗拉强度试验,并宜按《钢筋机械连接技术规程》(JGJ 107—2016)表A.1.3中单向拉伸加载制度进行试验。

④每根试件极限抗拉强度和3根接头试件残余变形的平均值均应符合表12-6和表12-7的规定。

⑤工艺检验不合格时,应进行工艺参数调整,合格后方可按最终确认的工艺参数进行接头批量加工。

(二)引用标准

《钢筋机械连接技术规程》(JGJ 107—2016)。

二、试验检测参数

(1)主要项目:抗拉强度,残余变形(工艺检验),外观检查。

(2)其他项目:反复拉压性能,抗疲劳性能。

三、试验检测技术指标

(一)抗拉强度

Ⅰ级、Ⅱ级、Ⅲ级接头的极限抗拉强度必须符合表12-6的规定。

表12-6 接头极限抗拉强度

接头等级	极限抗拉强度
Ⅰ级	$f_{mst}^{0} \geqslant f_{stk}$,钢筋拉断; 或 $f_{mst}^{0} \geqslant 1.10 f_{stk}$,连接件破坏
Ⅱ级	$f_{mst}^{0} \geqslant f_{stk}$
Ⅲ级	$f_{mst}^{0} \geqslant 1.25 f_{yk}$

注:1.钢筋拉断指断于钢筋母材、套筒外钢筋丝头和钢筋镦粗过渡段。

2.连接件破坏指断于套筒、套筒纵向开裂或钢筋从套筒中拔出以及其他连接组件破坏。

(1)对接头的每一验收批,应在工程结构中随机截取3个接头试件做极限抗拉强度试验,按设计要求的接头等级进行评定。当3个接头试件的极限抗拉强度均符合表12-7中相应等级的强度要求时,该验收批应评为合格。当仅有1个试件的极限抗拉强度不符合要求时,应再取6个试件进行复检。复检中仍有1个试件的极限抗拉强度不符合要求时,该验收批应评为不合格。

(2)对封闭环形钢筋接头、钢筋笼接头、地下连续墙预埋套筒接头、不锈钢钢筋接头、装配式结构构件间的钢筋接头和有疲劳性能要求的接头,可见证取样,在已加工并检验合格的钢筋丝头成品中随机割取钢筋试件,按《钢筋机械连接技术规程》(JGJ 107—2016)第6.3节要求与随机抽取的进场套筒组装成3个接头试件做极限抗拉强度试验,按设计要求的接头等级进行评定。验收批合格评定应符合《钢筋机械连接技术规程》(JGJ 107—2016)第7.0.7条的规定。

(3)同一接头类型、同型式、同等级、同规格的现场检验连续10个验收批抽样试件抗拉强度试验一次合格率为100%时,验收批接头数量可扩大为1000个;当验收批接头数量少于200个时,可按《钢筋机械连接技术规程》(JGJ 107—2016)第7.0.7条或第7.0.8条的抽样要求随机抽取2个试件做极限抗拉强度试验,当2个试件的极限抗拉强度均满足表12-6的强度要求时,该验收批应评为合格。当有1个试件的极限抗拉强度不满足要求时,应再取4个试件进行复检,复检中仍有1个试件极限抗拉强度不满足要求时,该验收批应评为不合格。

(二)残余变形

Ⅰ级、Ⅱ级、Ⅲ级接头变形性能应符合表12-7的规定。

表 12-7 接头变形性能

项目		接头等级		
		Ⅰ级	Ⅱ级	Ⅲ级
单向拉伸	残余变形/mm	$\mu_0 \leqslant 0.10(d \leqslant 32)$ $\mu_0 \leqslant 0.14(d > 32)$	$\mu_0 \leqslant 0.14(d \leqslant 32)$ $\mu_0 \leqslant 0.16(d > 32)$	$\mu_0 \leqslant 0.14(d \leqslant 32)$ $\mu_0 \leqslant 0.16(d > 32)$
	最大力下总伸长率/%	$A_{sgt} \geqslant 6.0$	$A_{sgt} \geqslant 6.0$	$A_{sgt} \geqslant 3.0$
高应力反复拉压	残余变形/mm	$\mu_{20} \leqslant 0.3$	$\mu_{20} \leqslant 0.3$	$\mu_{20} \leqslant 0.3$
大变形反复拉压	残余变形/mm	$\mu_4 \leqslant 0.3$ 且 $\mu_8 \leqslant 0.6$	$\mu_4 \leqslant 0.3$ 且 $\mu_8 \leqslant 0.6$	$\mu_4 \leqslant 0.6$

注：μ_0为接头试件加载至$0.6f_{yk}$（钢筋极限抗拉强度标准值）并卸载后在规定标距内的残余变形；μ_4为接头试件按《钢筋机械连接技术规程》(JGJ 107—2016)附录A加载制度经大变形反复拉压4次后的残余变形；μ_8为接头试件按《钢筋机械连接技术规程》(JGJ 107—2016)附录A加载制度经大变形反复拉压8次后的残余变形；μ_{20}为接头试件按《钢筋机械连接技术规程》(JGJ 107—2016)附录A加载制度经高应力反复拉压20次后的残余变形。

（三）外观检查

(1)钢筋丝头加工应按本小节第(2)条、第(3)条要求进行自检，监理或质检部门对现场丝头加工质量有异议时，可随机抽取3根接头试件进行极限抗拉强度和单向拉伸残余变形检验，如有1根试件极限抗拉强度或3根试件残余变形值的平均值不合格，应整改后重新检验，检验合格后方可继续加工。

(2)直螺纹钢筋丝头加工应符合下列规定：

①钢筋端部应采用带锯、砂轮锯或带圆弧形刀片的专用钢筋切断机切平。

②镦粗头不应有与钢筋轴线相垂直的横向裂纹。

③钢筋丝头长度应满足产品设计要求，极限偏差应为$0\sim2.0p$（p为螺距）。

④钢筋丝头宜满足$6f$级精度要求，应采用专用直螺纹量规检验，通规应能顺利旋入并达到要求的拧入长度，止规旋入不得超过$3p$。各规格的自检数量不应少于10%，检验合格率不应小于95%。

(3)锥螺纹钢筋丝头加工应符合下列规定：

①钢筋端部不得有影响螺纹加工的局部弯曲。

②钢筋丝头长度应满足产品设计要求，拧紧后的钢筋丝头不得相互接触，丝头加工长度极限偏差应为$-0.5p\sim-1.5p$。

③钢筋丝头的锥度和螺距应采用专用锥螺纹量规检验;各规格丝头的自检数量不应少于10%,检验合格率不应小于95%。

(4)直螺纹接头的安装应符合下列规定:

①安装接头时可用管钳扳手拧紧,钢筋丝头应在套筒中央位置相互顶紧,标准型、正反丝型、异径型接头安装后的单侧外露螺纹不宜超过$2p$;对无法对顶的其他直螺纹接头,应附加锁紧螺母、顶紧凸台等措施紧固。

②接头安装后应用扭力扳手校核拧紧扭矩,最小拧紧扭矩值应符合表12-8的规定。

表12-8 直螺纹接头安装时最小拧紧扭矩值

项目	钢筋直径/mm					
	≤16	18～20	22～25	28～32	36～40	50
拧紧扭矩/(N·m)	100	200	260	320	360	460

(5)锥螺纹接头的安装应符合下列规定:

①接头安装时应严格保证钢筋与连接件的规格相一致。

②接头安装时应用扭力扳手拧紧,拧紧扭矩值应满足表12-9的要求。

表12-9 锥螺纹接头安装时拧紧扭矩值

项目	钢筋直径/mm					
	≤16	18～20	22～25	28～32	36～40	50
拧紧扭矩/(N·m)	100	180	240	300	360	460

(四)反复拉压性能

Ⅰ级、Ⅱ级、Ⅲ级接头应能经受规定的高应力和大变形反复拉压循环,且在经历拉压循环后,其极限抗拉强度仍应符合表12-6的规定。

(五)抗疲劳性能

对直接承受重复荷载的结构构件,设计应根据钢筋应力幅提出接头的抗疲劳性能要求。当设计无专门要求时,剥肋滚轧直螺纹钢筋接头、镦粗直螺纹钢筋接头和带肋钢筋套筒挤压接头的疲劳应力幅限值不应小于现行国家标准《混凝土结构设计规范》(GB 50010—2010)中普通钢筋疲劳应力幅限值的80%。

四、取样规定及取样地点

(一)取样规定

同施工条件下采用同一批材料的同等级、同型式、同规格接头应以500个为一个验收批,不足500个也作为一个验收批。

(1)应有型式检验报告;应进行外观质量检验和施工前工艺试验;现场检验连续10个验收批抽样试件抗拉强度试验一次合格率为100%时,验收批接头数量可扩大1倍。

(2)外观质量检验的质量要求、抽样数量、检验方法及合格标准以及螺纹接头所必需的最小拧紧力矩值由各类型接头的技术规程确定。

(3)现场截取抽样试件后,原接头位置的钢筋允许采用同等规格的钢筋进行搭接连接,或采用焊接及机械连接方法补接。

(4)对抽检不合格的接头验收批,应由建设方会同设计等有关方面研究后提出处理方案。

(二)取样地点

在施工现场机械连接成品中取样。

第十三章　建筑钢结构

第一节　高强度螺栓连接副

一、概述及引用标准

(一)概述

高强度螺栓连接副:高强度螺栓和与之配套的螺母、垫圈的总称。

高强度大六角头螺栓连接副:由一个高强度大六角头螺栓、一个高强度大六角螺母和两个高强度平垫圈组成一副的连接紧固件。

扭剪型高强度螺栓连接副:由一个扭剪型高强度螺栓、一个高强度大六角螺母和一个高强度平垫圈组成一副的连接紧固件。

预拉力(紧固轴力):通过紧固高强度螺栓连接副而在螺栓杆轴方向产生的,且符合连接设计所要求的拉力。

扭矩系数:高强度螺栓连接中,施加于螺母上的紧固扭矩与其在螺栓导入的轴向预拉力(紧固轴力)之间的比例系数。

高强度大六角头螺栓连接副、扭剪型高强螺栓连接副应按包装箱配套供货,包装箱上应标明批号、规格、数量及生产日期。螺栓、螺母、垫圈表面不应出现生锈和沾染脏物,螺纹不应损伤。

(二)引用标准

《钢结构高强度螺栓连接技术规程》(JGJ 82—2011);

《钢结构用高强度大六角头螺栓》(GB/T 1228—2006);

《钢结构用高强度大六角头螺栓、大六角螺母、垫圈技术条件》(GB/T 1231—

2006)；

《钢结构用扭剪型高强度螺栓连接副》(GB/T 3632—2008)；

《钢结构工程施工质量验收标准》(GB 50205—2020)。

二、试验检测参数

(1)主要项目:外观检查,扭矩系数(大六角头型),紧固轴力(扭剪型)。

(2)其他项目:螺栓楔负载,螺母保证载荷。

三、试验检测技术指标

(一)外观检查

(1)高强度螺栓连接构件的栓孔孔径应符合设计要求。高强度螺栓连接构件制孔允许偏差应符合表13-1的规定。

表13-1　高强度螺栓连接构件制孔允许偏差　　单位:mm

<table>
<tr><th colspan="4" rowspan="2">项目</th><th colspan="7">公称直径</th></tr>
<tr><th>M12</th><th>M16</th><th>M20</th><th>M22</th><th>M24</th><th>M27</th><th>M30</th></tr>
<tr><td rowspan="10">孔型</td><td rowspan="3">标准圆孔</td><td colspan="2">直径</td><td>13.5</td><td>17.5</td><td>22.0</td><td>24.0</td><td>26.0</td><td>30.0</td><td>33.0</td></tr>
<tr><td colspan="2">允许偏差</td><td>+0.43
0</td><td>+0.43
0</td><td>+0.52
0</td><td>+0.52
0</td><td>+0.52
0</td><td>+0.84
0</td><td>+0.84
0</td></tr>
<tr><td colspan="2">圆度</td><td colspan="2">1.00</td><td colspan="5">1.50</td></tr>
<tr><td rowspan="3">大圆孔</td><td colspan="2">直径</td><td>16.0</td><td>20.0</td><td>24.0</td><td>28.0</td><td>30.0</td><td>35.0</td><td>38.0</td></tr>
<tr><td colspan="2">允许偏差</td><td>+0.43
0</td><td>+0.43
0</td><td>+0.52
0</td><td>+0.52
0</td><td>+0.52
0</td><td>+0.84
0</td><td>+0.84
0</td></tr>
<tr><td colspan="2">圆度</td><td colspan="2">1.00</td><td colspan="5">1.50</td></tr>
<tr><td rowspan="4">槽孔</td><td rowspan="2">长度</td><td>短向</td><td>13.5</td><td>17.5</td><td>22.0</td><td>24.0</td><td>26.0</td><td>30.0</td><td>33.0</td></tr>
<tr><td>长向</td><td>22.0</td><td>30.0</td><td>37.0</td><td>40.0</td><td>45.0</td><td>50.0</td><td>55.0</td></tr>
<tr><td rowspan="2">允许偏差</td><td>短向</td><td>+0.43
0</td><td>+0.43
0</td><td>+0.52
0</td><td>+0.52
0</td><td>+0.52
0</td><td>+0.84
0</td><td>+0.84
0</td></tr>
<tr><td>长向</td><td>+0.84
0</td><td>+0.84
0</td><td>+1.00
0</td><td>+1.00
0</td><td>+1.00
0</td><td>+1.00
0</td><td>+1.00
0</td></tr>
<tr><td colspan="4">中心线倾斜度</td><td colspan="7">应为板厚的3%,且单层板应为2.0 mm,多层板迭组合应为3.0 mm</td></tr>
</table>

注:允许偏差中“0”的含义为不允许有负偏差。

(2)高强度螺栓连接构件的栓孔孔距允许偏差应符合表13-2的规定。

表13-2 高强度螺栓连接构件孔距允许偏差 单位:mm

项目	孔距范围			
	≤500	501～1200	1201～3000	>3000
同一组内任意两孔间	±1.0	±1.5	—	—
相邻两组的端孔间	±1.5	±2.0	±2.5	±3.0

注:孔的分组规定:

①在节点中连接板与一根杆件相连的所有螺栓孔为一组。

②对接接头在拼接板一侧的螺栓孔为一组。

③在两相邻节点或接头间的螺栓孔为一组,但不包括上述①②两款所规定的孔。

④受弯构件翼缘上的孔,每米长度范围内的螺栓孔为一组。

(3)主要构件连接和直接承受动力荷载重复作用且需要进行疲劳计算的构件,其连接高强度螺栓孔应采用钻孔成型。次要构件连接且板厚小于或等于12 mm时可采用冲孔成型,孔边应无飞边、毛刺。

(4)采用标准圆孔连接处板迭上所有螺栓孔,均应采用量规检查,其通过率应符合下列规定:

①用比孔的公称直径小1.0 mm的量规检查,每组至少应通过85%。

②用比螺栓公称直径大0.2～0.3 mm的量规检查(M22及以下规格为大0.2 mm,M24～M30规格为大0.3 mm),应全部通过。

(5)按本小节第(4)条检查时,凡量规不能通过的孔,必须经施工图编制单位同意后,方可扩钻或补焊后重新钻孔。扩钻后的孔径不应超过1.2倍螺栓直径。补焊时,应用与母材相匹配的焊条补焊,严禁用钢块、钢筋、焊条等填塞。每组孔中经补焊重新钻孔的数量不得超过该组螺栓数量的20%。处理后的孔应作出记录。

(二)扭矩系数

高强度大六角头螺栓连接副扭矩系数平均值及标准偏差应符合表13-3的要求。

表13-3 高强度大六角头螺栓连接副扭矩系数平均值及标准偏差值

连接副表面状态	扭矩系数平均值	扭矩系数标准偏差
符合现行国家标准《钢结构用高强度大六角头螺栓、大六角螺母、垫圈技术条件》(GB/T 1231—2006)的要求	0.110～0.150	≤0.0100

注:每套连接副只做一次试验,不得重复使用。试验时,垫圈发生转动,试验无效。

(三)连接副紧固轴力

扭剪型高强度螺栓连接副的紧固轴力平均值及标准偏差应符合表 13-4 的要求。

表 13-4　扭剪型高强度螺栓连接副紧固轴力平均值及标准偏差值

项目		螺纹规格					
		M16	M20	M22	M24	M27	M30
每批紧固轴力的平均值/kN	公称	110	171	209	248	319	391
	min	100	155	190	225	290	355
	max	121	188	230	272	351	430
紧固轴力标准偏差 σ/kN,≤		10.0	15.5	19.0	22.5	29.0	35.5

注:每套连接副只做一次试验,不得重复使用。试验时,垫圈发生转动,试验无效。

(四)螺栓楔负载

(1)高强度大六角头螺栓连接副进行螺栓实物楔负载试验时,拉力载荷应在表 13-5 规定范围内,且断裂应发生在螺纹部分或螺纹与螺杆交接处。

表 13-5　拉力载荷规定值

项目			螺纹规格						
			M12	M16	M20	(M22)	M24	(M27)	M30
公称应力截面积 A_s/mm^2			84.3	157	245	303	353	459	561
性能等级	10.9S	拉力载荷/kN	87.7～104.5	163～195	255～304	315～376	367～438	477～569	583～696
	8.8S		70～86.8	130～162	203～252	251～312	293～364	381～473	466～578

当螺栓 $l/d \leqslant 3$(l 为螺栓杆长度,d 为螺栓杆直径)时,如不能做楔负载试验,允许做拉力载荷试验或芯部硬度试验,拉力载荷应符合表 13-5 的规定,芯部硬度应符合表 13-6 的规定。

表 13-6　芯部硬度规定值

性能等级	维氏硬度		洛氏硬度	
	min	max	min	max
10.9S	312 HV30	367 HV30	33 HRC	39 HRC
8.8S	249 HV30	296 HV30	24 HRC	31 HRC

(2)扭剪型高强度螺栓连接副进行螺栓实物楔负载试验时,拉力载荷应在表13-7规定范围内,且断裂应发生在螺纹部分或螺纹与螺杆交接处。

表13-7　拉力载荷规定值

项目		螺纹规格					
		M16	M20	M22	M24	M27	M30
公称应力截面积 A_s/mm²		157	245	303	353	459	561
10.9S	拉力载荷/kN	163～195	255～304	315～376	367～438	477～569	583～696

当螺栓 $l/d \leqslant 3$ 时,如不能做楔负载试验,允许做拉力载荷试验或芯部硬度试验,拉力载荷应符合表13-7的规定,芯部硬度应符合表13-8的规定。

表13-8　芯部硬度规定值

性能等级	维氏硬度		洛氏硬度	
	min	max	min	max
10.9S	312 HV30	367 HV30	33 HRC	39 HRC

(五)螺母保证载荷

(1)高强度大六角头螺栓连接副的螺母保证载荷应符合表13-9的规定。

表13-9　保证载荷规定值

项目			螺纹规格						
			M12	M16	M20	(M22)	M24	(M27)	M30
性能等级	10H	保证载荷/kN	87.7	163	255	315	367	477	583
	8H		70	130	203	251	293	381	466

(2)扭剪型高强度螺栓连接副的螺母保证载荷应符合表13-10的规定。

表13-10　保证载荷规定值

项目		螺纹规格					
		M16	M20	(M22)	M24	(M27)	M30
公称应力截面积 A_s/mm²		157	245	303	353	459	561
保证应力 S_p/MPa		1040					
10H	保证载荷/kN	163	255	315	367	477	583

四、取样规定及取样地点

(一)取样规定

(1)高强度螺栓连接副进场验收检验批划分宜遵循下列原则：

①与高强度螺栓连接分项工程检验批划分一致。

②按高强度螺栓连接副生产出厂检验批批号，宜以不超过两批为一个进场验收检验批，且不超过6000套。

③同一材料(性能等级)、炉号、螺纹(直径)规格、长度(当螺栓长度≤100 mm时，长度相差≤15 mm；当螺栓长度>100 mm时，长度相差≤20 mm，可视为同一长度)、机械加工、热处理工艺及表面处理工艺的螺栓、螺母、垫圈为同批，分别由同批螺栓、螺母及垫圈组成的连接副为同批连接副。

(2)扭剪型高强度螺栓连接副预拉力复验：复验用的螺栓应在施工现场待安装的螺栓批中随机抽取，每批应抽取8套连接副进行复验。

(3)高强度大六角头螺栓连接副扭矩系数复验：复验用螺栓应在施工现场待安装的螺栓批中随机抽取，每批应抽取8套连接副进行复验。

(二)取样地点

取样地点为现场高强度螺栓仓库。

第二节　高强度螺栓连接摩擦面

一、概述及引用标准

(一)概述

摩擦面：高强度螺栓连接板层之间的接触面。

抗滑移系数：高强度螺栓连接中，使连接件摩擦面产生滑动时的外力与垂直于摩擦面的高强度螺栓预拉力之和的比值。

(二)引用标准

《钢结构高强度螺栓连接技术规程》(JGJ 82—2011)；

《钢结构工程施工质量验收标准》(GB 50205—2020)。

二、试验检测参数

主要项目：抗滑移系数。

三、试验检测技术指标

高强度螺栓连接摩擦面抗滑移系数大于或等于设计值。

四、取样规定及取样地点

(一)取样规定

制造厂和安装单位应分别以钢结构制造批为单位进行抗滑移系数试验;制造批可按分部(子分部)工程划分规定的工程量每2000 t为一批,不足2000 t的可视为一批;选用两种及两种以上表面处理工艺时,每种处理工艺应单独检验;每批三组试件。

(二)取样地点

取样地点为钢结构制作场。

第三节　钢网架螺栓球节点用高强度螺栓

一、概述及引用标准

(一)概述

螺栓球节点:由螺栓球、高强度螺栓、套筒、紧固螺钉和锥头或封板等零部件组成的节点。

(二)引用标准

《钢结构工程施工质量验收标准》(GB 50205—2020);
《钢网架螺栓球节点用高强度螺栓》(GB/T 16939—2016);
《钢的成品化学成分允许偏差》(GB/T 222—2006)。

二、试验检测参数

(1)主要项目:拉力载荷。
(2)其他项目:硬度。

三、试验检测技术指标

(一)拉力试验

螺栓应进行拉力试验,其结果应符合表13-11的规定。

表 13-11 螺栓实物机械性能

项目	螺纹规格																	
	M12	M14	M16	M20	M24	M27	M30	M36	M39	M42	M45	M48	M56×4	M60×4	M64×4	M68×4	M72×4	M76×4	M80×4	M85×4
性能等级	10.9S								9.8S											
应力截面积 A_s/mm²	84.3	115	157	245	353	459	561	817	976	1120	1310	1470	2144	2485	2851	3242	3658	4100	4566	5184
拉力载荷/kN	88～105	120～143	163～195	255～304	367～438	477～569	583～696	850～1013	878～1074	1008～1232	1179～1441	1323～1617	1930～2358	2237～2734	2566～3136	2918～3566	3292～4022	3690～4510	4109～5023	4633～5702

(二)硬度

螺纹规格为 M39～M85×4 的螺栓可以硬度试验代替拉力载荷试验。常规硬度值为 32～37 HRC,如对试验有争议时,应进行芯部硬度试验,其硬度值应不低于 28 HRC。如对硬度试验有争议时,应进行螺栓实物的拉力载荷试验,并以此为仲裁试验。拉力载荷值应符合表 13-11 的规定。

四、取样规定及取样地点

(一)取样规定

钢网架螺栓球节点高强螺栓施工前应按出厂检验批(同一性能等级,材料牌号,炉号,规格,机械加工、热处理及表面处理工艺的螺栓为同批。最大批量:对小于或等于 M36 的为 5000 件,对大于 M36 的为 2000 件)进行拉力载荷和表面硬度试验,每种试验按规格抽样 8 套。

(二)取样地点

取样地点为现场仓库。

第四节 焊 条

一、概述及引用标准

(一)概述

焊条:气焊或电焊时熔化填充在焊接工件的接合处的金属条。焊条的材料通常跟工件的材料相同。

焊条是涂有药皮的供焊条电弧焊使用的熔化电极,由药皮和焊芯两部分组成。用于焊接的专用钢丝可分为碳素结构钢、合金结构钢、不锈钢三类。

对于下列情况之一的钢结构所采用的焊接材料应按其产品标准的要求进行抽样复验,复验结果应符合国家现行标准的规定并满足设计要求:

(1)结构安全等级为一级的一、二级焊缝。

(2)结构安全等级为二级的一级焊缝。

(3)需要进行疲劳验算构件的焊缝。

(4)材料混批或质量证明文件不齐全的焊接材料。

(5)设计文件或合同文件要求复检的焊接材料。

(二)引用标准

《非合金钢及细晶粒钢焊条》(GB/T 5117—2012);

《热强钢焊条》(GB/T 5118—2012)。

二、试验检测参数

主要项目:熔敷金属力学性能试验,射线探伤试验,熔敷金属化学分析试验,T形接头角焊缝试验,熔敷金属中扩散氢含量。

三、试验检测技术指标

(一)非合金钢及细晶粒钢焊条的技术指标

1.力学性能

熔敷金属拉伸试验结果应符合《非合金钢及细晶粒钢焊条》(GB/T 5117—2012)表7的规定。

焊缝金属夏比V型缺口冲击试验温度按《非合金钢及细晶粒钢焊条》(GB/T 5117—2012)表7的要求,测定五个冲击试样的冲击吸收能量。在计算5个冲击吸收能量的平均值时，应去掉一个最大值和一个最小值。余下的3个值中有两个应不小于27 J，另一个允许小于27 J，但应不小于20 J，3个值的平均值应不小于27 J。

如果焊条型号中附加了可选择的代号"U"，焊缝金属夏比V型缺口冲击则按《非合金钢及细晶粒钢焊条》(GB/T 5117—2012)规定的温度，测定3个冲击试样的冲击吸收能量。3个值中仅有一个值允许小于47 J，但应不小于32 J，3个值的平均值应不小于47 J。

2.射线探伤试验

药皮类型12焊条不要求焊缝射线探伤试验，药皮类型15、16、18、19、20、45和48焊条的焊缝射线探伤应符合《焊缝无损检测　射线检测　第1部分：X和伽玛射线的胶片技术》(GB/T 3323.1—2019)和《焊缝无损检测　射线检测　第2部分：使用数字化探测器的X和伽玛射线技术》(GB/T 3323.2—2019)中的Ⅰ级规定；其他药皮类型焊条的焊缝射线探伤应符合《焊缝无损检测　射线检测　第1部分：X和伽玛射线的胶片技术》(GB/T 3323.1—2019)和《焊缝无损检测　射线检测　第2部分：使用数字化探测器的X和伽玛射线技术》(GB/T 3323.2—2019)中的Ⅱ级规定。

3.熔敷金属化学分析试验

非合金钢及细晶粒钢焊条的熔敷金属化学成分应符合《非合金钢及细晶粒钢焊条》(GB/T 5117—2012)第4.4条表6的规定。

4.T形接头角焊缝试验

非合金钢及细晶粒钢焊条的T形接头角焊缝试验应符合《非合金钢及细晶粒钢焊条》(GB/T 5117—2012)第4.3条的规定。

5.熔敷金属中扩散氢含量

非合金钢及细晶粒钢焊条的熔敷金属中扩散氢含量要求可由供需双方协商确定，扩散氢代号如表13-12所示。

表13-12　熔敷金属扩散氢含量

扩散氢代号	扩散氢含量/(mL/100 g)
H15	≤15
H10	≤10
H5	≤5

(二)热强钢焊条的技术指标

1.力学性能

熔敷金属拉伸试验结果应符合《热强钢焊条》(GB/T 5118—2012)第4.5条

表6的规定。

2.射线探伤试验

药皮类型15、16、18、19和20焊条的焊缝射线探伤应符合《焊缝无损检测 射线检测 第1部分:X和伽玛射线的胶片技术》(GB/T 3323.1—2019)和《焊缝无损检测 射线检测 第2部分:使用数字化探测器的X和伽玛射线技术》(GB/T 3323.2—2019)中的Ⅰ级规定,其他药皮类型焊条的焊缝射线探伤应符合《焊缝无损检测 射线检测 第1部分:X和伽玛射线的胶片技术》(GB/T 3323.1—2019)和《焊缝无损检测 射线检测 第2部分:使用数字化探测器的X和伽玛射线技术》(GB/T 3323.2—2019)中的Ⅱ级规定。

3.熔敷金属化学分析试验

热强钢焊条的熔敷金属化学成分应符合《热强钢焊条》(GB/T 5118—2012)第4.4条表5的规定。

4.T形接头角焊缝试验

热强钢焊条的T形接头角焊缝试验应符合《热强钢焊条》(GB/T 5118—2012)第4.3条的规定。

5.熔敷金属中扩散氢含量

热强钢焊条的熔敷金属中扩散氢含量要求可由供需双方协商确定,扩散氢代号如表13-12所示。

四、取样规定及取样地点

(一)取样规定

每批焊条检验时,按照需要数量至少在3个部位取有代表性的样品。

(二)取样地点

取样地点为现场仓库。

第五节 焊丝与焊带

一、概述及引用标准

(一)概述

焊丝:焊丝是作为填充金属或同时作为导电用的金属丝的焊接材料。

焊带:埋弧或电渣堆焊中使用的带状金属焊接材料。

(二)引用标准

《钢结构焊接规范》(GB 50661—2011);

《熔化焊用钢丝》(GB/T 14957—1994);

《熔化极气体保护电弧焊用非合金钢及细晶粒钢实心焊丝》(GB/T 8110—2020);

《非合金钢及细晶粒钢药芯焊丝》(GB/T 10045—2018);

《热强钢药芯焊丝》(GB/T 17493—2018);

《不锈钢焊丝和焊带》(GB/T 29713—2013)。

二、试验检测参数

主要项目:化学成分,熔敷金属力学性能,焊缝射线探伤,熔敷金属扩散氢含量,焊丝尺寸,焊丝质量,熔敷金属耐腐蚀性能(不锈钢焊丝和焊带),焊缝铁素体含量(不锈钢焊丝和焊带)。

三、试验检测技术指标

(一)熔化焊用钢丝技术指标

1.尺寸

(1)钢丝直径及其允许偏差应符合表 13-13 的规定。

表 13-13 钢丝直径及其允许偏差 单位:mm

公称直径	允许偏差	
	普通精度	较高精度
1.6	−0.10	−0.06
2.0		
2.5		
3.0		
3.2	−0.12	−0.08
4.0		
5.0		
6.0		

(2)钢丝的不圆度应不大于直径公差之半。

(3)根据供需双方协议,也可供给中间尺寸的钢丝,其尺寸允许偏差按表 13-13 中相邻较大尺寸的规定值。

(4)要求较高精度或其他精度的钢丝应于合同中注明。

2.钢丝的牌号及化学成分

钢丝的牌号及化学成分应符合《熔化焊用钢丝》(GB/T 14957—1994)第4.2条表3的规定。

(1)根据供需双方协议,H08A、H08E、H08C非沸腾钢允许硅含量不大于0.10%。

(2)如供方能保证,钢中残余元素铬、镍、铜含量可不进行成品分析,按熔炼分析成分在质量证明书中注明。

3.钢丝的表面质量

(1)钢丝表面应光滑,不得有肉眼可见的裂纹、折叠、结疤、氧化铁皮和锈蚀等有害缺陷存在。

(2)钢丝表面允许有不超出直径允许偏差之半的划伤及不超出直径偏差的局部缺陷存在。

(3)根据供需双方协议,对于可供给镀铜钢丝,其镀铜表面应光滑,不得有肉眼可见的裂纹、麻点和锈蚀。

(二)熔化极气体保护电弧焊用非合金钢及细晶粒钢实心焊丝技术指标

1.尺寸及表面质量

焊丝尺寸及表面质量应符合《焊接材料供货技术条件　产品类型、尺寸、公差和标志》(GB/T 25775—2010)的规定。

2.化学成分

焊丝化学成分应符合《熔化极气体保护电弧焊用非合金钢及细晶粒钢实心焊丝》(GB/T 8110—2020)第4.3条表4的规定。

3.力学性能

(1)拉伸试验。熔敷金属拉伸试验结果应符合表13-14规定。

表13-14　熔敷金属抗拉强度规定

抗拉强度代号①	抗拉强度 R_m/MPa	屈服强度② R_{eL}/MPa	断后伸长率 A/%
43×	430～600	≥330	≥20
49×	490～670	≥390	≥18
55×	550～740	≥460	≥17
57×	570～770	≥490	≥17

①×代表“A”“P”或者“AP”,其中“A”表示在焊态条件下试验,“P”表示在焊后热处理条件下试验,“AP”表示在焊态和焊后热处理条件下试验均可。

②当屈服发生不明显时,应测定规定塑性延伸强度 $R_{p0.2}$。

(2)冲击试验。

①夏比V型缺口冲击试验温度按《熔化极气体保护电弧焊用非合金钢及细晶粒钢实心焊丝》(GB/T 8110—2020)的表2要求,测定5个冲击试样的冲击吸收能量(KV_2)。在计算5个冲击吸收能量(KV_2)的平均值时,应去掉一个最大值和一个最小值,余下的3个值中有2个应不小于27 J,另一个可小于27 J,但不应小于20 J,3个值的平均值不应小于27 J。

②如果型号中附加了可选代号"U",夏比V型缺口冲击试验温度按《熔化极气体保护电弧焊用非合金钢及细晶粒钢实心焊丝》(GB/T 8110—2020)的表2要求,测定3个冲击试样的冲击吸收能量(KV_2)。3个值中有一个值可小于47 J,但不应小于32 J,3个值的平均值不应小于47 J。

4.焊丝送丝性能

缠绕的焊丝应适合连续送丝。焊丝接头处应适当处理,以保证能均匀连续送丝。

5.焊缝X射线检测

焊缝X射线检测验收等级应符合《焊缝无损检测　射线检测验收等级　第1部分:钢、镍、钛及其合金》(GB/T 37910.1—2019)中表1规定的2级。

根据焊缝质量等级规定,射线检测应按《焊缝无损检测　射线检测　第1部分:X和伽玛射线的胶片技术》(GB/T 3323.1—2019)或《焊缝无损检测　射线检测　第2部分:使用数字化探测器的X和伽玛射线技术》(GB/T 3323.2—2019)的A级和B级进行检测,见表13-15。

表13-15　射线检测技术等级

按ISO 5817的质量等级	按GB/T 3323.1和GB /T 3323.2的技术等级	按GB/T 37910.1的验收等级
B	B	1
C	B①	2
D	A	3

①环焊缝检测最少曝光次数按GB/T 3323.1和GB/T 3323.2的A级要求执行。

(三)非合金钢及细晶粒钢药芯焊丝技术指标

1.焊丝尺寸及表面质量

焊丝尺寸及表面质量应符合《焊接材料供货技术条件　产品类型、尺寸、公差和标志》(GB/T 25775—2010)的规定。

2.化学成分

多道焊焊丝熔敷金属化学成分应符合《非合金钢及细晶粒钢药芯焊丝》(GB/T 10045—2018)表7的规定。

3.力学性能

(1)单道焊试验。对于单道焊和多道焊都适用的焊丝不要求进行单道焊试验。

(2)拉伸试验。多道焊熔敷金属拉伸试验结果应符合表13-16的规定,单道焊焊接接头横向拉伸试验结果应符合表13-17的规定。

表13-16　多道焊熔敷金属抗拉强度规定

抗拉强度代号	抗拉强度 R_m/MPa	屈服强度[①] R_{eL}/MPa	断后伸长率 A/%
43	430～600	≥330	≥20
49	490～670	≥390	≥18
55	550～740	≥460	≥17
57	570～770	≥490	≥17

①当屈服发生不明显时,应测定规定塑性延伸强度 $R_{p0.2}$。

表13-17　单道焊焊接接头抗拉强度规定

抗拉强度代号	抗拉强度 R_m/MPa
43	≥430
49	≥490
55	≥550
57	≥570

(3)冲击试验。

①多道焊夏比V型缺口冲击试验温度按《非合金钢及细晶粒钢药芯焊丝》(GB/T 10045—2018)的表3要求,测定5个冲击试样的冲击吸收能量(KV_2)。在计算5个冲击吸收能量(KV_2)的平均值时,应去掉一个最大值和一个最小值。余下的3个值中有2个应不小于27 J,另一个可小于27 J,但不应小于20 J,3个值的平均值不应小于27 J。

②如果型号中附加了可选代号"U",冲击则按《非合金钢及细晶粒钢药芯焊丝》(GB/T 10045—2018)的表3规定的温度,测定3个冲击试样的冲击吸收能量(KV_2)。3个值中有一个值可小于47 J,但不应小于32 J,3个值的平均值不应小于47 J。

③仅适用于单道焊的焊丝不要求做冲击试验。

4.焊缝射线探伤

多道焊焊缝射线探伤应符合《焊缝无损检测　射线检测　第1部分:X和伽玛射线的胶片技术》(GB/T 3323.1—2019)和《焊缝无损检测　射线检测　第2部分:使用数字化探测器的X和伽玛射线技术》(GB/T 3323.2—2019)中的Ⅰ级规定。

5.熔敷金属扩散氢含量

根据供需双方协商,如在焊丝型号后附加扩散氢代号,则应符合表13-18的规定。

表13-18　熔敷金属扩散氢含量

扩散氢代号	扩散氢含量/(mL/100 g)
H5	≤5
H10	≤10
H15	≤15

(四)热强钢药芯焊丝技术指标

1.焊丝尺寸及表面质量

焊丝尺寸及表面质量应符合《焊接材料供货技术条件　产品类型、尺寸、公差和标志》(GB/T 25775—2010)的规定。

2.化学成分

熔敷金属化学成分应符合《热强钢药芯焊丝》(GB/T 17493—2018)表5的规定。

3.力学性能

熔敷金属拉伸试验结果应符合《热强钢药芯焊丝》(GB/T 17493—2018)表6的规定。

4.焊缝射线探伤

焊缝射线探伤应符合《焊缝无损检测　射线检测　第1部分:X和伽玛射线的胶片技术》(GB/T 3323.1—2019)和《焊缝无损检测　射线检测　第2部分:使用数字化探测器的X和伽玛射线技术》(GB/T 3323.2—2019)中的Ⅱ级规定。

5.熔敷金属扩散氢含量

根据供需双方协商,如在焊丝型号后附加扩散氢代号,则应符合表13-18的规定。

(五)不锈钢焊丝和焊带

1.化学成分

焊丝及焊带的化学成分应符合《不锈钢焊丝和焊带》(GB/T 29713—2013)表

1 的规定。

2.尺寸

焊丝及焊带尺寸应符合《焊接材料供货技术条件 产品类型、尺寸、公差和标志》(GB/T 25775—2010)的规定。

3.表面质量

焊丝及焊带表面应光滑，无毛刺、凹坑、划痕等缺陷，也不应有其他不利于焊接操作或对焊缝金属有不良影响的杂质。

4.熔敷金属力学性能

焊丝及焊带的熔敷金属力学性能要求由供需双方协商确定。

5.熔敷金属耐腐蚀性能

熔敷金属耐腐蚀性能由供需双方协商确定。

6.焊缝铁素体含量

焊缝铁素体含量由供需双方协商确定。

四、取样规定及取样地点

(一)取样规定

(1)熔化焊用钢丝：每批钢丝化学成分试验取样数量为 3%且不少于 2 捆(盘)。

(2)熔化极气体保护电弧焊用非合金钢及细晶粒钢实心焊丝：每批焊丝应由同一炉号、同一形状、同一尺寸、同一交货状态组成，型号为 ER50-X、ER49-1 的每批最大质量为 200 t，其他型号每批最大质量为 30 t。

(3)非合金钢及细晶粒钢药芯焊丝：每批焊丝应由同一批号的外皮材料、同一批号的主要药芯原料，以同样的药芯配方及制造工艺制成，每批焊丝的最大质量为 50 t。

(4)热强钢药芯焊丝：每批焊丝应由同一尺寸、同一批号的外皮材料，同一批号的主要药芯原料，以同样的药芯配方及制造工艺制成，每批焊丝的最大质量为 50 t。

(5)不锈钢焊丝和焊带：每批焊丝任选 1 盘(卷、桶)，每批焊带任选 1 卷，每批直条焊丝任选一最小包装单位，进行化学成分、尺寸和表面质量等检验。

(二)取样地点

取样地点为现场仓库。

第六节　焊　剂

一、概述及引用标准

(一)概述

焊剂是指焊接时能够熔化形成熔渣和(或)气体、对熔化金属起保护和冶金物理化学作用的一种物质。焊剂是颗粒状焊接材料。

(二)引用标准

《钢结构焊接规范》(GB 50661—2011);

《埋弧焊用非合金钢及细晶粒钢实心焊丝、药芯焊丝和焊丝-焊剂组合分类要求》(GB/T 5293—2018)。

二、试验检测参数

主要项目:尺寸及表面质量,化学成分,力学性能,焊缝射线探伤,熔敷金属扩散氢含量。

三、试验检测技术指标

1.焊丝尺寸及表面质量

焊丝尺寸及表面质量应符合《焊接材料供货技术条件　产品类型、尺寸、公差和标志》(GB/T 25775—2010)的规定。

2.化学成分

化学成分应符合《埋弧焊用非合金钢及细晶粒钢实心焊丝、药芯焊丝和焊丝-焊剂组合分类要求》(GB/T 5293—2018)第 4.2 条的规定。

3.力学性能

(1)拉伸试验

多道焊熔敷金属拉伸试验结果应符合《埋弧焊用非合金钢及细晶粒钢实心焊丝、药芯焊丝和焊丝-焊剂组合分类要求》(GB/T 5293—2018) 表 1A 的规定,双面单道焊焊接接头横向拉伸试验结果应符合《埋弧焊用非合金钢及细晶粒钢实心焊丝、药芯焊丝和焊丝-焊剂组合分类要求》(GB/T 5293—2018)表 1B 的规定。

(2)冲击试验

①多道焊夏比 V 型缺口冲击试验温度按《埋弧焊用非合金钢及细晶粒钢实

心焊丝、药芯焊丝和焊丝-焊剂组合分类要求》(GB/T 5293—2018)表 2 的要求，测定 5 个冲击试样的冲击吸收能量(KV_2)。在计算 5 个冲击吸收能量(KV_2)的平均值时，应去掉一个最大值和一个最小值。余下的 3 个值中有两个应不小于 27 J，另一个可小于 27 J，但不应小于 20 J，3 个值的平均值不应小于 27 J。

②双面单道焊夏比 V 型缺口冲击试验温度按《埋弧焊用非合金钢及细晶粒钢实心焊丝、药芯焊丝和焊丝-焊剂组合分类要求》(GB/T 5293—2018)表 2 的要求，测定 3 个冲击试样的冲击吸收能量(KV_2)。

③如果焊丝-焊剂组合分类中附加了可选择的代号“U”，冲击则按《埋弧焊用非合金钢及细晶粒钢实心焊丝、药芯焊丝和焊丝-焊剂组合分类要求》(GB/T 5293—2018)表 2 规定的温度，测定 3 个冲击试样的冲击吸收能量(KV_2)。3 个值中有一个值可小于 47 J，但不应小于 32 J，3 个值的平均值不应小于 47 J。

4.焊缝射线探伤

焊缝射线探伤应符合《焊缝无损检测 射线检测 第 1 部分：X 和伽玛射线的胶片技术》(GB/T 3323.1—2019)和《焊缝无损检测 射线检测 第 2 部分：使用数字化探测器的 X 和伽玛射线技术》(GB/T 3323.2—2019)中的Ⅰ级规定。

5.熔敷金属扩散氢含量

根据供需双方协商，如在焊丝-焊剂组合分类后附加扩散氢代号，则应符合表 13-19 的规定。

表 13-19 熔敷金属扩散氢含量

扩散氢代号	扩散氢含量/(mL/100 g)
H2	≤2
H4	≤4
H5	≤5
H10	≤10
H15	≤15

四、取样规定及取样地点

(一)取样规定

(1)每批焊剂应由同一原材料、以同一配方及制造工艺制成，每批焊剂最大质量不应超过 60 t。

(2)应从每批焊丝中抽取3%,但不少于2盘(卷、捆)进行化学成分、尺寸和表面质量检测。

(3)若焊剂散放,每批焊剂抽样不少于6处;若从包装的焊剂中取样,每批焊剂至少抽取6袋,每袋中抽取一定量的焊剂,总量不少于10 kg。

(二)取样地点

取样地点为现场仓库。

第七节　防火涂料

一、概述及引用标准

(一)概述

钢结构防火涂料是指施涂于建(构)筑物钢结构表面,能形成耐火隔热保护层以提高钢结构耐火极限的涂料,其分类如下:

(1)按火灾防护对象分为:

①普通钢结构防火涂料:用于普通工业与民用建(构)筑物钢结构表面的防火涂料。

②特种钢结构防火涂料:用于特殊建(构)筑物(如石油化工设施、变配电站等)钢结构表面的防火涂料。

(2)按使用场所分为:

①室内钢结构防火涂料:用于建筑物室内或隐蔽工程的钢结构表面的防火涂料。

②室外钢结构防火涂料:用于建筑物室外或露天工程的钢结构表面的防火涂料。

(3)按分散介质分为:

①水基性钢结构防火涂料:以水作为分散介质的钢结构防火涂料。

②溶剂性钢结构防火涂料:以有机溶剂作为分散介质的钢结构防火涂料。

(4)按防火机理分为:

①膨胀型钢结构防火涂料:涂层在高温时膨胀发泡,形成耐火隔热保护层的钢结构防火涂料。

②非膨胀型钢结构防火涂料:涂层在高温时不膨胀发泡,其自身成为耐火隔热保护层的钢结构防火涂料。

(5)耐火性能分级为:

钢结构防火涂料的耐火极限分为0.50 h、1.00 h、1.50 h、2.00 h、2.50 h和3.00 h。

(二)引用标准

《钢结构工程施工质量验收标准》(GB 50205—2020);

《钢结构防火涂料》(GB 14907—2018);

《钢结构防火涂料应用技术规程》(T/CECS 24—2020)。

二、试验检测参数

(1)主要项目:黏结强度,抗压强度。

(2)其他项目:耐火性,耐爆热性,耐湿热性,耐冻融循环性,耐冷热循环性,耐盐雾腐蚀性,在容器中的状态,干燥时间,初期干燥抗裂性,干密度,耐水性,隔热效率偏差,pH值,耐紫外线辐照性,耐酸性或耐碱性。

三、试验检测技术指标

(1)室内钢结构防火涂料的理化性能应符合表13-20的规定。

表13-20 室内钢结构防火涂料的理化性能

序号	理化性能项目	技术指标		缺陷类别
		膨胀型	非膨胀型	
1	在容器中的状态	经搅拌后呈均匀细腻状态或稠厚流体状态,无结块	经搅拌后呈均匀稠厚流体状态,无结块	C
2	干燥时间(表干)/h	≤12	≤24	C
3	初期干燥抗裂性	不应出现裂纹	允许出现1~3条裂纹,其宽度应不大于0.5 mm	C
4	黏结强度/MPa	≥0.15	≥0.04	A
5	抗压强度/MPa	—	≥0.3	C
6	干密度/(kg/m^3)	—	≤500	C
7	隔热效率偏差	±15%	±15%	—
8	pH值	≥7	≥7	C

续表

序号	理化性能项目	技术指标		缺陷类别
		膨胀型	非膨胀型	
9	耐水性	24 h试验后，涂层应无起层、发泡、脱落现象，且隔热效率衰减量应不大于35%	24 h试验后，涂层应无起层、发泡、脱落现象，且隔热效率衰减量应不大于35%	A
10	耐冷热循环性	15次试验后，涂层应无开裂、剥落、起泡现象，且隔热效率衰减量应不大于35%	15次试验后，涂层应无开裂、剥落、起泡现象，且隔热效率衰减量应不大于35%	B

注：1.A为致命缺陷，B为严重缺陷，C为轻缺陷，“—”表示无要求。
2.隔热效率偏差只作为出厂检验项目。
3.pH值只适用于水基性钢结构防火涂料。

(2)室外钢结构防火涂料的理化性能应符合表13-21的规定。

表13-21　室外钢结构防火涂料的理化性能

序号	理化性能项目	技术指标		缺陷类别
		膨胀型	非膨胀型	
1	在容器中的状态	经搅拌后呈均匀细腻状态或稠厚流体状态，无结块	经搅拌后呈均匀稠厚流体状态，无结块	C
2	干燥时间(表干)/h	≤12	≤24	C
3	初期干燥抗裂性	不应出现裂纹	允许出现1～3条裂纹，其宽度应不大于0.5 mm	C
4	黏结强度/MPa	≥0.15	≥0.04	A
5	抗压强度/MPa	—	≥0.5	C
6	干密度/(kg/m^3)	—	≤650	C
7	隔热效率偏差	±15%	±15%	—
8	pH值	≥7	≥7	C

续表

序号	理化性能项目	技术指标		缺陷类别
		膨胀型	非膨胀型	
9	耐曝热性	720 h 试验后,涂层应无起层、脱落,空鼓、开裂现象,且隔热效率衰减量应不大于 35%	720 h 试验后,涂层应无起层、脱落、空鼓、开裂现象,且隔热效率衰减量应不大于 35%	B
10	耐湿热性	504 h 试验后,涂层应无起层、脱落现象,且隔热效率衰减量应不大于 35%	504 h 试验后,涂层应无起层、脱落现象,且隔热效率衰减量应不大于 35%	B
11	耐冻融循环性	15 次试验后,涂层应无开裂、脱落、起泡现象,且隔热效率衰减量应不大于 35%	15 次试验后,涂层应无开裂、脱落、起泡现象,且隔热效率衰减量应不大于 35%	B
12	耐酸性	360 h 试验后,涂层应无起层、脱落、开裂现象,且隔热效率衰减量应不大于 35%	360 h 试验后,涂层应无起层、脱落、开裂现象,且隔热效率衰减量应不大于 35%	B
13	耐碱性	360 h 试验后,涂层应无起层、脱落、开裂现象,且隔热效率衰减量应不大于 35%	360 h 试验后,涂层应无起层、脱落、开裂现象,且隔热效率衰减量应不大于 35%	B
14	耐盐雾腐蚀性	30 次试验后,涂层应无起泡、明显的变质、软化现象,且隔热效率衰减量应不大于 35%	30 次试验后,涂层应无起泡、明显的变质、软化现象,且隔热效率衰减量应不大于 35%	B
15	耐紫外线辐照性	60 次试验后,涂层应无起层、开裂、粉化现象,且隔热效率衰减量应不大于 35%	60 次试验后,涂层应无起层、开裂、粉化现象,且隔热效率衰减量应不大于 35%	B

注:1.A 为致命缺陷,B 为严重缺陷,C 为轻缺陷,“—”表示无要求。

2.隔热效率偏差只作为出厂检验项目。

3.pH 值只适用于水基性钢结构防火涂料。

(3)钢结构防火涂料的耐火性能应符合表 13-22 的规定。

表 13-22　钢结构防火涂料的耐火性能

产品分类	耐火性能										缺陷类别
	膨胀型				非膨胀型						
普通钢结构防火涂料	F_P0.50	F_P1.00	F_P1.50	F_P2.00	F_P0.50	F_P1.00	F_P1.50	F_P2.00	F_P2.50	F_P3.00	A
特种钢结构防火涂料	F_T0.50	F_T1.00	F_T1.50	F_T2.00	F_T0.50	F_T1.00	F_T1.50	F_T2.00	F_T2.50	F_T3.00	

注：耐火性能试验结果适用于同种类型且截面系数更小的基材。

四、取样规定及取样地点

(一)取样规定

(1)组成一批的钢结构防火涂料应为同一批材料、同一工艺条件下生产的产品。

(2)在同一工程中，每使用 100 t 薄涂型钢结构防火涂料，应抽样检测一次黏结强度；每使用 500 t 厚涂型钢结构防火涂料，应抽样检测一次黏结强度和抗压强度。

(二)取样地点

取样地点为现场仓库。

第八节　钢结构焊接

一、概述及引用标准

(一)概述

设计要求的一、二级焊缝应进行内部缺陷的无损检测，其检测要求如表13-23所示。

表 13-23　一级、二级焊缝质量等级及无损检测要求

焊缝质量等级		一级	二级
内部缺陷超声波探伤	缺陷评定等级	Ⅱ	Ⅲ
	检验等级	B 级	B 级
	检测比例	100%	20%

续表

焊缝质量等级		一级	二级
内部缺陷射线探伤	缺陷评定等级	Ⅱ	Ⅲ
	检验等级	B级	B级
	检测比例	100%	20%

注:二级焊缝检测比例的计数方法应按以下原则确定:工厂制作焊缝按照焊缝长度计算百分比,且探伤长度不小于200 mm;当焊缝长度小于200 mm时,应对整条焊缝探伤。现场安装焊缝应按照同一类型、同一施焊条件的焊缝条数计算百分比,且不应少于3条焊缝。

(二)引用标准

《钢结构工程施工质量验收标准》(GB 50205—2020);

《钢结构焊接规范》(GB 50661—2011)。

二、试验检测参数

主要项目:外观检查,无损检测。

三、试验检测技术指标

(一)外观检查

栓钉焊接接头的焊缝外观质量应符合表13-24或表13-25的要求。外观质量检验合格后应进行打弯抽样检查,合格标准:当栓钉弯曲至30°时,焊缝和热影响区不得有肉眼可见的裂纹,检查数量不应小于栓钉总数的1%且不少于10个。

表13-24 栓钉焊接接头外观检验合格标准

外观检验项目	合格标准	检验方法
焊缝外形尺寸	360°范围内焊缝饱满; 拉弧式栓钉焊:焊缝高 $K_1 \geqslant 1$ mm,焊缝宽 $K_2 \geqslant 0.5$ mm; 电弧焊:最小焊脚尺寸应符合表13-25的规定	目测、钢尺、焊缝量规
焊缝缺欠	无气孔、夹渣、裂纹等缺欠	目测、放大镜(5倍)
焊缝咬边	咬边深度≤0.5 mm,且最大长度不得大于1倍的栓钉直径	钢尺、焊缝量规
栓钉焊后高度	高度偏差≤±2 mm	钢尺
栓钉焊后倾斜角度	倾斜角度偏差 $\theta \leqslant 5°$	钢尺、量角器

表 13-25　采用电弧焊方法的栓钉焊接接头最小焊脚尺寸

栓钉直径/mm	角焊缝最小焊脚尺寸/mm
10、13	6
16、19、22	8
25	10

电渣焊、气电立焊接头的焊缝外观应光滑，不得有未熔合、裂纹等缺陷；当板厚小于 30 mm 时，压痕、咬边深度不应大于 0.5 mm；板厚不小于 30 mm 时，压痕、咬边深度不应大于 1.0 mm。

(二)无损检测

试件的无损检测应在外观检验合格后进行，无损检测方法应根据设计要求确定。射线探伤应符合现行国家标准《焊缝无损检测　射线检测　第 1 部分：X 和伽玛射线的胶片技术》(GB/T 3323.1—2019)和《焊缝无损检测　射线检测　第 2 部分：使用数字化探测器的 X 和伽玛射线技术》(GB/T 3323.2—2019)的有关规定，焊缝质量不低于 BⅡ级，超声波探伤应符合现行国家标准《焊缝无损检测　超声检测　技术、检测等级和评定》(GB/T 11345—2013)的有关规定，焊缝质量不低于 BⅡ级。

四、取样规定及取样地点

(一)取样规定

(1)无损探伤取样应符合以下规定：

①一级焊缝取样比例为 100%。

②二级焊缝取样比例为 20%，二级焊缝检测比例的计数方法应按以下原则确定：工厂制作焊缝按照焊缝长度计算百分比，且探伤长度不小于 200 mm；当焊缝长度小于 200 mm 时，应对整条焊缝探伤。现场安装焊缝应按照同一类型、同一施焊条件的焊缝条数计算百分比，且不应少于 3 条焊缝。

(2)焊缝外观质量及尺寸检查数量：对于承受静荷载的二级焊缝，每批同类构件抽查 10%；对于承受静荷载的一级焊缝和承受动荷载的焊缝，每批同类构件抽查 15%，且不应少于 3 件。被抽查构件中，每一类型焊缝应按条数抽查 5%，且不应少于 1 条；每条应抽查 1 处，总抽查数不应少于 10 处。

(二)取样地点

取样地点为钢结构制作厂或者施工现场。

第九节　网架节点承载力检测

一、概述及引用标准

(一)概述

对于建筑结构安全等级为一级、跨度 40 m 及以上的公共建筑钢网架结构，当设计有要求时，应对焊接球节点和螺栓球节点进行节点承载力试验。

(二)引用标准

《钢结构工程施工质量验收标准》(GB 50205—2020)。

二、试验检测参数

主要项目:对焊接球节点进行单向受拉、受压承载力试验，对螺栓球节点进行抗拉强度保证荷载试验。

三、试验检测技术指标

(1)焊接球节点单向受拉、受压承载力试验的破坏荷载值应大于或等于 1.6 倍设计承载力。

(2)对于螺栓球节点抗拉强度保证荷载试验，当达到螺栓的设计承载力时，若螺孔、螺纹及封板仍完好无损则判定为合格。

四、取样规定及取样地点

(一)取样规定

每项试验每批随机取 3 个试件进行试验。

(二)取样地点

取样地点为施工现场。

第十节　涂料涂层厚度检测

一、概述及引用标准

(一)概述

防腐涂料种类、涂装遍数、涂装间隔、涂层厚度均应满足设计文件、涂料产品标准的要求。当设计对涂层厚度无要求时,涂层干漆膜总厚度应遵循如下原则:室外不应小于 150 μm,室内不应小于 125 μm。

(二)引用标准

《钢结构工程施工质量验收标准》(GB 50205—2020)。

二、试验检测参数

主要项目:涂层厚度检测。

三、试验检测技术指标

膨胀型(超薄型、薄涂型)防火涂料、厚涂型防火涂料的涂层厚度及隔热性能应满足国家现行标准中耐火极限的要求,且不应小于一200 μm。当采用厚涂型防火涂料涂装时,80%及以上涂层面积应满足国家现行标准有关耐火极限的要求,且最薄处厚度不应低于设计要求的 85%。

四、取样规定及取样地点

(一)取样规定

按构件数抽查 10%,且同类构件不应少于 3 件。

(二)取样地点

取样地点为施工现场。

第十四章　砌筑砖和砌块

砌筑砖和砌块是建筑工程中十分重要的材料，具有结构和围护功能。按生产方式、主要原料以及外形特征，可将其分为烧结普通砖、烧结多孔砖和多孔砌块、烧结空心砖和空心砌块、普通混凝土小型空心砌块、蒸压粉煤灰砖、蒸压灰砂砖、蒸压加气混凝土砌块、混凝土多孔砖、轻骨料混凝土小型空心砌块等。

砌筑砖和砌块取样方法：外观质量检验的试样采用随机抽样法，在每一检验批的产品堆垛中抽取；尺寸偏差检验和其他检验项目的样品用随机抽样法从外观质量检验后的样品中抽取。

第一节　砌筑砖

砌筑砖包括烧结普通砖、烧结多孔砖和多孔砌块、烧结空心砖和空心砌块、蒸压灰砂多孔砖、蒸压灰砂实心砖和实心砌块、蒸压粉煤灰砖、蒸压粉煤灰多孔砖、淤泥多孔砖。

一、概述及引用标准

（一）概述

烧结普通砖：以黏土、页岩、煤矸石、粉煤灰、建筑渣土、淤泥（江河湖淤泥）、污泥等为主要原料，经焙烧而成，主要用于建筑物承重部位的普通砖。

烧结多孔砖：以黏土、页岩、煤矸石、粉煤灰、淤泥（江河湖淤泥）及其他固体废弃物等为主要原料，经焙烧而成，主要用于建筑物承重部位的多孔砖。

烧结多孔砌块：经焙烧而成，孔洞率大于或等于33%，孔的尺寸小而数量多的砌块，主要用于承重部位。

烧结空心砖和空心砌块：以黏土、页岩、煤矸石、粉煤灰、淤泥（江河湖淤泥）、建筑渣土及其他固体废弃物为主要原料，经焙烧而成，主要用于建筑物非承重部位的空心砖和空心砌块。

蒸压灰砂多孔砖：以砂、石灰为主要原料，允许掺入颜料和外加剂，经坯料制备、压制成型、高压蒸汽养护而成的多孔砖，主要用于防潮层以上的建筑物承重部位。

大型蒸压灰砂实心砌块：空心率小于15%，长度不小于500 mm或高度不小于300 mm的蒸压灰砂砌块，以下简称"大型实心砌块"。

蒸压粉煤灰砖：以粉煤灰、生石灰为主要原料，可掺加适量石膏等外加剂和其他集料，经坯料制备、压制成型、高压蒸汽养护而制成的砖，产品代号为AFB。

蒸压粉煤灰多孔砖：以粉煤灰、生石灰（或电石渣）为主要原料，可掺加适量石膏等外加剂和其他集料，经坯料制备、压制成型、高压蒸汽养护而制成的多孔砖，产品代号为AFPB。

淤泥多孔砖：以淤泥为主要原料，经焙烧而成，孔的尺寸小而数量多，孔洞率不小于28%，且不大于35%的砖。

（二）引用标准

《烧结普通砖》(GB/T 5101—2017)；

《烧结多孔砖和多孔砌块》(GB/T 13544—2011)；

《烧结空心砖和空心砌块》(GB/T 13545—2014)；

《蒸压灰砂多孔砖》(JC/T 637—2009)；

《蒸压灰砂实心砖和实心砌块》(GB/T 11945—2019)；

《蒸压粉煤灰砖》(JC/T 239—2014)；

《蒸压粉煤灰多孔砖》(GB/T 26541—2011)；

《建筑材料放射性核素限量》(GB 6566—2010)；

《淤泥多孔砖应用技术规程》(JGJ/T 293—2013)。

二、试验检测参数

(1)主要项目：尺寸允许偏差，外观质量，强度等级，密度等级（烧结多孔砖和多孔砌块、烧结空心砖和空心砌块、淤泥多孔砖），孔型孔结构及孔洞率（烧结多孔砖和多孔砌块、淤泥多孔砖），孔洞排列及其结构（烧结空心砖和空心砌块），孔型、孔洞率及孔洞结构（蒸压灰砂多孔砖），孔洞率（蒸压粉煤灰多孔砖），颜色（蒸压灰砂实心砖和实心砌块）。

(2)其他项目：抗风化性能（烧结普通砖、烧结多孔砖和多孔砌块、烧结空心砖和空心砌块），泛霜（烧结普通砖、烧结多孔砖和多孔砌块、烧结空心砖和空心砌块），石灰爆裂（烧结普通砖、烧结多孔砖和多孔砌块、烧结空心砖和空心砌块），放射性物质，抗冻性（蒸压灰砂多孔砖、蒸压灰砂实心砖和实心砌块、蒸压粉煤灰砖、蒸压粉煤灰多孔砖），冻融循环（烧结普通砖、烧结多孔砖和多孔砌块、烧结空心砖和空心砌块、蒸压灰砂多孔砖），碳化性能（蒸压灰砂多孔砖、蒸压灰砂实心砖和实心砌块、蒸压粉煤灰砖、蒸压粉煤灰多孔砖），软化性能（蒸压灰砂多孔砖、蒸压灰砂实心砖和实心砌块），干燥性能（蒸压灰砂多孔砖、蒸压灰砂实心砖和实心砌块、蒸压粉煤灰砖、蒸压粉煤灰多孔砖），吸水率（蒸压粉煤灰砖、蒸压粉煤灰多孔砖）。

三、试验检测技术指标

（一）烧结普通砖

1.尺寸偏差

烧结普通砖尺寸偏差应符合表 14-1 的要求。

表 14-1 烧结普通砖尺寸偏差 单位：mm

公称尺寸	指标	
	样本平均偏差	样本极差，≤
240	±2.0	6.0
115	±1.5	5.0
53	±1.5	4.0

2.外观质量

烧结普通砖外观质量应符合表 14-2 的要求。

表 14-2 烧结普通砖外观质量 单位：mm

项目	指标
两条面高度差，≤	2
弯曲，≤	2
杂质凸出高度，≤	2
缺棱掉角的三个破坏尺寸，不得同时大于	5

续表

项目		指标
裂纹长度，≤	a.大面上宽度方向及其延伸至条面的长度	30
	b.大面上长度方向及其延伸至顶面的长度或条顶面上水平裂纹的长度	50
完整面[①]，不得少于		一条面和一顶面

注：为砌筑挂浆而施加的凹凸纹、槽、压花等不算作缺陷。

①凡有下列缺陷之一者，不得称为完整面：

——缺损在条面或顶面上造成的破坏面尺寸同时大于10 mm×10 mm。

——条面或顶面上裂纹宽度大于1 mm，其长度超过30 mm。

——压陷、粘底、焦花在条面或顶面上的凹陷或凸出超过2 mm，区域尺寸同时大于10 mm×10 mm。

3.强度等级

烧结普通砖强度等级应符合表14-3的要求。

表14-3　普通砖强度等级　单位：MPa

强度等级	抗压强度平均值，≥	强度标准值，≥
MU30	30.0	22.0
MU25	25.0	18.0
MU20	20.0	14.0
MU15	15.0	10.0
MU10	10.0	6.5

4.抗风化性能

风化区的划分参见《烧结普通砖》(GB/T 5101—2017)附录B。

严重风化区中的1、2、3、4、5地区的砖应进行冻融试验，其他地区砖的抗风化性能符合表14-4的规定时可不做冻融试验，否则，应进行冻融试验。淤泥砖、污泥砖、固体废弃物砖应进行冻融试验。

15次冻融试验后，每块砖样不准出现分层、掉皮、缺棱、掉角等冻坏现象；冻后裂纹长度不得大于表14-2中第5项裂纹长度的规定。

表 14-4　抗风化性能

砖种类	严重风化区				非严重风化区			
	5 h沸煮吸水率/%,≤		饱和系数,≤		5 h沸煮吸水率/%,≤		饱和系数,≤	
	平均值	单块最大值	平均值	单块最大值	平均值	单块最大值	平均值	单块最大值
黏土砖、建筑渣土砖	18	20	0.85	0.87	19	20	0.88	0.90
粉煤灰砖	21	23			23	25		
页岩砖	16	18	0.74	0.77	18	20	0.78	0.80
煤矸石砖								

5.泛霜

每块砖不准许出现严重泛霜。

6.石灰爆裂

砖的石灰爆裂应符合下列规定：

(1)破坏尺寸大于 2 mm 且小于或等于 15 mm 的爆裂区域,每组砖不得多于 15 处,其中大于 10 mm 的不得多于 7 处。

(2)不准许出现最大破坏尺寸大于 15 mm 的爆裂区域。

(3)试验后抗压强度损失不得大于 5 MPa。

7.放射性核素限量

放射性核素限量应符合《建筑材料放射性核素限量》(GB 6566—2010)的规定。

(二)烧结多孔砖和多孔砌块

1.尺寸允许偏差

尺寸允许偏差应符合表 14-5 的规定。

表 14-5　尺寸允许偏差　　单位:mm

尺寸	样本平均偏差	样本极差,≤
>400	±3.0	10.0
300～400	±2.5	9.0
200～<300	±2.5	8.0
100～<200	±2.0	7.0
<100	±1.5	6.0

2.外观质量

外观质量应符合表 14-6 的要求。

表 14-6　外观质量

单位:mm

<table>
<tr><th colspan="2">项目</th><th>指标</th></tr>
<tr><td colspan="2">1.完整面,不得少于</td><td>一条面和一顶面</td></tr>
<tr><td colspan="2">2.缺棱掉角的三个破坏尺寸,不得同时大于</td><td>30</td></tr>
<tr><td rowspan="3">3.裂纹长度</td><td>(1)大面(有孔面)上深入孔壁 15 mm 以上宽度方向及其延伸到条面的长度,≤</td><td>80</td></tr>
<tr><td>(2)大面(有孔面)上深入孔壁 15 mm 以上长度方向及其延伸到顶面的长度,≤</td><td>100</td></tr>
<tr><td>(3)条顶面上的水平裂纹,≤</td><td>100</td></tr>
<tr><td colspan="2">4.杂质在砖或砌块面上造成的凸出高度,≤</td><td>5</td></tr>
</table>

注:凡有下列缺陷之一者,不能称为完整面:

(1)缺损在条面或顶面上造成的破坏面尺寸同时大于 20 mm×30 mm。

(2)条面或顶面上裂纹宽度大于 1 mm,其长度超过 70 mm。

(3)压陷、焦花、粘底在条面或顶面上的凹陷或凸出超过 2 mm,区域最大投影尺寸同时大于 20 mm×30 mm。

3.密度等级

密度等级应符合表 14-7 的要求。

表 14-7　密度等级

单位:kg/m^3

密度等级		3 块砖或砌块干燥表观密度平均值
砖	砌块	
—	900	<900
1000	1000	900～<1000
1100	1100	1000～<1100
1200	1200	1100～<1200
1300	—	1200～1300

4.强度等级

强度等级应符合表 14-8 要求。

表 14-8　强度等级

单位:MPa

强度等级	抗压强度平均值,≥	强度标准值,≥
MU30	30.0	22.0
MU25	25.0	18.0

续表

强度等级	抗压强度平均值,≥	强度标准值,≥
MU20	20.0	14.0
MU15	15.0	10.0
MU10	10.0	6.5

5.孔型孔结构及孔洞率

孔型孔结构及孔洞率应符合表 14-9 的要求。

表 14-9 孔型孔结构及孔洞率

孔型	孔洞尺寸/mm		最小外壁厚/mm	最小肋厚/mm	孔洞率/%		孔洞排列
	孔宽度尺寸 b	孔长度尺寸 L			砖	砌块	
矩形条孔或矩形孔	≤13	≤40	≥12	≥5	≥28	≥33	1.所有孔宽应相等。孔采用单向或双向交错排列。 2.孔洞排列上下、左右应对称,分布均匀,手抓孔的长度方向必须平行于砖的条面

注:1.矩形孔的孔长 L、孔宽 b 满足式 $L \geqslant 3b$ 时,为矩形条孔。

2.孔的四个角应做成过渡圆角,不得做成直尖角。

3.如设有砌筑砂浆槽,则砌筑砂浆槽不计算在孔洞率内。

4.规格大的砖和砌块应设置手抓孔,手抓孔尺寸为(30～40)mm×(75～85)mm。

6.泛霜

每块砖或砌块不允许出现严重泛霜。

7.石灰爆裂

(1)破坏尺寸大于 2 mm 且小于或等于 15 mm 的爆裂区域,每组砖和砌块不得多于 15 处,其中大于 10 mm 的不得多于 7 处。

(2)不允许出现破坏尺寸大于 15 mm 的爆裂区域。

8.抗风化性能

风化区的划分见《烧结多孔砖和多孔砌块》(GB/T 13544—2011)附录 A。

严重风化区中的 1、2、3、4、5 地区的砖、砌块和其他地区以淤泥、固体废弃物为主要原料生产的砖和砌块必须进行冻融试验；其他地区以黏土、粉煤灰、页岩、煤矸石为主要原料生产的砖和砌块的抗风化性能符合表 14-10 的规定时可不做冻融试验，否则必须进行冻融试验。

表 14-10 抗风化性能

<table>
<tr><td rowspan="4">种类</td><td colspan="8">项目</td></tr>
<tr><td colspan="4">严重风化区</td><td colspan="4">非严重风化区</td></tr>
<tr><td colspan="2">5 h沸煮吸水率/%，≤</td><td colspan="2">饱和系数，≤</td><td colspan="2">5 h沸煮吸水率/%，≤</td><td colspan="2">饱和系数，≤</td></tr>
<tr><td>平均值</td><td>单块最大值</td><td>平均值</td><td>单块最大值</td><td>平均值</td><td>单块最大值</td><td>平均值</td><td>单块最大值</td></tr>
<tr><td>黏土砖和砌块</td><td>21</td><td>23</td><td rowspan="2">0.85</td><td rowspan="2">0.87</td><td>23</td><td>25</td><td rowspan="2">0.88</td><td rowspan="2">0.90</td></tr>
<tr><td>粉煤灰砖和砌块</td><td>23</td><td>25</td><td>30</td><td>32</td></tr>
<tr><td>页岩砖和砌块</td><td>16</td><td>18</td><td rowspan="2">0.74</td><td rowspan="2">0.77</td><td>18</td><td>20</td><td rowspan="2">0.78</td><td rowspan="2">0.80</td></tr>
<tr><td>煤矸石砖和砌块</td><td>19</td><td>21</td><td>21</td><td>23</td></tr>
</table>

注：粉煤灰掺入量(质量比)小于 30%时按黏土砖和砌块规定判定。

15 次冻融循环试验后，每块砖和砌块不允许出现裂纹、分层、掉皮、缺棱掉角等冻坏现象。

9.放射性核素限量

砖和砌块的放射性核素限量应符合《建筑材料放射性核素限量》(GB 6566—2010)的规定。

(三)烧结空心砖和空心砌块

1.尺寸允许偏差

尺寸允许偏差应符合表 14-11 的规定。

表 14-11 尺寸允许偏差 单位：mm

尺寸	样本平均偏差	样本极差，≤
>300	±3.0	7.0
>200～300	±2.5	6.0
100～200	±2.0	5.0
<100	±1.7	4.0

2.外观质量

外观质量应符合表 14-12 的要求。

表 14-12 外观质量 单位:mm

<table>
<tr><th colspan="2">项目</th><th>指标</th></tr>
<tr><td colspan="2">1.弯曲,≤</td><td>4</td></tr>
<tr><td colspan="2">2.缺棱掉角的三个破坏尺寸,不得同时大于</td><td>30</td></tr>
<tr><td colspan="2">3.垂直度差,≤</td><td>4</td></tr>
<tr><td rowspan="2">4.未贯穿裂纹长度</td><td>(1)大面上宽度方向及其延伸到条面的长度,≤</td><td>100</td></tr>
<tr><td>(2)大面上长度方向或条面上水平面方向的长度,≤</td><td>120</td></tr>
<tr><td rowspan="2">5.贯穿裂纹长度</td><td>(1)大面上宽度方向及其延伸到条面的长度,≤</td><td>40</td></tr>
<tr><td>(2)壁、肋沿长度方向、宽度方向及其水平方向的长度,≤</td><td>40</td></tr>
<tr><td colspan="2">6.肋、壁内残缺长度,≤</td><td>40</td></tr>
<tr><td colspan="2">7.完整面[①],不少于</td><td>一条面或一大面</td></tr>
</table>

①凡有下列缺陷之一者,不能称为完整面:

a.缺损在大面、条面上造成的破坏面尺寸同时大于 20 mm×30 mm。

b.大面、条面上裂纹宽度大于 1 mm,其长度超过 70 mm。

c.压陷、焦花、粘底在大面或条面上的凹陷或凸出超过 2 mm,区域尺寸同时大于 20 mm×30 mm。

3.强度等级

强度等级应符合表 14-13 的要求。

表 14-13 强度等级

<table>
<tr><th rowspan="3">强度等级</th><th colspan="3">抗压强度/MPa</th></tr>
<tr><th rowspan="2">抗压强度
平均值,≥</th><th>变异系数 δ≤0.21</th><th>变异系数 δ>0.21</th></tr>
<tr><th>强度标准值,≥</th><th>单块最小抗压强度值,≥</th></tr>
<tr><td>MU10.0</td><td>10.0</td><td>7.0</td><td>8.0</td></tr>
<tr><td>MU7.5</td><td>7.5</td><td>5.0</td><td>5.8</td></tr>
<tr><td>MU5.0</td><td>5.0</td><td>3.5</td><td>4.0</td></tr>
<tr><td>MU3.5</td><td>3.5</td><td>2.5</td><td>2.8</td></tr>
</table>

4.密度等级

密度等级应符合表 14-14 的要求。

表 14-14 密度等级

单位:kg/m³

密度等级	五块体积密度平均值
800	≤800
900	801～900
1000	901～1000
1100	1001～1100

5.孔洞排列及其结构

孔洞排列及其结构应符合表 14-15 的要求。

表 14-15 孔洞排列及其结构

孔洞排列	孔洞排数/排		孔洞率/%	孔型
	宽度方向	高度方向		
有序或交错排列	b≥200 mm,≥4 b<200 mm,≥3	≥2	≥40	矩形孔

在空心砖和空心砌块的外壁内侧宜设置有序排列的宽度或直径不大于10 mm的壁孔,壁孔的孔型可为圆孔或矩形孔。

6.泛霜

每块空心砖和空心砌块不允许出现严重泛霜。

7.石灰爆裂

(1)最大破坏尺寸大于 2 mm 且小于或等于 15 mm 的爆裂区域,每组空心砖和空心砌块不得多于 10 处。其中大于 10 mm 的不得多于 5 处。

(2)不允许出现最大破坏尺寸大于 15 mm 的爆裂区域。

8.抗风化性能

风化区的划分见《烧结空心砖和空心砌块》(GB/T 13545—2014)附录 A。

严重风化区中的 1、2、3、4、5 地区的空心砖和空心砌块必须进行冻融试验;其他地区空心砖和空心砌块的抗风化性能符合表 14-16 的规定时可不做冻融试验,否则必须进行冻融试验。

表 14-16　抗风化性能

种类	项目							
	严重风化区				非严重风化区			
	5 h 沸煮吸水率/%，≤		饱和系数，≤		5 h 沸煮吸水率/%，≤		饱和系数，≤	
	平均值	单块最大值	平均值	单块最大值	平均值	单块最大值	平均值	单块最大值
黏土砖和砌块	21	23	0.85	0.87	23	25	0.88	0.90
粉煤灰砖和砌块	23	25			30	32		
页岩砖和砌块	16	18	0.74	0.77	18	20	0.78	0.80
煤矸石砖和砌块	19	21			21	23		

注：粉煤灰掺入量(质量比)小于 30%时按黏土空心砖和空心砌块规定判定。

15 次冻融循环试验后，每块空心砖和空心砌块不允许出现分层、掉皮、缺棱掉角等冻坏现象；冻后裂纹长度不大于表 14-12 中的第 4 项、第 5 项的规定。

9.放射性核素限量

砖和砌块的放射性核素限量应符合《建筑材料放射性核素限量》(GB 6566—2010)的规定。

(四)蒸压灰砂多孔砖

1.尺寸允许偏差

尺寸允许偏差应符合表 14-17 的规定。

表 14-17　尺寸允许偏差　　单位：mm

尺寸	优等品		合格品	
	样本平均偏差	样本极差，≤	样本平均偏差	样本极差，≤
长度	±2.0	4	±2.5	6
宽度	±1.5	3	±2.0	5
高度	±1.5	2	±1.5	4

2.外观质量

外观质量应符合表 14-18 的要求。

表 14-18　外观质量

项目		指标	
		优等品	合格品
缺棱掉角	最大尺寸/mm,≤	10	15
	大于以上尺寸的缺棱掉角个数/个,≤	0	1
裂纹长度	大面宽度方向及其延伸到条面的长度/mm,≤	20	50
	大面长度方向及其延伸到顶面或条面长度方向及其延伸到顶面的水平裂纹长度/mm,≤	30	70
	大于以上尺寸的裂纹条数/条,≤	0	1

3.孔型、孔洞率及孔洞结构

孔洞排列上下左右应对称,分布均匀;圆孔直径不大于 22 mm;非圆孔内切圆直径不大于 15 mm;孔洞外壁厚度不小于 10 mm;肋厚度不小于 7 mm;孔洞率不小于 25%。

4.强度等级

强度等级应符合表 14-19 的要求。

表 14-19　强度等级　　单位:MPa

强度等级	抗压强度	
	平均值,≥	单块最小值,≥
MU30	30.0	24.0
MU25	25.0	20.0
MU20	20.0	16.0
MU15	15.0	12.0

5.抗冻性

抗冻性应符合表 14-20 的要求。

表 14-20 抗冻性

强度等级	冻后抗压强度平均值/MPa,≥	单块砖的干质量损失/%,≤
MU30	24.0	2.0
MU25	20.0	
MU20	16.0	
MU15	12.0	

6.冻融循环次数

冻融循环次数应符合以下规定:夏热冬暖地区 15 次,夏热冬冷地区 25 次,寒冷地区 35 次,严寒地区 50 次。

7.碳化性能

碳化系数应不小于 0.85。

8.软化性能

软化系数应不小于 0.85。

9.干燥收缩率

干燥收缩率应不大于 0.050%。

10.放射性

砖的放射性核素限量应符合《建筑材料放射性核素限量》(GB 6566—2010)的规定。

(五)蒸压灰砂实心砖和实心砌块

1.外观质量

外观质量应符合表 14-21 的要求。

表 14-21 外观质量

项目名称		允许范围	
弯曲/mm		≤2	
缺棱掉角	三个方向最大投影尺寸/mm	实心砖(LSSB)	≤10
		实心砌块(LSSU)	≤20
		大型实心砌块(LLSS)	≤30
裂纹延伸的投影尺寸累计/mm		实心砖(LSSB)	≤20
		实心砌块(LSSU)	≤40
		大型实心砌块(LLSS)	≤60

2.尺寸允许偏差

尺寸允许偏差应符合表14-22的要求。

表14-22 尺寸允许偏差 单位:mm

<table>
<tr><th>项目名称</th><th>实心砖(LSSB)</th><th>实心砌块(LSSU)</th><th>大型实心砌块(LLSS)</th></tr>
<tr><td>长度</td><td rowspan="2">±2</td><td rowspan="2">±2</td><td>±3</td></tr>
<tr><td>宽度</td><td>±2</td></tr>
<tr><td>高度</td><td>±1</td><td>-2~+1</td><td>±2</td></tr>
</table>

同一批次产品,其长度、宽度、高度的极值差,均应不超过2 mm。

产品上有贯穿孔洞时,其外壁厚应不小于35 mm。

3.颜色

产品的颜色应基本一致,无明显色差。本色产品不做规定。

4.强度等级

强度等级应符合表14-23的要求。

表14-23 强度等级 单位:MPa

强度等级	抗压强度	
	平均值	单个最小值
MU10	≥10.0	≥8.5
MU15	≥15.0	≥12.8
MU20	≥20.0	≥17.0
MU25	≥25.0	≥21.2
MU30	≥30.0	≥25.5

5.吸水率

吸水率应不大于12%。

6.线性干燥收缩率

型式检验的线性干燥收缩率(S_0)应不大于0.050%。

出厂检验的线性干燥收缩率(S_N)与最近一次同块型有效型式检验时的线性干燥收缩率(S_0)的比值(S_N/S_0)应不小于0.5(年平均相对湿度70%及以上地区)或0.7(年平均相对湿度70%以下地区)。

7.抗冻性

抗冻性应符合表14-24的要求。

表 14-24 抗冻性

使用地区①	抗冻指标	干质量损失率②/%	抗压强度损失率/%
夏热冬暖地区	D15	平均值≤3.0 单个最大值≤4.0	平均值≤15 单个最大值≤20
温和与夏热冬冷地区	D25		
寒冷地区③	D35		
严寒地区③	D50		

①区域划分执行《民用建筑热工设计规范》(GB 50176—2016)的规定。

②当某个试件的试验结果出现负值时,按 0 计。

③当产品明确用于室内环境等,供需双方有约定时,可降低抗冻指标要求,但不应低于 D25。

8.碳化系数

碳化系数应不小于 0.85。

9.软化系数

软化系数应不小于 0.85。

10.放射性核素限量

砖和砌块的放射性核素限量应符合《建筑材料放射性核素限量》(GB 6566—2010)的规定。

(六)蒸压粉煤灰砖

1.外观质量和尺寸偏差

外观质量和尺寸偏差应符合表 14-25 的要求。

表 14-25 外观质量和尺寸偏差

项目名称			技术指标
外观质量	缺棱掉角	个数/个	≤2
		三个方向投影尺寸的最大值/mm	≤15
	裂纹	裂纹延伸的投影尺寸累计/mm	≤20
	层裂		不允许
尺寸偏差	长度/mm		+2 −1
	宽度/mm		±2
	高度/mm		+2 −1

2.强度等级

强度等级应符合表14-26的要求。

表14-26 强度等级

单位:MPa

强度等级	抗压强度		抗折强度	
	平均值	单块最小值	平均值	单块最小值
MU10	⩾10.0	⩾8.0	⩾2.5	⩾2.0
MU15	⩾15.0	⩾12.0	⩾3.7	⩾3.0
MU20	⩾20.0	⩾16.0	⩾4.0	⩾3.2
MU25	⩾25.0	⩾20.0	⩾4.5	⩾3.6
MU30	⩾30.0	⩾24.0	⩾4.8	⩾3.8

3.抗冻性

抗冻性应符合表14-27的要求。

表14-27 抗冻性

使用地区	抗冻指标	质量损失率/%	抗压强度损失率/%
夏热冬暖地区	D15	⩽5	⩽25
夏热冬冷地区	D25		
寒冷地区	D35		
严寒地区	D50		

4.线性干燥收缩值

线性干燥收缩值应不大于0.50 mm/m。

5.碳化系数

碳化系数应不小于0.85。

6.吸水率

吸水率应不大于20%。

7.放射性核素限量

砖的放射性核素限量应符合《建筑材料放射性核素限量》(GB 6566—2010)的规定。

(七)蒸压粉煤灰多孔砖

1.外观质量和尺寸偏差

外观质量和尺寸偏差应符合表 14-28 的要求。

表 14-28 外观质量和尺寸偏差

项目名称			技术指标
外观质量	缺棱掉角	个数应不大于/个	2
		三个方向投影尺寸的最大值应不大于/mm	15
	裂纹	裂纹延伸的投影尺寸累计应不大于/mm	20
	弯曲应不大于/mm		1
	层裂		不允许
尺寸偏差	长度/mm		−1~+2
	宽度/mm		−1~+2
	高度/mm		±2

2.孔洞率

孔洞率应不小于 25%,不大于 35%。

3.强度等级

强度等级应符合表 14-29 的要求。

表 14-29 强度等级 单位:MPa

强度等级	抗压强度		抗折强度	
	五块平均值,≥	单块最小值,≥	五块平均值,≥	单块最小值,≥
MU15	15.0	12.0	3.8	3.0
MU20	20.0	16.0	5.0	4.0
MU25	25.0	20.0	6.3	5.0

4.抗冻性

抗冻性应符合表 14-30 的要求。

表 14-30 抗冻性

使用地区	抗冻指标	质量损失率/%	抗压强度损失率/%
夏热冬暖地区	D15	≤5	≤25
夏热冬冷地区	D25		
寒冷地区	D35		
严寒地区	D50		

5.线性干燥收缩值

线性干燥收缩值应不大于 0.50 mm/m。

6.碳化系数

碳化系数应不小于 0.85。

7.吸水率

吸水率应不大于 20%。

8.放射性核素限量

砖的放射性核素限量应符合《建筑材料放射性核素限量》(GB 6566—2010)的规定。

(八)淤泥多孔砖

1.密度等级

淤泥多孔砖密度等级应符合表 14-31 的要求。

表 14-31 淤泥多孔砖密度等级 ρ_0　　单位:kg/m³

密度等级	密度平均值
1000	$900<\rho_0\leqslant 1000$
1100	$1000<\rho_0\leqslant 1100$
1200	$1100<\rho_0\leqslant 1200$
1300	$1200<\rho_0\leqslant 1300$

2.规格尺寸

淤泥多孔砖规格尺寸应符合下列规定:

(1)外形应为直角六面体。

(2)规格尺寸宜为 290 mm×190 mm×90 mm、240 mm×115 mm×90 mm、190 mm×140 mm×90 mm。

(3)孔型结构及孔洞率应符合表 14-32 的规定。

表 14-32 淤泥多孔砖孔型结构及孔洞率

孔型	孔洞尺寸/mm		最小外壁厚/mm	最小肋厚/mm	孔洞率/%	孔洞排列
	宽度 b	长度 L				
矩形条孔或矩形孔	≤13	≤40	≥12	≥5	≥28 且 ≤35	1.所有孔宽应相等,孔采用单向或双向交错排列。 2.孔洞排列上下、左右应对称,分布均匀,手抓孔的长度方向应平行于砖的条面

注:孔的四个角应做成过渡圆角,不得做成直角。

3.砌体弯曲抗拉强度设计值、抗剪强度设计值

淤泥多孔砖砌体弯曲抗拉强度设计值、抗剪强度设计值应符合表 14-33 的要求。

表 14-33 淤泥多孔砖砌体弯曲抗拉强度设计值、抗剪强度设计值 单位:MPa

强度类别	破坏特征	砂浆强度等级			
		≥M10	M7.5	M5	M2.5
弯曲抗拉	沿齿缝截面	0.33	0.29	0.23	0.17
	沿通缝截面	0.17	0.14	0.11	0.08
抗剪	沿齿缝或阶梯形截面	0.17	0.14	0.11	0.08

注:在砌体中,当搭接长度与砖的高度比值小于 1 时,其弯曲抗拉强度设计值应按表中数值乘以搭接长度与砖高度的比值后采用。

四、取样规定及取样地点

(一)取样规定

检验批的构成原则和批量大小按《砌墙砖检验规则》[JC 466—1992(1996)]规定。烧结普通砖、烧结多孔砖和多孔砌块、烧结空心砖和空心砌块、淤泥多孔砖按 3.5 万~15 万块为一批,不足 3.5 万块按一批计。蒸压灰砂多孔砖、蒸压灰砂实心砖和实心砌块、蒸压粉煤灰多孔砖按 10 万块为一批,不足 10 万块也为一批。

(二)取样地点

在每一检验批的产品堆垛中随机抽取。

第二节　轻集料混凝土小型空心砌块

一、概述及引用标准

(一)概述

轻集料混凝土:用轻粗集料、轻砂(或普通砂)、水泥和水等原材料配制而成的干表观密度不大于 1950 kg/m^{3}的混凝土。

混凝土轻集料小型空心砌块:用轻集料混凝土制成的小型空心砌块。

(二)引用标准

《轻集料混凝土小型空心砌块》(GB/T 15229—2011)。

二、试验检测参数

(1)主要项目:尺寸偏差,外观质量,强度等级,密度等级,吸水率,相对含水率。

(2)其他项目:干燥收缩率,碳化系数,软化系数,抗冻性,放射性。

(3)注意事项:主要检测参数为出厂检验参数,型式检验应包含主要检测参数和其他检测参数。

三、试验检测技术指标

(一)尺寸偏差和外观质量

尺寸偏差和外观质量应符合表 14-34 的要求。

表 14-34　尺寸偏差和外观质量

项目		指标
尺寸偏差/mm	长度	±3
	宽度	±3
	高度	±3
最小外壁厚/mm	用于承重墙体,≥	30
	用于非承重墙体,≥	20

续表

项目		指标
肋厚/mm	用于承重墙体，≥	25
	用于非承重墙体，≥	20
缺棱掉角	个数/块，≤	2
	三个方向投影的最大值/mm，≤	20
裂缝延伸的累计尺寸/mm，≤		30

(二)密度等级

密度等级应符合表14-35的要求。

表14-35 密度等级 单位：kg/m^3

密度等级	干表观密度范围
700	610～700
800	710～800
900	810～900
1000	910～1000
1100	1010～1100
1200	1110～1200
1300	1210～1300
1400	1310～1400

(三)强度等级

强度等级应符合表14-36的要求。

表14-36 强度等级

强度等级	抗压强度/MPa		密度等级范围/(kg/m^3)
	平均值	最小值	
MU2.5	≥2.5	≥2.0	≤800
MU3.5	≥3.5	≥2.8	≤1000
MU5.0	≥5.0	≥4.0	≤1200

续表

强度等级	抗压强度/MPa		密度等级范围/(kg/m³)
	平均值	最小值	
MU7.5	≥7.5	≥6.0	≤1200① ≤1300②
MU10.0	≥10.0	≥8.0	≤1200① ≤1400②

注:当砌块的抗压强度同时满足 2 个或 2 个以上强度等级要求时,应以满足要求的最高强度等级为准。

①除自燃煤矸石掺量不小于砌块质量 35%以外的其他砌块。

②自燃煤矸石掺量不小于砌块质量 35%的砌块。

(四)吸水率、干缩率和相对含水率

(1)吸水率应不大于 18%。

(2)干燥收缩率应不大于 0.065%。

(3)相对含水率应符合表 14-37 的规定。

表 14-37 相对含水率

干燥收缩率/%	相对含水率/%		
	潮湿地区	中等湿度地区	干燥地区
<0.03	≤45	≤40	≤35
0.03~0.045	≤40	≤35	≤30
>0.045~0.065	≤35	≤30	≤25

注:1.相对含水率为砌块出厂含水率与吸水率之比,即

$$W=\omega_1/\omega_2\times 100$$

式中:W——砌块的相对含水率(%);

ω_1——砌块出厂时的含水率(%);

ω_2——砌块的吸水率(%)。

2.使用地区的湿度条件:

(1)潮湿地区:年平均相对湿度大于 75%的地区。

(2)中等湿度地区:年平均相对湿度为 50%~75%的地区。

(3)干燥地区:年平均相对湿度小于 50%的地区。

(五)碳化系数和软化系数

碳化系数应不小于0.8,软化系数应不小于0.8。

(六)抗冻性

抗冻性应符合表14-38的要求。

表14-38 抗冻性

环境条件	抗冻标号	质量损失率/%	强度损失率/%
温和与夏热冬暖地区	D15	≤5	≤25
夏热冬冷地区	D25		
寒冷地区	D35		
严寒地区	D50		

注:环境条件应符合《民用建筑热工设计规范》(GB 50176—2016)的规定。

(七)放射性

砌块的放射性核素限量应符合《建筑材料放射性核素限量》(GB 6566—2010)的规定。

四、取样规定及取样地点

(一)取样规定

轻集料混凝土小型空心砌块、混凝土空心砖按密度等级和强度等级分批验收。以同一品种轻集料和水泥按同一生产工艺制成的相同密度等级和强度等级的300 m^3砌块为一批,不足300 m^3者也按一批计。

(二)取样地点

在每一检验批的产品堆垛中随机抽取。

第三节 混凝土实心砖

一、概述及引用标准

(一)概述

混凝土实心砖是指以水泥、骨料,以及根据需要加入的掺合料、外加剂等,经加水搅拌、成型、养护制成的实心砖。

(二)引用标准

《混凝土实心砖》(GB/T 21144—2023)。

二、试验检测参数

(1)主要项目:尺寸允许偏差,外观质量,密度等级,强度等级,相对含水率,最大吸水率。

(2)其他项目:抗冻性,干燥收缩率,碳化系数和软化系数,放射性。

(3)注意事项:主要检测参数为出厂检验参数,型式检验应包含主要检测参数和其他检测参数。

三、试验检测技术指标

(一)尺寸允许偏差

尺寸允许偏差应符合表14-39的要求。

表14-39 尺寸允许偏差 单位:mm

项目名称	技术指标
长度(L)	−1～+2
宽度(B)	−2～+2
高度(H)	−1～+2

(二)外观质量

外观质量应符合表14-40的要求。

表14-40 外观质量

项目名称		单位	技术指标
成形面高度差		mm	≤2
弯曲		mm	≤2
缺棱掉角	个数	个	≤1
	三个方向投影尺寸的最大值	mm	≤10
裂纹长度的投影尺寸		mm	≤20

续表

项目名称	单位	技术指标
完整面①	个	不应少于一条面和一顶面

①凡有下列缺陷之一者，不能称为完整面：

a.缺损在条面或顶面上造成的破坏尺寸同时大于 10 mm×10 mm。

b.条面或顶面上裂纹宽度大于 0.2 mm，其长度超过 10 mm。

(三)密度等级

密度等级应符合表 14-41 的要求。

表 14-41　密度等级　　单位：kg/m^3

密度等级	密度平均值
A 级	≥2000
B 级	1680～<2000
C 级	<1680

(四)强度等级

强度等级应符合表 14-42 的要求。

表 14-42　强度等级　　单位：MPa

强度等级	抗压强度	
	平均值，≥	单块最小值，≥
MU40	40.0	35.0
MU35	35.0	30.0
MU30	30.0	26.0
MU25	25.0	21.0
MU20	20.0	16.0
MU15	15.0	12.0
MU10	10.0	8.0
MU7.5	7.5	6.0

(五)吸水率

根据混凝土实心砖密度等级，吸水率应符合表 14-43 的要求。

表 14-43　吸水率

密度	吸水率，≤
A级	11%
B级	13%
C级	17%

（六）干燥收缩率和相对含水率

干燥收缩率和相对含水率应符合表 14-44 的要求。

表 14-44　干燥收缩率和相对含水率

干燥收缩率	相对含水率平均值		
	潮湿	中等	干燥
≤0.050%	≤40%	≤35%	≤30%

注：潮湿——年平均相对湿度大于 75%的地区；

中等——年平均相对湿度为 50%～75%的地区；

干燥——年平均相对湿度小于 50%的地区。

（七）抗冻性

抗冻性应符合表 14-45 的要求。

表 14-45　抗冻性

环境条件	抗冻标号	质量损失率	强度损失率
夏热冬暖地区	F15	平均值≤5% 单块最大值≤10%	平均值≤20% 单块最大值≤30%
夏热冬冷地区	F25		
寒冷地区	F35		
严寒地区	F50		

注：使用地区按《民用建筑热工设计规范》（GB 50176—2016）的规定划分。

（八）碳化系数

碳化系数不应小于 0.85。

（九）软化系数

软化系数不应小于 0.85。

（十）放射性

砖的放射性核素限量应符合《建筑材料放射性核素限量》(GB 6566—2010)的规定。

四、取样规定及取样地点

（一）取样规定

检验批的构成原则和批量大小按《砌墙砖检验规则》[JC 466—1992(1996)]的规定。同一种原材料、同一生产工艺、相同质量等级的10万块为一批，不足10万块也按一批计。

（二）取样地点

在每一检验批的产品堆垛中随机抽取。

第四节 承重混凝土多孔砖

一、概述及引用标准

（一）概述

承重混凝土多孔砖是指以水泥、砂、石等为主要原材料，经配料、搅拌、成型、养护制成的用于承重结构的多排孔混凝土砖，代号为LPB。

（二）引用标准

《承重混凝土多孔砖》(GB/T 25779—2010)。

二、试验检测参数

(1)主要项目：尺寸允许偏差，外观质量，孔洞率，强度等级，相对含水率。

(2)其他项目：抗冻性，线性干燥收缩率，最大吸水率，最小外壁厚和最小肋厚，碳化系数，软化系数，放射性。

(3)注意事项：外观质量、尺寸允许偏差、强度等级、最大吸水率、相对含水率、最小外壁厚和最小肋厚为出厂检验参数，型式检验应包含主要检测参数和其他检测参数。

三、试验检测技术指标

(一)尺寸允许偏差

尺寸允许偏差应符合表 14-46 的要求。

表 14-46　尺寸允许偏差　　单位:mm

项目名称	标准值
长度	−1～+2
宽度	−1～+2
高度	±2

(二)外观质量

外观质量应符合表 14-47 的要求。

表 14-47　外观质量

<table>
<tr><th colspan="2">项目名称</th><th>技术指标</th></tr>
<tr><td colspan="2">弯曲/mm</td><td>≤1</td></tr>
<tr><td rowspan="2">缺棱掉角</td><td>个数/个</td><td>≤2</td></tr>
<tr><td>三个方向投影尺寸的最大值/mm</td><td>≤15</td></tr>
<tr><td colspan="2">裂纹延伸的投影尺寸累计/mm</td><td>≤20</td></tr>
</table>

(三)孔洞率

孔洞率应不小于 25%,不大于 35%。

(四)最小外壁厚和最小肋厚

最小外壁厚应不小于 18 mm,最小肋厚应不小于 15 mm。

(五)强度等级

强度等级应符合表 14-48 的要求。

表 14-48　强度等级　　单位:MPa

<table>
<tr><th rowspan="2">强度等级</th><th colspan="2">抗压强度</th></tr>
<tr><th>平均值,≥</th><th>单块最小值,≥</th></tr>
<tr><td>MU25</td><td>25.0</td><td>20.0</td></tr>
</table>

续表

强度等级	抗压强度	
	平均值,≥	单块最小值,≥
MU20	20.0	16.0
MU15	15.0	12.0

(六)最大吸水率

最大吸水率应不大于12%。

(七)线性干燥收缩率和相对含水率

线性干燥收缩率和相对含水率应符合表14-49的要求。

表14-49 线性干燥收缩率和相对含水率

线性干燥收缩率	相对含水率		
	潮湿	中等	干燥
≤0.045%	≤40%	≤35%	≤30%

注:使用地区的湿度条件:

(1)潮湿:年平均相对湿度大于75%的地区。

(2)中等:年平均相对湿度为50%~75%的地区。

(3)干燥:年平均相对湿度小于50%的地区。

(八)抗冻性

抗冻性应符合表14-50的要求。

表14-50 抗冻性

环境条件	抗冻标号	单块质量损失率/%	单块抗压强度损失率/%
夏热冬暖地区	D15	≤5	≤25
夏热冬冷地区	D25		
寒冷地区	D35		
严寒地区	D50		

(九)碳化系数

碳化系数应不小于0.85。

(十)软化系数

软化系数应不小于0.85。

(十一)放射性

砖的放射性核素限量应符合《建筑材料放射性核素限量》(GB 6566—2010)的规定。

四、取样规定及取样地点

(一)取样规定

混凝土多孔砖按外观质量等级和强度等级分批验收。以同一批原材料、同一生产工艺生产、同一强度等级和同一龄期的10万块混凝土多孔砖为一批,不足10万块亦按一批计。

(二)取样地点

在每一检验批的产品堆垛中随机抽取。

第五节　蒸压加气混凝土砌块

一、概述及引用标准

(一)概述

蒸压加气混凝土是指以硅质材料和钙质材料为主要原材料,掺加发气剂及其他调节材料,通过配料浇筑、发气静停、切割、蒸压养护等工艺制成的多孔轻质硅酸盐建筑制品。

蒸压加气混凝土砌块是指蒸压加气混凝土中用于墙体砌筑的矩形块材。

(二)引用标准

《蒸压加气混凝土砌块》(GB/T 11968—2020)。

二、试验检测参数

(1)主要项目:尺寸允许偏差,外观质量,强度等级,干密度。

(2)其他项目:干燥收缩值,抗冻性,导热系数。

(3)注意事项:主要检测参数为出厂检验参数,型式检验应包含主要检测参数和其他检测参数。

三、试验检测技术指标

(一)尺寸允许偏差和外观质量

尺寸允许偏差应符合表 14-51 的要求。

表 14-51 尺寸允许偏差 单位:mm

项目	类别	
	Ⅰ型	Ⅱ型
长度(*L*)	±3	+4
宽度(*B*)	±1	±2
高度(*H*)	±1	±2

外观质量应符合表 14-52 的要求。

表 14-52 外观质量

项目		类别	
		Ⅰ型	Ⅱ型
缺棱掉角	最小尺寸/mm	≤10	≤30
	最大尺寸/mm	≤20	≤70
	三个方向尺寸之和不大于 120 mm 的掉角个数/个	≤0	≤2
裂纹长度	裂纹长度/mm	≤0	≤70
	任意面不大于 70 mm 的裂纹条数/条	≤0	≤1
	每块裂纹总数/条	≤0	≤2
损坏深度/mm		≤0	≤10
表面疏松、分层、表面油污		无	无
平面弯曲/mm		≤1	≤2
直角度/mm		≤1	≤2

(二)抗压强度和干密度

抗压强度和干密度应符合表 14-53 的要求。

表 14-53　抗压强度和干密度

强度级别	抗压强度/MPa		干密度级别	平均干密度/(kg/m³)
	平均值	最小值		
A1.5	≥1.5	≥1.2	B03	≤350
A2.0	≥2.0	≥1.7	B04	≤450
A2.5	≥2.5	≥2.1	B04	≤450
			B05	≤550
A3.5	≥3.5	≥3.0	B04	≤450
			B05	≤550
			B06	≤650
A5.0	≥5.0	≥4.2	B05	≤550
			B06	≤650
			B07	≤750

(三)干燥收缩值

干燥收缩值应不大于 0.5 mm/m。

(四)抗冻性

应用于墙体的砌块抗冻性应符合表 14-54 的要求。

表 14-54　抗冻性

项目		强度级别		
		A2.5	A3.5	A5.0
抗冻性	冻后质量平均损失/%	≤5.0		
	冻后强度平均损失/%	≤20		

(五)导热系数

导热系数应符合表 14-55 的要求。

表 14-55　导热系数

项目	干密度级别				
	B03	B04	B05	B06	B07
导热系数(干态)/[W/(m·K)],≤	0.10	0.12	0.14	0.16	0.18

四、取样规定及取样地点

(一)取样规定

同品种、同规格、同等级的砌块,以30000块为一批,不足30000块也按一批计。

(二)取样地点

在每一检验批的产品堆垛中随机抽取。

第六节 普通混凝土小型砌块

一、概述及引用标准

(一)概述

普通混凝土小型砌块是指以水泥、矿物掺合料、砂、石、水等为原材料,经搅拌、振动成型、养护等工艺制成的小型砌块,包括空心砌块和实心砌块。

(二)引用标准

《普通混凝土小型砌块》(GB/T 8239—2014)。

二、试验检测参数

(1)主要项目:尺寸允许偏差,外观质量,强度等级,吸水率。

(2)其他项目:抗冻性,空心率,外壁厚和肋厚,线性干燥收缩值,碳化系数,软化系数。

(3)注意事项:外观质量、尺寸允许偏差、外壁厚和肋厚、强度等级为出厂检验参数,型式检验应包含主要检测参数和其他检测参数。

三、试验检测技术指标

(一)尺寸允许偏差

砌块的尺寸允许偏差应符合表14-56的规定。对于薄灰缝砌块,其高度允许偏差应控制在−2~+1 mm。

表 14-56 尺寸允许偏差 单位:mm

项目名称	技术指标
长度	±2
宽度	±2
高度	−2～+3

注:免浆砌块的尺寸允许偏差,应由企业根据块型特点自行给出。尺寸允许偏差不应影响垒砌和墙片性能。

(二)外观质量

砌块的外观质量应符合表 14-57 的规定。

表 14-57 外观质量

<table>
<tr><th colspan="2">项目名称</th><th>技术指标</th></tr>
<tr><td colspan="2">弯曲/mm,≤</td><td>2</td></tr>
<tr><td rowspan="2">缺棱掉角</td><td>个数/个,≤</td><td>1</td></tr>
<tr><td>三个方向投影尺寸的最大值/mm,≤</td><td>20</td></tr>
<tr><td colspan="2">裂纹延伸的投影尺寸累计/mm,≤</td><td>30</td></tr>
</table>

(三)空心率

空心砌块应不小于 25%,实心砌块应小于 25%。

(四)外壁厚和肋厚

(1)承重空心砌块的最小外壁厚应不小于 30 mm,最小肋厚应不小于 25 mm。

(2)非承重空心砌块的最小外壁厚和最小肋厚应不小于 20 mm。

(五)强度等级

砌块的强度等级应符合表 14-58 的规定。

表 14-58 强度等级 单位：MPa

强度等级	抗压强度	
	平均值，≥	单块最小值，≥
MU5.0	5.0	4.0
MU7.5	7.5	6.0
MU10	10.0	8.0
MU15	15.0	12.0
MU20	20.0	16.0
MU25	25.0	20.0
MU30	30.0	24.0
MU35	35.0	28.0
MU40	40.0	32.0

(六)吸水率

L 类砌块的吸水率应不大于 10%，N 类砌块的吸水率应不大于 14%。

(七)线性干燥收缩值

L 类砌块的线性干燥收缩值应不大于 0.45 mm/m，N 类砌块的线性干燥收缩值应不大于 0.65 mm/m。

(八)抗冻性

砌块的抗冻性应符合表 14-59 的规定。

表 14-59 抗冻性

使用条件	抗冻指标	质量损失率	强度损失率
夏热冬暖地区	D15	平均值≤5% 单块最大值≤10%	平均值≤20% 单块最大值≤30%
夏热冬冷地区	D25		
寒冷地区	D35		
严寒地区	D50		

注：使用条件应符合《民用建筑热工设计规范》(GB 50176—2016)的规定。

(九)碳化系数

砌块的碳化系数应不小于 0.85。

(十)软化系数

砌块的软化系数应不小于0.85。

四、取样规定及取样地点

(一)取样规定

砌块按规格、种类、龄期和强度等级分批验收。以同一种原材料配制成的相同规格、龄期、强度等级和相同生产工艺生产的500 m^3 且不超过3万块砌块为一批,每周生产不足500 m^3 且不超过3万块砌块亦按一批计。

(二)取样地点

在每一检验批的产品堆垛中随机抽取。

第七节　耐酸砖

一、概述及引用标准

(一)概述

耐酸砖是指由黏土或其他非金属原料,经成型、烧结等工艺处理,适用于耐酸腐蚀内衬及地面的砖或板状的耐酸制品,分为有釉砖和无釉砖。

(二)引用标准

《耐酸砖》(GB/T 8488—2008)。

二、试验检测参数

(1)主要项目:外观质量,尺寸偏差及变形,弯曲强度,耐酸度。

(2)其他项目:吸水率,耐急冷急热性。

三、试验检测技术指标

(一)外观质量

(1)砖的外观质量应符合表14-60的要求。

表 14-60 砖的外观质量

缺陷类别	要求	
	优等品	合格品
裂纹	工作面:不允许。 非工作面:宽不大于 0.25 mm,长[①] 5～15 mm,允许 2 条	工作面:宽不大于 0.25 mm,长 5～15 mm,允许 1 条。 非工作面:宽不大于 0.5 mm,长 5～20 mm,允许 2 条
开裂	不允许	不允许
磕碰损伤	工作面:深入工作面 1～2 mm;砖厚小于 20 mm 时,深不大于3 mm;砖厚为 20～30 mm 时,深不大于 5 mm;砖厚大于 30 mm 时,深不大于 10 mm 的磕碰 2 处;总长不大于 35 mm。 非工作面:深 2～4 mm,长不大于 35 mm,允许 3 处	工作面:深入工作面 1～4 mm;砖厚小于 20 mm 时,深不大于 5 mm;砖厚为 20～30 mm时,深不大于 8 mm;砖厚大于 30 mm时,深不大于 10 mm 的磕碰 2 处;总长不大于 40 mm。 非工作面:深 2～5 mm,长不大于 40 mm,允许 4 处
疵点	工作面:最大尺寸 1～2 mm,允许 3 个。 非工作面:最大尺寸 1～3 mm,每个面允许 3 个	工作面:最大尺寸 2～4 mm,允许 3 个。 非工作面:最大尺寸 3～6 mm,每个面允许 4 个
釉裂	不允许	不允许
缺釉	总面积不大于 100 mm^2,每处不大于 30 mm^2	总面积不大于 200 mm^2,每处不大于 50 mm^2
桔釉	不允许	不超过釉面面积的 1/4
干釉	不允许	不影响使用

注:标型砖应有一个大面(230 mm×113 mm)达到表 14-60 对于工作面的要求。如需方订货时指定工作面,则该面应符合表 14-60 的要求。

①5 以下不考核。表中其他同样的表达方式,含义相同。

(2)分层:用质量适当的金属锤轻轻敲击砖体,应发出清音。

(3)背纹:平板形砖的背面应有深不小于 1 mm 的背纹。

(二)尺寸偏差及变形

尺寸偏差及变形应符合表 14-61 的要求。

表 14-61　尺寸偏差及变形　　单位：mm

项目		允许偏差	
		优等品	合格品
尺寸偏差	≤30	±1	±2
	>30～150	±2	±3
	>150～230	±3	±4
	>230	供需双方协商	
变形：翘曲大小头	≤150	≤2	≤2.5
	>150～230	≤2.5	≤3
	>230	供需双方协商	

(三)物理化学性能

物理化学性能应符合表 14-62 的要求。

表 14-62　物理化学性能

项目	要求			
	Z-1	Z-2	Z-3	Z-4
吸水率/%	≤0.2	≤0.5	≤2.0	≤4.0
弯曲强度/MPa	≥58.8	≥39.2	≥29.4	≥19.6
耐酸度/%	≥99.8	≥99.8	≥99.8	≥99.7
耐急冷急热性/℃	温差 100	温差 100	温差 130	温差 150
	试验一次后，试样不得有裂纹、剥落等破损现象			

四、取样规定及取样地点

(一)取样规定

以相同工艺条件生产的同一规格、同一牌号的 5000～30000 块砖为一批，不足 5000 块时由供需双方协商。

(二)取样地点

在供方堆场上由供需双方人员会同进行抽样。

五、抽样及判定规则

抽样及判定规则应符合表14-63的规定。

表14-63　抽样及判定规则

检验项目	样本大小		第一次		第一次+第二次	
	第一次 n_1	第二次 n_2	合格判定数 A_1	不合格判定数 R_1	合格判定数 A_2	不合格判定数 R_2
外观质量	20	20	1	3	3	4
尺寸偏差	20	20	1	3	3	4
变形	10	10	0	2	1	2
耐急冷急热性	3	3	0	2	1	2
吸水率	3	3	平均值应符合表14-62的要求			
弯曲强度	5	5	平均值应符合表14-62的要求			
耐酸度	2	2	平均值应符合表14-62的要求			

注：第一次检验若有不合格项或不合格品数未达到不合格判定数时，应按本表进行复验，复验合格，判该项目合格，否则，判该项目不合格。如物理化学性能有3项以上不符合本表要求，则判该批产品不合格，不予复检。

第八节　用于石砌体的岩石

一、概述及引用标准

（一）概述

从天然岩石层中开采而得的毛料和经过加工制成的块状、板状的石料统称为石材，它质地坚固，可以被加工成各种形状，既可作为承重结构构件使用，又可以作为装饰材料。

（二）引用标准

《砌体结构工程施工质量验收规范》(GB 50203—2011)。

二、试验检测参数

(1)主要项目：强度等级。

(2)其他项目:放射性核素限量。

三、试验检测技术指标

(一)强度等级

石材强度等级必须符合设计要求。

(二)放射性核素限量

岩石的放射性核素限量应符合《建筑材料放射性核素限量》(GB 6566—2010)的规定。

四、取样规定及取样地点

(一)取样规定

用于石砌体工程的岩石,同一产地的石材至少应抽检一组。

(二)取样地点

取样地点为石材料场。

第十五章　砂　浆

一、概述及引用标准

(一)概述

1.定义

砌筑砂浆:在砖、石、砌块等块材砌筑成的砌体中起黏结、衬垫和传力作用的砂浆。

现场配制砂浆:由水泥、细骨料和水以及根据需要加入的石灰、活性掺合料或外加剂,在现场配制成的砂浆,分为水泥砂浆和水泥混合砂浆。

预拌砂浆:专业生产厂生产的湿拌砂浆或干混砂浆。

保水增稠材料:改善砂浆可操作性及保水性能的非石灰类材料。

抹灰砂浆:以通用硅酸盐水泥、砂为主要原材料,添加保水剂等外加剂制成的,专用于蒸压加气混凝土墙体表面抹灰的干混砂浆。

干混砂浆:由胶凝材料、细集料、掺合料和添加剂按一定配比配制,在工厂预混而成的干态混合物。该砂浆通过散装或袋装运输到工地,加水搅拌后即可使用。

湿拌砂浆:水泥、细骨料、矿物掺合料、外加剂、添加剂和水,按一定比例,在专业生产厂经计量、搅拌后,运至使用地点,并在规定时间内使用的拌合物。

砌筑干混砂浆:用于砌筑的干混砂浆。

薄层砌筑砂浆:以通用硅酸盐水泥、砂为主要原材料,添加保水剂等外加剂制成的,专用于蒸压加气混凝土墙体薄层砌筑(砌筑灰缝不大于 5 mm)或黏结用的干混砂浆。

2.湿拌砂浆分类和代号

湿拌砂浆按用途分为湿拌砌筑砂浆、湿拌抹灰砂浆、湿拌地面砂浆和湿拌防水砂浆，其代号见表 15-1。湿拌抹灰砂浆按施工方法分为普通抹灰砂浆和机喷抹灰砂浆，其型号见表 15-2。

表 15-1 湿拌砂浆的品种和代号

<table>
<tr><th rowspan="2">项目</th><th colspan="4">品种</th></tr>
<tr><th>湿拌砌筑砂浆</th><th>湿拌抹灰砂浆</th><th>湿拌地面砂浆</th><th>湿拌防水砂浆</th></tr>
<tr><td>代号</td><td>WM</td><td>WP</td><td>WS</td><td>WW</td></tr>
</table>

湿拌砂浆按强度等级、抗渗等级、稠度和保塑时间的分类应符合表 15-2 的规定。

表 15-2 湿拌砂浆分类

<table>
<tr><th rowspan="3">项目</th><th colspan="5">品种</th></tr>
<tr><th rowspan="2">湿拌砌筑砂浆</th><th colspan="2">湿拌抹灰砂浆</th><th rowspan="2">湿拌地面砂浆</th><th rowspan="2">湿拌防水砂浆</th></tr>
<tr><th>普通抹灰砂浆(G)</th><th>机喷抹灰砂浆(S)</th></tr>
<tr><td>强度等级</td><td>M5、M7.5、M10、M15、M20、M25、M30</td><td colspan="2">M5、M7.5、M10、M15、M20</td><td>M15、M20、M25</td><td>M15、M20</td></tr>
<tr><td>抗渗等级</td><td>—</td><td colspan="2">—</td><td>—</td><td>P6、P8、P10</td></tr>
<tr><td>稠度①/mm</td><td>50、70、90</td><td>70、90、100</td><td>90、100</td><td>50</td><td>50、70、90</td></tr>
<tr><td>保塑时间/h</td><td>6、8、12、24</td><td colspan="2">6、8、12、24</td><td>4、6、8</td><td>6、8、12、24</td></tr>
</table>

①可根据现场气候条件或施工要求确定。

3.干混砂浆分类和代号

干混砂浆按用途主要分为干混砌筑砂浆、干混抹灰砂浆、干混地面砂浆、干混普通防水砂浆、干混陶瓷砖黏结砂浆、干混界面砂浆、干混聚合物水泥防水砂浆、干混自流平砂浆、干混耐磨地坪砂浆、干混填缝砂浆、干混饰面砂浆和干混修补砂浆，其代号见表 15-3。干混砌筑砂浆按施工厚度分为普通砌筑砂浆和薄层砌筑砂浆，干混抹灰砂浆按施工厚度或施工方法分为普通抹灰砂浆、薄层抹灰砂浆和机喷抹灰砂浆，其型号见表 15-4。

表 15-3　干混砂浆的品种和代号

项目	品种					
	干混砌筑砂浆	干混抹灰砂浆	干混地面砂浆	干混普通防水砂浆	干混陶瓷砖黏结砂浆	干混界面砂浆
代号	DM	DP	DS	DW	DTA	DIT
项目	干混聚合物水泥防水砂浆	干混自流平砂浆	干混耐磨地坪砂浆	干混填缝砂浆	干混饰面砂浆	干混修补砂浆
代号	DWS	DSL	DFH	DTG	DDR	DRM

干混砌筑砂浆、干混抹灰砂浆、干混地面砂浆和干混普通防水砂浆按强度等级、抗渗等级的分类应符合表 15-4 的规定。

表 15-4　部分干混砂浆分类

项目	品种						
	干混砌筑砂浆		干混抹灰砂浆			干混地面砂浆	干混普通防水砂浆
	普通砌筑砂浆(G)	薄层砌筑砂浆(T)	普通抹灰砂浆(G)	薄层抹灰砂浆(T)	机喷抹灰砂浆(S)		
强度等级	M5、M7.5、M10、M15、M20、M25、M30	M5、M10	M5、M7.5、M10、M15、M20	M5、M7.5、M10	M5、M7.5、M10、M15、M20	M15、M20、M25	M15、M20
抗渗等级	—	—	—	—	—	—	P6、P8、P10

(二)引用标准

《砌体结构工程施工质量验收规范》(GB 50203—2011)；
《建筑砂浆基本性能试验方法标准》(JGJ/T 70—2009)；
《建筑用砌筑和抹灰干混砂浆》(JG/T 291—2011)；
《预拌砂浆》(GB/T 25181—2019)；
《蒸压加气混凝土墙体专用砂浆》(JC/T 890—2017)；
《预拌砂浆应用技术规程》(JGJ/T 223—2010)。

二、试验检测参数

(1)主要项目:抗压强度,稠度,保水率。

(2)其他项目:细度,凝结时间,黏结强度,抗剪强度,抗冻性,收缩率,吸水率，压力泌水率，晾置时间，拉伸黏结强度，14 d拉伸黏结强度，保塑时间，28 d收缩率，2 h稠度损失，放射性。

(3)预拌砂浆进场时，应按表15-5的规定进行进场检验。

表15-5　预拌砂浆进场检验项目和检验批量

砂浆品种		检验项目	检验批量
湿拌砌筑砂浆		保水率、抗压强度	同一生产厂家、同一品种、同一等级、同一批号且连续进场的湿拌砂浆，每250 m^3为一个检验批，不足250 m^3时应按一个检验批计
湿拌抹灰砂浆		保水率、抗压强度、拉伸黏结强度	
湿拌地面砂浆		保水率、抗压强度	
湿拌防水砂浆		保水率、抗压强度、抗渗压力、拉伸黏结强度	
干混砌筑砂浆	普通砌筑砂浆	保水率、抗压强度	同一生产厂家、同一品种、同一等级、同一批号且连续进场的干混砂浆，每500 t为一个检验批，不足500 t时应按一个检验批计
	薄层砌筑砂浆	保水率、抗压强度	
干混抹灰砂浆	普通抹灰砂浆	保水率、抗压强度、拉伸黏结强度	
	薄层抹灰砂浆	保水率、抗压强度、拉伸黏结强度	
干混地面砂浆		保水率、抗压强度	
干混普通防水砂浆		保水率、抗压强度、抗渗压力、拉伸黏结强度	
聚合物水泥防水砂浆		凝结时间、耐碱性、耐热性	同一生产厂家、同一品种、同一批号且连续进场的砂浆，每50 t为一个检验批，不足50 t时应按一个检验批计
界面砂浆		14 d常温常态拉伸黏结强度	同一生产厂家、同一品种、同一批号且连续进场的砂浆，每30 t为一个检验批，不足30 t时应按一个检验批计
陶瓷砖黏结砂浆		常温常态拉伸黏结强度、晾置时间	同一生产厂家、同一品种、同一批号且连续进场的砂浆，每50 t为一个检验批，不足50 t时应按一个检验批计

注：当预拌砂浆进场检验项目全部符合现行标准《预拌砂浆》(GB/T 25181—2019)的规定时，该批产品可判定为合格；当有一项不符合要求时，该批产品应判定为不合格。

三、试验检测技术指标

(一)抗压强度

(1)砌筑砂浆试块强度验收时其强度合格标准应符合下列规定：

①同一验收批砂浆试块强度平均值应大于或等于设计强度等级值的1.10倍。

②同一验收批砂浆试块抗压强度的最小一组平均值应大于或等于设计强度等级值的85%。

(2)地面砂浆抗压强度应按验收批进行评定。当同一验收批地面砂浆试块抗压强度平均值大于或等于设计强度等级所对应的立方体抗压强度值时，可判定该批地面砂浆的抗压强度为合格；否则，应判定为不合格。

(3)湿拌砂浆的抗压强度应符合表15-6的规定。

表15-6　预拌砂浆抗压强度　　单位：MPa

项目	强度等级						
	M5	M7.5	M10	M15	M20	M25	M30
28 d抗压强度	≥5.0	≥7.5	≥10.0	≥15.0	≥20.0	≥25.0	≥30.0

(4)干混砌筑砂浆、干混抹灰砂浆、干混地面砂浆和干混普通防水砂浆的抗压强度应符合表15-6的规定。

(二)稠度

砌筑砂浆施工时的稠度宜按表15-7选用。

表15-7　砌筑砂浆的施工稠度

砌体种类	砂浆稠度/mm
烧结普通砖砌体、蒸压粉煤灰砖砌体	70～90
混凝土砖砌体、普通混凝土小型空心砌块砌体、蒸压灰砂砖砌体	50～70
烧结多孔砖砌体、烧结空心砖砌体、轻骨料小型空心砌块砌体、蒸压加气混凝土砌块砌体	60～80
石砌体	30～50

注：1.采用薄灰砌筑法砌筑蒸压加气混凝土砌块砌体时，加气混凝土黏结砂浆的加水量按照其产品说明书控制。

2.当砌筑其他块体时，其砌筑砂浆的稠度可根据块体吸水特性及气候条件确定。

湿拌砂浆应进行稠度检验，且稠度允许偏差应符合表15-8的规定。

表15-8 湿拌砂浆稠度允许偏差

规定稠度/mm	允许偏差/mm
＜100	±10
≥100	－10～＋5

(三)抗渗性

干混普通防水砂浆、湿拌防水砂浆抗渗压力应符合表15-9的规定。

表15-9 预拌砂浆抗渗压力 单位:MPa

项目	抗渗等级		
	P6	P8	P10
28 d抗渗压力	≥0.6	≥0.8	≥1.0

(四)干混砂浆物理性能

干混砂浆物理性能应符合表15-10的要求。

表15-10 干混砂浆物理性能

序号	项目	技术指标					
		砌筑干混砂浆			抹灰干混砂浆		
		高保水	中保水	低保水	高保水	中保水	低保水
1	细度①	4.75 mm筛全通过					
2	保水率/%	≥85	≥70	≥60	≥85	≥70	≥60
3	凝结时间/min	厂家控制值±30					
4	抗压强度/MPa	达到规定强度等级					
5	黏结强度/MPa	≥0.20					
6	收缩率(28 d)/%	≤0.15					
7	抗冻性②(50次冻融强度损失率)/%	≤25					

①采用薄抹灰施工时，细度要求由供需双方协商确定。

②有抗冻要求的地区需要进行抗冻性试验。

（五）湿拌砂浆性能

湿拌砂浆性能应符合表 15-11 的规定。

表 15-11 湿拌砂浆性能指标

<table>
<tr><th colspan="2" rowspan="2">项目</th><th rowspan="2">湿拌砌筑砂浆</th><th colspan="2">湿拌抹灰砂浆</th><th rowspan="2">湿拌地面砂浆</th><th rowspan="2">湿拌防水砂浆</th></tr>
<tr><th>普通抹灰砂浆</th><th>机喷抹灰砂浆</th></tr>
<tr><td colspan="2">保水率/%</td><td>≥88.0</td><td>≥88.0</td><td>≥92.0</td><td>≥88.0</td><td>≥88.0</td></tr>
<tr><td colspan="2">压力泌水率/%</td><td>—</td><td>—</td><td><40</td><td>—</td><td>—</td></tr>
<tr><td colspan="2">14 d 拉伸黏结强度/MPa</td><td>—</td><td>M5:≥0.15
>M5:≥0.20</td><td>≥0.20</td><td>—</td><td>≥0.20</td></tr>
<tr><td colspan="2">28 d 收缩率/%</td><td>—</td><td colspan="2">≤0.20</td><td>—</td><td>≤0.15</td></tr>
<tr><td rowspan="2">抗冻性①</td><td>强度损失率/%</td><td colspan="5">≤25</td></tr>
<tr><td>质量损失率/%</td><td colspan="5">≤5</td></tr>
</table>

①有抗冻性要求时，应进行抗冻性试验。

（六）湿拌砂浆保塑时间

湿拌砂浆保塑时间应符合表 15-12 的规定。

表 15-12 湿拌砂浆保塑时间 单位：h

<table>
<tr><th rowspan="2">项目</th><th colspan="5">保塑时间</th></tr>
<tr><th>4</th><th>6</th><th>8</th><th>12</th><th>24</th></tr>
<tr><td>实测值</td><td>≥4</td><td>≥6</td><td>≥8</td><td>≥12</td><td>≥24</td></tr>
</table>

（七）砌体抗剪强度

干混砌筑砂浆用于承重墙时，砌体抗剪强度应符合《砌体结构设计规范》(GB 50003—2011)的规定。

（八）干混砌筑砂浆、干混抹灰砂浆、干混地面砂浆和干混普通防水砂浆的性能

干混砌筑砂浆、干混抹灰砂浆、干混地面砂浆和干混普通防水砂浆的性能应符合表 15-13 的规定。

表 15-13　部分干混砂浆性能指标

<table>
<tr><th rowspan="3" colspan="2">项目</th><th colspan="7">品种</th></tr>
<tr><th colspan="2">干混砌筑砂浆</th><th colspan="3">干混抹灰砂浆</th><th rowspan="2">干混地面砂浆</th><th rowspan="2">干混普通防水砂浆</th></tr>
<tr><th>普通砌筑砂浆</th><th>薄层砌筑砂浆</th><th>普通抹灰砂浆</th><th>薄层抹灰砂浆</th><th>机喷抹灰砂浆</th></tr>
<tr><td colspan="2">保水率/%</td><td>≥88.0</td><td>≥99.0</td><td>≥88.0</td><td>≥99.0</td><td>≥92.0</td><td>≥88.0</td><td>≥88.0</td></tr>
<tr><td colspan="2">凝结时间/h</td><td>3～12</td><td>—</td><td>3～12</td><td>—</td><td>—</td><td>3～9</td><td>3～12</td></tr>
<tr><td colspan="2">2 h稠度损失率/%</td><td>≤30</td><td>—</td><td>≤30</td><td>—</td><td>≤30</td><td>≤30</td><td>≤30</td></tr>
<tr><td colspan="2">压力泌水率/%</td><td>—</td><td>—</td><td>—</td><td>—</td><td><40</td><td>—</td><td>—</td></tr>
<tr><td colspan="2">14 d拉伸黏结强度/MPa</td><td>—</td><td>—</td><td>M5：≥0.15
>M5：≥0.20</td><td>≥0.30</td><td>≥0.20</td><td>—</td><td>≥0.20</td></tr>
<tr><td colspan="2">28 d收缩率/%</td><td>—</td><td>—</td><td colspan="3">≤0.20</td><td>—</td><td>≤0.15</td></tr>
<tr><td rowspan="2">抗冻性</td><td>强度损失率/%</td><td colspan="7">≤25</td></tr>
<tr><td>质量损失率/%</td><td colspan="7">≤5</td></tr>
</table>

注：有抗冻性要求时，应进行抗冻性试验。

（九）干混陶瓷砖黏结砂浆的性能

干混陶瓷砖黏结砂浆的性能应符合表 15-14 的规定。

表 15-14　干混陶瓷砖黏结砂浆性能指标

<table>
<tr><th rowspan="3" colspan="2">项目</th><th colspan="3">性能指标</th></tr>
<tr><th colspan="2">室内用(I)</th><th rowspan="2">室外用(E)</th></tr>
<tr><th>Ⅰ型</th><th>Ⅱ型</th></tr>
<tr><td rowspan="5">拉伸黏结强度/MPa</td><td>原强度</td><td>≥0.5</td><td>≥0.5</td><td rowspan="5">符合《陶瓷砖胶粘剂》(JC/T 547—2017)的要求</td></tr>
<tr><td>浸水后</td><td>≥0.5</td><td>≥0.5</td></tr>
<tr><td>热老化后</td><td>—</td><td>≥0.5</td></tr>
<tr><td>冻融循环后</td><td>—</td><td>—</td></tr>
<tr><td>晾置时间≥20 min</td><td>≥0.5</td><td>≥0.5</td></tr>
</table>

注：1.按使用部位分为室内用(代号 I)和室外用(代号 E)，室内用又分为Ⅰ型和Ⅱ型。

2.Ⅰ型适用于常规尺寸的非瓷质砖粘贴，Ⅱ型适用于低吸水率、大尺寸的瓷砖粘贴。

(十)干混界面砂浆的性能

干混界面砂浆的性能应符合表15-15的规定。

表15-15　干混界面砂浆性能指标

<table>
<tr><th colspan="2" rowspan="2">项目</th><th colspan="2">性能指标</th></tr>
<tr><th>混凝土界面(C)</th><th>加气混凝土界面(AC)</th></tr>
<tr><td rowspan="5">拉伸黏结强度/MPa</td><td>未处理,14 d</td><td>≥0.6</td><td>≥0.5</td></tr>
<tr><td>浸水处理</td><td rowspan="3">≥0.5</td><td rowspan="3">≥0.4</td></tr>
<tr><td>热处理</td></tr>
<tr><td>冻融循环处理</td></tr>
<tr><td>晾置时间,20 min</td><td>—</td><td>≥0.5</td></tr>
</table>

注:按基层分为混凝土界面(代号C)和加气混凝土界面(代号AC)。

(十一)放射性

放射性应符合《建筑材料放射性核素限量》(GB 6566—2010)的规定。

四、取样规定及取样地点

(一)取样规定

1.砌筑砂浆

(1)同一砂浆强度等级、同一配合比、同种原材料的砂浆,以每一楼层或250 m^3砌体(基础砌体可按一个楼层计)为一检验批,每检验批留置的标准养护试块不得少于一组(每组6块)。

(2)对同品种、同强度等级的砌筑砂浆,湿拌砌筑砂浆应以50 m^3为一个检验批,干混砌筑砂浆应以100 t为一个检验批;不足一个检验批的数量时,应按一个检验批计。

(3)每检验批应至少留置一组抗压强度试块。每一检验批且不超过250 m^3砌体的各类型、各强度等级的普通砌筑砂浆,每台搅拌机应至少抽检一次。验收批的预拌砂浆、蒸压加气混凝土砌块专用砂浆,抽检可为三组。

(4)对于现场拌制的砂浆,同盘砂浆只应做一组试块,试块标养28 d后做强度试验。预拌砂浆中的湿拌砂浆稠度应在进场时取样检验。

2.建筑地面用水泥砂浆

建筑地面用水泥砂浆,以每一层或1000 m^2为一检验批,不足1000 m^2也按一批计。每批砂浆至少取样一组,当改变配合比时也应相应地留置试块。

3.抹灰砂浆

(1)相同材料、工艺和施工条件的室外抹灰工程,每 1000 m^2应划分为一个检验批;不足 1000 m^2时,应按一个检验批计。

(2)相同材料、工艺和施工条件的室内抹灰工程,每 50 个自然间(大面积房间和走廊按抹灰面积 30 m^2为一间)应划分为一个检验批;不足 50 间时,应按一个检验批计。

(3)抹灰层拉伸黏结强度检测时,相同砂浆品种、强度等级、施工工艺的外墙、顶棚抹灰工程,每 5000 m^2 应为一个检验批,每个检验批应取一组试件进行检测;不足 5000 m^2 的也应取一组。

(二)取样地点

取样地点为搅拌地点或使用地点。在砂浆搅拌机出料口或在湿拌砂浆的储存容器出料口随机取样制作砂浆试块。

五、出厂检验

(一)湿拌砂浆

(1)湿拌砂浆出厂检验项目应符合表 15-19 的规定。

表 15-19　湿拌砂浆出厂检验项目

品种		出厂检验项目
湿拌砌筑砂浆		稠度、保水率、保塑时间、抗压强度
湿拌抹灰砂浆	普通抹灰砂浆	稠度、保水率、保塑时间、抗压强度、拉伸黏结强度
	机喷抹灰砂浆	稠度、保水率、保塑时间、压力泌水率、抗压强度、拉伸黏结强度
湿拌地面砂浆		稠度、保水率、保塑时间、抗压强度
湿拌防水砂浆		稠度、保水率、保塑时间、抗压强度、拉伸黏结强度、抗渗压力

注:检验项目符合《预拌砂浆》(GB/T 25181—2019)的相关要求时,判定该批产品合格;当有一项指标不符合要求时,则判定该批产品不合格。

(2)出厂检验的湿拌砂浆试样应在搅拌地点随机取样,取样频率和组批应符合下列规定:

①稠度、保水率、保塑时间、压力泌水率、抗压强度和拉伸黏结强度检验的试样,每 50 m^3 相同配合比的湿拌砂浆取样不应少于一次;每一工作班相同配合比

的湿拌砂浆不足 50 m^3 时，取样不应少于一次。

②抗渗压力、抗冻性、收缩率检验的试样，每 100 m^3 相同配合比的湿拌砂浆取样不应少于一次；每一工作班相同配合比的湿拌砂浆不足 100 m^3 时，取样不应少于一次。

③交货检验的湿拌砂浆试样应在交货地点随机取样。当从运输车中取样时，湿拌砂浆试样应在卸料过程中卸料量的 1/4～3/4 采取，且应从同一运输车中采取。

④交货检验的湿拌砂浆试样应及时取样，稠度、保水率、压力泌水率试验应在湿拌砂浆运到交货地点时开始算起，20 min 内完成，其他性能检验用试件的制作应在 30 min 内完成。

⑤试验取样的总量不宜少于试验用量的 3 倍。

（二）干混砂浆

干混砂浆出厂检验项目应符合表 15-20 的规定。

表 15-20 干混砂浆出厂检验项目

<table>
<tr><th colspan="2">品种</th><th>出厂检验项目</th></tr>
<tr><td rowspan="2">干混砌筑砂浆</td><td>普通砌筑砂浆</td><td>保水率、2 h 稠度损失率、抗压强度</td></tr>
<tr><td>薄层砌筑砂浆</td><td>保水率、抗压强度</td></tr>
<tr><td rowspan="3">干混抹灰砂浆</td><td>普通抹灰砂浆</td><td>保水率、2 h 稠度损失率、抗压强度、拉伸黏结强度</td></tr>
<tr><td>薄层抹灰砂浆</td><td>保水率、抗压强度、拉伸黏结强度</td></tr>
<tr><td>机喷抹灰砂浆</td><td>保水率、2 h 稠度损失率、压力泌水率、抗压强度、拉伸黏结强度</td></tr>
<tr><td colspan="2">干混地面砂浆</td><td>保水率、2 h 稠度损失率、抗压强度</td></tr>
<tr><td colspan="2">干混普通防水砂浆</td><td>保水率、2 h 稠度损失率、抗压强度、拉伸黏结强度、抗渗压力</td></tr>
<tr><td colspan="2">干混陶瓷砖黏结砂浆</td><td>拉伸黏结强度、晾置时间</td></tr>
<tr><td colspan="2">干混界面砂浆</td><td>按《混凝土界面处理剂》(JC/T 907—2018)的规定</td></tr>
<tr><td colspan="2">干混聚合物水泥防水砂浆</td><td>按《聚合物水泥防水砂浆》(JC/T 984—2011)的规定</td></tr>
<tr><td colspan="2">干混自流平砂浆</td><td>按《地面用水泥基自流平砂浆》(JC/T 985—2017)的规定</td></tr>
</table>

续表

品种	出厂检验项目
干混耐磨地坪砂浆	按《混凝土地面用水泥基耐磨材料》(JC/T 906—2002)的规定
干混填缝砂浆	按《陶瓷砖填缝剂》(JC/T 1004—2017)的规定
干混饰面砂浆	按《墙体饰面砂浆》(JC/T 1024—2019)的规定
干混修补砂浆	按《修补砂浆》(JC/T 2381—2016)的规定

注:检验项目符合《预拌砂浆》(GB/T 25181—2019)的相关要求时,判定该批产品合格;当有一项指标不符合要求时,则判定该批产品不合格。

(三)蒸压加气混凝土墙体专用砂浆

蒸压加气混凝土墙体专用砂浆出厂检验项目见表15-21。

表15-21　出厂检验项目

品种		出厂检验项目
薄层砌筑砂浆		保水率、抗压强度、拉伸黏结强度(与蒸压加气混凝土黏结)
抹灰砂浆		保水率、抗压强度、拉伸黏结强度(与蒸压加气混凝土黏结)
界面砂浆	界面砂浆(P型)	保水率、拉伸黏结强度(与蒸压加气混凝土黏结)
	界面砂浆(F型)	保水率、拉伸黏结强度(与蒸压加气混凝土黏结)、抗渗压力
抹灰石膏		凝结时间、抗折强度、抗压强度、拉伸黏结强度(与蒸压加气混凝土黏结)

第十六章 防水材料

第一节 改性沥青聚乙烯胎防水卷材

一、概述及引用标准

(一)概述

1.定义

改性氧化沥青防水卷材:用添加改性剂的沥青氧化后制成的防水卷材。

丁苯橡胶改性氧化沥青防水卷材:用丁苯橡胶和树脂将氧化沥青改性后制成的防水卷材。

高聚物改性沥青防水卷材:用苯乙烯-丁二烯-苯乙烯(SBS)等高聚物将沥青改性后制成的防水卷材。

自粘防水卷材:以高密度聚乙烯膜为胎基,上下表面为自粘聚合物改性沥青,表面覆盖防粘材料制成的防水卷材。

耐根穿刺防水卷材:以高密度聚乙烯膜为胎基,上下表面覆以高聚物改性沥青,并以聚乙烯膜为隔离材料制成的具有耐根穿刺功能的防水卷材。

2.类型

按产品的施工工艺分为热熔型和自粘型两种。

热熔型产品按改性剂的成分分为改性氧化沥青防水卷材、丁苯橡胶改性氧化沥青防水卷材、高聚物改性沥青防水卷材、高聚物改性沥青耐根穿刺防水卷材四类。

3.隔离材料

热熔型卷材上下面隔离材料为聚乙烯膜,自粘型卷材上下面隔离材料为防粘材料。

(二)引用标准

《改性沥青聚乙烯胎防水卷材》(GB 18967—2009);

《屋面工程质量验收规范》(GB 50207—2012);

《地下防水工程质量验收规范》(GB 50208—2011)。

二、试验检测参数

(1)主要项目:拉力,断裂延伸率,低温柔性,耐热性(地下工程除外),不透水性。

(2)其他项目:尺寸稳定性,卷材下表面沥青涂盖层厚度,剥离强度,钉杆水密性,持粘性,自粘沥青再剥离强度,热空气老化,单位面积质量及规格尺寸,外观。

三、试验检测技术指标

(一)单位面积质量及规格尺寸

单位面积质量及规格尺寸应符合表 16-1 的规定。

表 16-1　单位面积质量及规格尺寸

<table>
<tr><th colspan="2" rowspan="2">项目</th><th colspan="3">公称厚度/mm</th></tr>
<tr><th>2</th><th>3</th><th>4</th></tr>
<tr><td colspan="2">单位面积质量/(kg/m²),≥</td><td>2.1</td><td>3.1</td><td>4.2</td></tr>
<tr><td colspan="2">每卷面积偏差/m²</td><td colspan="3">±0.2</td></tr>
<tr><td rowspan="2">厚度/mm</td><td>平均值,≥</td><td>2.0</td><td>3.0</td><td>4.0</td></tr>
<tr><td>最小单值,≥</td><td>1.8</td><td>2.7</td><td>3.7</td></tr>
</table>

(二)外观

成卷卷材应卷紧卷齐,端面里进外出不得超过 20 mm。

成卷卷材在 4～45 ℃任一产品温度下展开,在距卷芯 1000 mm 长度外不应有裂纹或长度 10 mm 以上的黏结。

卷材表面应平整,不允许有孔洞、缺边和裂口、疙瘩或任何其他能观察到的缺陷存在。

每卷卷材接头处不应超过一个,较短的一段长度不应小于 1000 mm,接头应剪切整齐,并加长 150 mm。

(三)物理力学性能

物理力学性能应符合表16-2的规定。

表16-2 物理力学性能

<table>
<tr><th rowspan="3">序号</th><th rowspan="3" colspan="3">项目</th><th colspan="5">技术指标</th></tr>
<tr><th colspan="4">T</th><th>S</th></tr>
<tr><th>O</th><th>M</th><th>P</th><th>R</th><th>M</th></tr>
<tr><td>1</td><td colspan="3">不透水性</td><td colspan="5">0.4 MPa,30 min不透水</td></tr>
<tr><td rowspan="2">2</td><td rowspan="2" colspan="3">耐热性/℃</td><td colspan="4">90</td><td>70</td></tr>
<tr><td colspan="4">无流淌,无起泡</td><td>无流淌,无起泡</td></tr>
<tr><td rowspan="2">3</td><td rowspan="2" colspan="3">低温柔性/℃</td><td>−5</td><td>−10</td><td>−20</td><td>−20</td><td>−20</td></tr>
<tr><td colspan="5">无裂纹</td></tr>
<tr><td rowspan="4">4</td><td rowspan="4">拉伸性能</td><td rowspan="2">拉力/(N/50 mm),≥</td><td>纵向</td><td rowspan="2" colspan="3">200</td><td rowspan="2">400</td><td rowspan="2">200</td></tr>
<tr><td>横向</td></tr>
<tr><td rowspan="2">断裂延伸率/%,≥</td><td>纵向</td><td rowspan="2" colspan="5">120</td></tr>
<tr><td>横向</td></tr>
<tr><td rowspan="2">5</td><td rowspan="2" colspan="2">尺寸稳定性</td><td>℃</td><td colspan="4">90</td><td>70</td></tr>
<tr><td>%,≤</td><td colspan="5">2.5</td></tr>
<tr><td>6</td><td colspan="3">卷材下表面沥青涂盖层厚度/mm,≥</td><td colspan="4">1.0</td><td>—</td></tr>
<tr><td rowspan="2">7</td><td rowspan="2" colspan="2">剥离强度/(N/mm),≥</td><td>卷材与卷材</td><td colspan="4">—</td><td>1.0</td></tr>
<tr><td>卷材与铝板</td><td colspan="4">—</td><td>1.5</td></tr>
<tr><td>8</td><td colspan="3">钉杆水密性</td><td colspan="4">—</td><td>通过</td></tr>
<tr><td>9</td><td colspan="3">持粘性/min,≥</td><td colspan="4">—</td><td>15</td></tr>
<tr><td>10</td><td colspan="3">自粘沥青再剥离强度(与铝板)/(N/mm),≥</td><td colspan="4">—</td><td>1.5</td></tr>
<tr><td rowspan="4">11</td><td rowspan="4">热空气老化</td><td colspan="2">纵向拉力/(N/50 mm),≥</td><td colspan="3">200</td><td>400</td><td>200</td></tr>
<tr><td colspan="2">纵向断裂延伸率/%,≥</td><td colspan="5">120</td></tr>
<tr><td rowspan="2" colspan="2">低温柔性/℃</td><td>5</td><td>0</td><td>−10</td><td>−10</td><td>−10</td></tr>
<tr><td colspan="5">无裂纹</td></tr>
</table>

注:T代表热熔型产品,S代表自粘型产品;O代表改性氧化沥青防水卷材,M代表丁苯橡胶改性氧化沥青防水卷材,P代表高聚物改性沥青防水卷材,R代表高聚物改性沥青耐根穿刺防水卷材。

四、取样规定及取样地点

(一)取样规定

(1)以同类型、同一规格 10000 m^2 为一批,不足 10000 m^2 时也可作为一批。在每批产品中随机抽取 5 卷进行单位面积质量、规格尺寸及外观检查。

(2)大于 1000 卷抽 5 卷,每 500～1000 卷抽 4 卷,100～499 卷抽 3 卷,少于 100 卷抽 2 卷,进行规格尺寸和外观质量检验。

(3)在上述检查合格后,从卷材中随机抽取 1 卷取至少 1.5 m^2 的试样进行物理力学性能检测。

(二)取样地点

取样地点为现场仓库。

第二节　弹性体、塑性体改性沥青防水卷材

一、概述及引用标准

(一)概述

1.弹性体改性沥青防水卷材

(1)定义:弹性体改性沥青防水卷材(简称 SBS 防水卷材)是指以聚酯毡、玻纤毡、玻纤增强聚酯毡为胎基,以苯乙烯-丁二烯-苯乙烯(SBS)热塑性弹性体作石油沥青改性剂,两面覆以隔离材料所制成的防水卷材。

(2)类型:

①按胎基分为聚酯毡(PY)、玻纤毡(G)、玻纤增强聚酯毡(PYG)。

②按上表面隔离材料分为聚乙烯膜(PE)、细砂(S)、矿物粒料(M),按下表面隔离材料分为细砂(S)、聚乙烯膜(PE)。细砂为粒径不超过 0.60 mm 的矿物颗粒。

③按材料性能分为Ⅰ型和Ⅱ型。

2.塑性体改性沥青防水卷材

(1)定义:塑性体改性沥青防水卷材(简称 APP 防水卷材)是指以聚酯毡、玻纤毡、玻纤增强聚酯毡为胎基,以无规聚丙烯(APP)或聚烯烃类聚合物(APAO、APO 等)作石油沥青改性剂,两面覆以隔离材料所制成的防水卷材。

(2)类型:

①按胎基分为聚酯毡(PY)、玻纤毡(G)、玻纤增强聚酯毡(PYG)。

②按上表面隔离材料分为聚乙烯膜(PE)、细砂(S)、矿物粒料(M),按下表面隔离材料分为细砂(S)、聚乙烯膜(PE)。其中细砂为粒径不超过 0.60 mm 的矿物颗粒。

③按材料性能分为Ⅰ型和Ⅱ型。

(二)引用标准

《弹性体改性沥青防水卷材》(GB 18242—2008);

《塑性体改性沥青防水卷材》(GB 18243—2008);

《屋面工程质量验收规范》(GB 50207—2012);

《地下防水工程质量验收规范》(GB 50208—2011)。

二、试验检测参数

(1)主要项目:拉力,最大拉力时延伸率(G 类除外),低温柔性,不透水性,可溶物含量(地下工程为其他项目),耐热性(地下工程为其他项目)。

(2)其他项目:浸水后质量增加,热老化,渗油性,接缝剥离强度,钉杆撕裂强度,矿物粒料黏附性,卷材下表面沥青涂盖层厚度,人工气候加速老化,单位面积质量及规格尺寸,外观。

三、试验检测技术指标

(一)单位面积质量、面积及厚度

单位面积质量、面积及厚度应符合表 16-3 的规定。

表 16-3 单位面积质量、面积及厚度

项目		规格(公称厚度)/mm								
		3			4			5		
上表面材料		PE	S	M	PE	S	M	PE	S	M
下表面材料		PE	PE、S		PE	PE、S		PE	PE、S	
面积/(m^2/卷)	公称面积	10、15			10、7.5			7.5		
	偏差	±0.10			±0.10			±0.10		
单位面积质量/(kg/m^2),≥		3.3	3.5	4.0	4.3	4.5	5.0	5.3	5.5	6.0
厚度/mm	平均值,≥	3.0			4.0			5.0		
	最小单值	2.7			3.7			4.7		

(二)外观

成卷卷材应卷紧卷齐，端面里进外出不得超过 10 mm。

弹性体改性沥青防水成卷卷材在 4～50 ℃(塑性体改性沥青防水成卷卷材在 4～60 ℃)任一产品温度下展开，在距卷芯 1000 mm 长度外不应有10 mm以上的裂纹或黏结。

胎基应浸透，不应有未被浸渍处。

卷材表面应平整，不允许有孔洞、缺边和裂口、疙瘩，矿物粒料粒度应均匀一致并紧密地黏附于卷材表面。

每卷卷材接头处不应超过一个，较短的一段长度不应小于 1000 mm，接头应剪切整齐，并加长 150 mm。

(三)弹性体改性沥青防水卷材材料性能

弹性体改性沥青防水卷材材料性能应符合表 16-4 的规定。

表 16-4　弹性体改性沥青防水卷材材料性能

<table>
<tr><th rowspan="3">序号</th><th rowspan="3" colspan="2">项目</th><th colspan="5">指标</th></tr>
<tr><th colspan="2">Ⅰ</th><th colspan="3">Ⅱ</th></tr>
<tr><th>PY</th><th>G</th><th>PY</th><th>G</th><th>PYG</th></tr>
<tr><td rowspan="4">1</td><td rowspan="4">可溶物含量/(g/m²)，≥</td><td>3 mm</td><td colspan="4">2100</td><td>—</td></tr>
<tr><td>4 mm</td><td colspan="4">2900</td><td>—</td></tr>
<tr><td>5 mm</td><td colspan="5">3500</td></tr>
<tr><td>试验现象</td><td>—</td><td>胎基不燃</td><td>—</td><td>胎基不燃</td><td>—</td></tr>
<tr><td rowspan="3">2</td><td rowspan="3">耐热性</td><td>℃</td><td colspan="2">90</td><td colspan="3">105</td></tr>
<tr><td>mm，≤</td><td colspan="5">2</td></tr>
<tr><td>试验现象</td><td colspan="5">无流淌、滴落</td></tr>
<tr><td rowspan="2">3</td><td rowspan="2" colspan="2">低温柔性/℃</td><td colspan="2">−20</td><td colspan="3">−25</td></tr>
<tr><td colspan="5">无裂缝</td></tr>
<tr><td>4</td><td colspan="2">不透水性 30 min/MPa</td><td>0.3</td><td>0.2</td><td colspan="3">0.3</td></tr>
<tr><td rowspan="3">5</td><td rowspan="3">拉力</td><td>最大峰拉力/(N/50 mm)，≥</td><td>500</td><td>350</td><td>800</td><td>500</td><td>900</td></tr>
<tr><td>次高峰拉力/(N/50 mm)，≥</td><td>—</td><td>—</td><td>—</td><td>—</td><td>800</td></tr>
<tr><td>试验现象</td><td colspan="5">拉伸过程中，试件中部无沥青涂盖层开裂或与胎基分离现象</td></tr>
</table>

续表

序号	项目		指标				
			Ⅰ		Ⅱ		
			PY	G	PY	G	PYG
6	延伸率	最大峰时延伸率/%,≥	30	—	40	—	—
		第二峰时延伸率/%,≥	—		—		15
7	浸水后质量增加/%,≤	PE、S	1.0				
		M	2.0				
8	热老化	拉力保持率/%,≥	90				
		延伸率保持率/%,≥	80				
		低温柔性/℃	−15		−20		
			无裂缝				
		尺寸变化率/%,≤	0.7	—	0.7	—	0.3
		质量损失/%,≤	1.0				
9	渗油性	张数,≤	2				
10	接缝剥离强度/(N/mm),≥		1.5				
11	钉杆撕裂强度①/N,≥		—				300
12	矿物粒料黏附性②/g,≤		2.0				
13	卷材下表面沥青涂盖层厚度③/mm,≥		1.0				
14	人工气候加速老化	外观	无滑动、流淌、滴落				
		拉力保持率/%,≥	80				
		低温柔性/℃	−15		−20		
			无裂缝				

①仅适用于单层机械固定施工的卷材。

②仅适用于矿物粒料表面的卷材。

③仅适用于热熔施工的卷材。

(四)塑性体改性沥青防水卷材材料性能

塑性体改性沥青防水卷材材料性能应符合表16-5的规定。

表 16-5　塑性体改性沥青防水卷材材料性能

序号	项目		指标				
			Ⅰ		Ⅱ		
			PY	G	PY	G	PYG
1	可溶物含量/(g/m^2),≥	3 mm	2100				—
		4 mm	2900				—
		5 mm	3500				
		试验现象	—	胎基不燃	—	胎基不燃	—
2	耐热性	℃	110		130		
		mm,≤	2				
		试验现象	无流淌、滴落				
3	低温柔性/℃		−7		−15		
			无裂缝				
4	不透水性 30 min/MPa		0.3	0.2	0.3		
5	拉力	最大峰拉力/(N/50 mm),≥	500	350	800	500	900
		次高峰拉力/(N/50 mm),≥	—	—	—	—	800
		试验现象	拉伸过程中,试件中部无沥青涂盖层开裂或与胎基分离现象				
6	延伸率	最大峰时延伸率/%,≥	25	—	40	—	—
		第二峰时延伸率/%,≥	—		—		15
7	浸水后质量增加/%,≤	PE、S	1.0				
		M	2.0				
8	热老化	拉力保持率/%,≥	90				
		延伸率保持率/%,≥	80				
		低温柔性/℃	−2		−10		
			无裂缝				
		尺寸变化率/%,≤	0.7	—	0.7	—	0.3
		质量损失/%,≤	1.0				
9	接缝剥离强度/(N/mm),≥		1.0				
10	钉杆撕裂强度①/N,≥		—				300

续表

<table>
<tr><th rowspan="3">序号</th><th rowspan="3" colspan="2">项目</th><th colspan="5">指标</th></tr>
<tr><th colspan="2">Ⅰ</th><th colspan="3">Ⅱ</th></tr>
<tr><th>PY</th><th>G</th><th>PY</th><th>G</th><th>PYG</th></tr>
<tr><td>11</td><td colspan="2">矿物粒料黏附性[②]/g,≤</td><td colspan="5">2.0</td></tr>
<tr><td>12</td><td colspan="2">卷材下表面沥青涂盖层厚度[③]/mm,≥</td><td colspan="5">1.0</td></tr>
<tr><td rowspan="4">13</td><td rowspan="4">人工气候加速老化</td><td>外观</td><td colspan="5">无滑动、流淌、滴落</td></tr>
<tr><td>拉力保持率/%,≥</td><td colspan="5">80</td></tr>
<tr><td rowspan="2">低温柔性/℃</td><td colspan="2">−2</td><td colspan="3">−10</td></tr>
<tr><td colspan="5">无裂缝</td></tr>
</table>

①仅适用于单层机械固定施工的卷材。

②仅适用于矿物粒料表面的卷材。

③仅适用于热熔施工的卷材。

四、取样规定及取样地点

(一)取样规定

(1)以同一类型、同一规格 10000 m² 为一批,不足 10000 m² 时也可作为一批。

(2)大于 1000 卷抽 5 卷,每 500～1000 卷抽 4 卷,100～499 卷抽 3 卷,少于 100 卷抽 2 卷,进行规格尺寸和外观质量检验。

(3)在外观质量检验合格的卷材中,任取 1 卷切除距外层卷头 2500 mm 后,取 1 m 长的卷材做物理性能检验。

(二)取样地点

取样地点为现场仓库。

第三节　自粘聚合物改性沥青防水卷材

一、概述及引用标准

(一)概述

1.定义

自粘聚合物改性沥青防水卷材(简称自粘卷材)是指以自粘聚合物改性沥青为基料,非外露使用的无胎基或采用聚酯胎基增强的本体自粘防水卷材。

2.类型

产品按有无胎基增强分为无胎基(N类)、聚酯胎基(PY类)。N类按上表面材料分为聚乙烯膜(PE)、聚酯膜(PET)、无膜双面自粘(D),PY类按上表面材料分为聚乙烯膜(PE)、细砂(S)、无膜双面自粘(D)。

产品按性能分为Ⅰ型和Ⅱ型,卷材厚度为2.0 mm的PY类只有Ⅰ型。

(二)引用标准

《自粘聚合物改性沥青防水卷材》(GB 23441—2009);

《屋面工程质量验收规范》(GB 50207—2012);

《地下防水工程质量验收规范》(GB 50208—2011)。

二、试验检测参数

(1)主要项目:拉力,最大拉力时延伸率,低温柔性,不透水性,可溶物含量(地下工程PY类为其他项目),耐热性(地下工程为其他项目)。

(2)其他项目:沥青断裂延伸率(PY类),拉伸时现象(PY类),剥离强度,钉杆水密性,渗油性,持粘性,热老化,热稳定性,自粘沥青再剥离强度,单位面积质量、面积及厚度,外观。

三、试验检测技术指标

(一)单位面积质量、面积及厚度

面积不小于产品面积标记值的99%。

N类单位面积质量、厚度应符合表16-6的规定。

表 16-6 N 类单位面积质量、厚度

项目		厚度规格/mm		
		1.2	1.5	2.0
上表面材料		PE、PET、D	PE、PET、D	PE、PET、D
单位面积质量/(kg/m²),≥		1.2	1.5	2.0
厚度/mm	平均值,≥	1.2	1.5	2.0
	最小单值	1.0	1.3	1.7

PY 类单位面积质量、厚度应符合表 16-7 的规定。

表 16-7 PY 类单位面积质量、厚度

项目		厚度规格/mm					
		2.0		3.0		4.0	
上表面材料		PE、D	S	PE、D	S	PE、D	S
单位面积质量/(kg/m²),≥		2.1	2.2	3.1	3.2	4.1	4.2
厚度/mm	平均值,≥	2.0		3.0		4.0	
	最小单值	1.8		2.7		3.7	

由供需双方商定的规格,厚度 N 类不得小于 1.2 mm,PY 类不得小于 2.0 mm。

(二)外观

成卷卷材应卷紧卷齐,端面里进外出不得超过 20 mm。

成卷卷材在 4～45 ℃任一产品温度下展开,在距卷芯 1000 mm 长度外不应有裂纹或长度 10 mm 以上的黏结。

PY 类产品,其胎基应浸透,不应有未被浸渍的浅色条纹。

卷材表面应平整,不允许有孔洞、结块、气泡、缺边和裂口,上表面为细砂的,细砂应均匀一致并紧密地黏附于卷材表面。

每卷卷材接头不应超过一个,较短的一段长度不应小于 1000 mm,接头应剪切整齐,并加长 150 mm。

(三)物理力学性能

N 类卷材物理力学性能应符合表 16-8 的规定。

表 16-8　N 类卷材物理力学性能

<table>
<tr><th rowspan="3">序号</th><th rowspan="3" colspan="2">项目</th><th colspan="5">指标</th></tr>
<tr><th colspan="2">PE</th><th colspan="2">PET</th><th rowspan="2">D</th></tr>
<tr><th>Ⅰ</th><th>Ⅱ</th><th>Ⅰ</th><th>Ⅱ</th></tr>
<tr><td rowspan="4">1</td><td rowspan="4">拉伸性能</td><td>拉力/(N/50 mm),≥</td><td>150</td><td>200</td><td>150</td><td>200</td><td>—</td></tr>
<tr><td>最大拉力时延伸率/%,≥</td><td colspan="2">200</td><td colspan="2">30</td><td>—</td></tr>
<tr><td>沥青断裂延伸率/%,≥</td><td colspan="2">250</td><td colspan="2">150</td><td>450</td></tr>
<tr><td>拉伸时现象</td><td colspan="4">拉伸过程中,在膜断裂前无沥青涂盖层与膜分离现象</td><td>—</td></tr>
<tr><td>2</td><td colspan="2">钉杆撕裂强度/N,≥</td><td>60</td><td>110</td><td>30</td><td>40</td><td>—</td></tr>
<tr><td>3</td><td colspan="2">耐热性</td><td colspan="5">70 ℃滑动不超过 2 mm</td></tr>
<tr><td rowspan="2">4</td><td rowspan="2" colspan="2">低温柔性/℃</td><td>−20</td><td>−30</td><td>−20</td><td>−30</td><td>−20</td></tr>
<tr><td colspan="5">无裂纹</td></tr>
<tr><td>5</td><td colspan="2">不透水性</td><td colspan="4">0.2 MPa,120 min 不透水</td><td>—</td></tr>
<tr><td rowspan="2">6</td><td rowspan="2">剥离强度/(N/mm),≥</td><td>卷材与卷材</td><td colspan="5">1.0</td></tr>
<tr><td>卷材与铝板</td><td colspan="5">1.5</td></tr>
<tr><td>7</td><td colspan="2">钉杆水密性</td><td colspan="5">通过</td></tr>
<tr><td>8</td><td colspan="2">渗油性/张数,≤</td><td colspan="5">2</td></tr>
<tr><td>9</td><td colspan="2">持粘性/min,≥</td><td colspan="5">20</td></tr>
<tr><td rowspan="5">10</td><td rowspan="5">热老化</td><td>拉力保持率/%,≥</td><td colspan="5">80</td></tr>
<tr><td>最大拉力时延伸率/%,≥</td><td colspan="2">200</td><td colspan="2">30</td><td>400(沥青层断裂延伸率)</td></tr>
<tr><td rowspan="2">低温柔性/℃</td><td>−18</td><td>−28</td><td>−18</td><td>−28</td><td>−18</td></tr>
<tr><td colspan="5">无裂纹</td></tr>
<tr><td>剥离强度(卷材与铝板)/(N/mm),≥</td><td colspan="5">1.5</td></tr>
<tr><td rowspan="2">11</td><td rowspan="2">热稳定性</td><td>外观</td><td colspan="5">无起鼓、皱褶、滑动、流淌</td></tr>
<tr><td>尺寸变化/%,≤</td><td colspan="5">2</td></tr>
</table>

PY 类卷材物理力学性能应符合表 16-9 的规定。

表 16-9 PY 类卷材物理力学性能

序号	项目			指标	
				Ⅰ	Ⅱ
1	可溶物含量/(g/m²),≥		2.0 mm	1300	—
			3.0 mm	2100	
			4.0 mm	2900	
2	拉伸性能	拉力/(N/50 mm),≥	2.0 mm	350	—
			3.0 mm	450	600
			4.0 mm	450	800
		最大拉力时延伸率/%,≥		30	40
3	耐热性			70 ℃无滑动、流淌、滴落	
4	低温柔性/℃			−20	−30
				无裂纹	
5	不透水性			0.3 MPa,120 min 不透水	
6	剥离强度/(N/mm),≥	卷材与卷材		1.0	
		卷材与铝板		1.5	
7	钉杆水密性			通过	
8	渗油性/张数,≤			2	
9	持粘性/min,≥			15	
10	热老化	最大拉力时延伸率/%,≥		30	40
		低温柔性/℃		−18	−28
				无裂纹	
		剥离强度(卷材与铝板)/(N/mm),≥		1.5	
		尺寸稳定性/%,≤		1.5	1.0
11	自粘沥青再剥离强度/(N/mm),≥			1.5	

四、取样规定及取样地点

(一)取样规定

(1)以同一类型、同一规格 10000 m² 为一批,不足 10000 m² 时也可作为一批。

(2)大于 1000 卷抽 5 卷,每 500～1000 卷抽 4 卷,每 100～499 卷抽 3 卷,少于 100 卷抽 2 卷,进行规格尺寸和外观质量检验。

(3)在外观质量检验合格的卷材中,随机抽取 1 卷取至少 1.5 m^2 的试样进行物理力学性能检测。

(二)取样地点

取样地点为现场仓库。

第四节　氯化聚乙烯、聚氯乙烯防水卷材

一、概述及引用标准

(一)概述

1.氯化聚乙烯防水卷材

氯化聚乙烯防水卷材是指以氯化聚乙烯为主要原料制成的防水卷材,包括无复合层、用纤维单面复合及织物内增强的氯化聚乙烯防水卷材。

产品按有无复合层分类,无复合层的为 N 类、用纤维单面复合的为 L 类、织物内增强的为 W 类。每类产品按理化性能分为Ⅰ型和Ⅱ型。

2.聚氯乙烯防水卷材

聚氯乙烯(PVC)防水卷材:建筑防水工程用的以聚氯乙烯为主要原料制成的防水卷材。

均质的聚氯乙烯防水卷材:不采用内增强材料或背衬材料的聚氯乙烯防水卷材。

带纤维背衬的聚氯乙烯防水卷材:用织物如聚酯无纺布等复合在卷材下表面的聚氯乙烯防水卷材。

织物内增强的聚氯乙烯防水卷材:用聚酯或玻纤网格布在卷材中间增强的聚氯乙烯防水卷材。

玻璃纤维内增强的聚氯乙烯防水卷材:在卷材中加入短切玻璃纤维或玻璃纤维无纺布,对拉伸性能等力学性能无明显影响,仅提高产品尺寸稳定性的聚氯乙烯防水卷材。

玻璃纤维内增强带纤维背衬的聚氯乙烯防水卷材:在卷材中加入短切玻璃纤维或玻璃纤维无纺布,并用织物如聚酯无纺布等复合在卷材下表面的聚氯乙

烯防水卷材。

按产品的组成分为均质卷材(代号 H)、带纤维背衬卷材(代号 L)、织物内增强卷材(代号 P)、玻璃纤维内增强卷材(代号 G)、玻璃纤维内增强带纤维背衬卷材(代号 GL)。

(二)引用标准

《聚氯乙烯(PVC)防水卷材》(GB 12952—2011);

《氯化聚乙烯防水卷材》(GB 12953—2003);

《屋面工程质量验收规范》(GB 50207—2012);

《地下防水工程质量验收规范》(GB 50208—2011)。

二、试验检测参数

(1)主要项目:断裂拉伸强度(适合于 N 类),扯断伸长率,不透水性,低温弯折性,拉力(适合于 L、W 类)。

(2)其他项目:热处理尺寸变化率,抗穿孔性,剪切状态下的黏合性,热老化处理,耐化学侵蚀,人工气候加速老化,中间胎基上面树脂层厚度(PVC),抗冲击性能(PVC),抗静态荷载(PVC),接缝剥离强度(PVC),撕裂强度(PVC),吸水率(PVC),抗风揭能力(PVC),尺寸偏差,外观。

三、试验检测技术指标

(一)氯化聚乙烯防水卷材

1.尺寸偏差

长度、宽度不小于规定值的 99.5%。

厚度偏差和最小单值如表 16-10 所示。

表 16-10 厚度 单位:mm

厚度	允许偏差	最小单值
1.2	±0.10	1.00
1.5	±0.15	1.30
2.0	±0.20	1.70

2.外观

卷材的接头不多于一处,其中较短的一段长度不小于 1.5 m,接头应剪切整齐,并加长 150 mm。

卷材表面应平整、边缘整齐，无裂纹、孔洞和黏结，不应有明显气泡、疤痕。

3.理化性能

N 类无复合层的卷材理化性能应符合表 16-11 的规定。

L 类纤维单面复合及 W 类织物内增强的卷材应符合表 16-12 的规定。

表 16-11　N 类卷材理化性能

<table>
<tr><th>序号</th><th colspan="2">项目</th><th>Ⅰ型</th><th>Ⅱ型</th></tr>
<tr><td>1</td><td colspan="2">拉伸强度/MPa，≥</td><td>5.0</td><td>8.0</td></tr>
<tr><td>2</td><td colspan="2">断裂伸长率/%，≥</td><td>200</td><td>300</td></tr>
<tr><td>3</td><td colspan="2">热处理尺寸变化率/%，≤</td><td>3.0</td><td>纵向 2.5
横向 1.5</td></tr>
<tr><td>4</td><td colspan="2">低温弯折性</td><td>−20 ℃无裂纹</td><td>−25 ℃无裂纹</td></tr>
<tr><td>5</td><td colspan="2">抗穿孔性</td><td colspan="2">不渗水</td></tr>
<tr><td>6</td><td colspan="2">不透水性</td><td colspan="2">不透水</td></tr>
<tr><td>7</td><td colspan="2">剪切状态下的黏合性/(N/mm)，≥</td><td colspan="2">3.0 或卷材破坏</td></tr>
<tr><td rowspan="4">8</td><td rowspan="4">热老化处理</td><td>外观</td><td colspan="2">无起泡、裂纹、黏结与孔洞</td></tr>
<tr><td>拉伸强度变化率/%</td><td>−20～+50</td><td>±20</td></tr>
<tr><td>断裂伸长率变化率/%</td><td>−30～+50</td><td>±20</td></tr>
<tr><td>低温弯折性</td><td>−15 ℃无裂纹</td><td>−20 ℃无裂纹</td></tr>
<tr><td rowspan="3">9</td><td rowspan="3">耐化学侵蚀</td><td>拉伸强度变化率/%</td><td>±30</td><td>±20</td></tr>
<tr><td>断裂伸长率变化率/%</td><td>±30</td><td>±20</td></tr>
<tr><td>低温弯折性</td><td>−15 ℃无裂纹</td><td>−20 ℃无裂纹</td></tr>
<tr><td rowspan="3">10</td><td rowspan="3">人工气候加速老化</td><td>拉伸强度变化率/%</td><td>−20～+50</td><td>±20</td></tr>
<tr><td>断裂伸长率变化率/%</td><td>−30～+50</td><td>±20</td></tr>
<tr><td>低温弯折性</td><td>−15 ℃无裂纹</td><td>−20 ℃无裂纹</td></tr>
</table>

注：非外露使用可以不考核人工气候加速老化性能。

表 16-12 L 类及 W 类理化性能

序号	项目		Ⅰ型	Ⅱ型
1	拉力/(N/cm),≥		70	120
2	断裂伸长率/%,≥		125	250
3	热处理尺寸变化率/%,≤		1.0	
4	低温弯折性		−20 ℃无裂纹	−25 ℃无裂纹
5	抗穿孔性		不渗水	
6	不透水性		不透水	
7	剪切状态下的黏合性/(N/mm),≥	L 类	3.0 或卷材破坏	
		W 类	6.0 或卷材破坏	
8	热老化处理	外观	无起泡、裂纹、黏结与孔洞	
		拉力/(N/cm),≥	55	100
		断裂伸长率/%,≥	100	200
		低温弯折性	−15 ℃无裂纹	−20 ℃无裂纹
9	耐化学侵蚀	拉力/(N/cm),≥	55	100
		断裂伸长率/%,≥	100	200
		低温弯折性	−15 ℃无裂纹	−20 ℃无裂纹
10	人工气候加速老化	拉力/(N/cm),≥	55	100
		断裂伸长率/%,≥	100	200
		低温弯折性	−15 ℃无裂纹	−20 ℃无裂纹

注:非外露使用可以不考核人工气候加速老化性能。

(二)聚氯乙烯防水卷材

1.尺寸偏差

长度、宽度应不小于规格值的 99.5%。

厚度不应小于 1.20 mm,厚度允许偏差和最小单值见表 16-13。

表 16-13　厚度允许偏差和最小单值

厚度/mm	允许偏差/%	最小单值/mm
1.20	－5～＋10	1.05
1.50		1.35
1.80		1.65
2.00		1.85

2.外观

卷材的接头不应多于一处，其中较短的一段长度不应小于 1.5 m，接头应剪切整齐，并应加长 150 mm。

卷材表面应平整、边缘整齐，无裂纹、孔洞、黏结、气泡和疤痕。

3.材料性能指标

材料性能指标应符合表 16-14 的规定。

表 16-14　材料性能指标

序号	项目		指标				
			H	L	P	G	GL
1	中间胎基上面树脂层厚度/mm，≥		—		0.40		
2	拉伸性能	最大拉力/(N/cm)，≥	—	120	250	—	120
		拉伸强度/MPa，≥	10.0	—	—	10.0	—
		最大拉力时伸长率/%，≥	—	—	15	—	—
		断裂伸长率/%，≥	200	150	—	200	100
3	热处理尺寸变化率/%，≤		2.0	1.0	0.5	0.1	0.1
4	低温弯折性		－25 ℃无裂纹				
5	不透水性		0.3 MPa，2 h 不透水				
6	抗冲击性能		0.5 kg · m，不渗水				
7	抗静态荷载[①]		—	—	20 kg 不渗水		
8	接缝剥离强度/(N/mm)，≥		4.0 或卷材破坏		3.0		
9	直角撕裂强度/(N/mm)，≥		50	—	—	50	—
10	梯形撕裂强度/N，≥		—	150	250	—	220

续表

序号	项目		指标				
			H	L	P	G	GL
11	吸水率(70 ℃, 168 h)/%	浸水后,≤	4.0				
		晾置后,≥	−0.40				
12	热老化(80 ℃)	时间/h	672				
		外观	无起泡、裂纹、分层、黏结和空洞				
		最大拉力保持率/%,≥	—	85	85	—	85
		拉伸强度保持率/%,≥	85	—	—	85	—
		最大拉力时伸长率保持率/%,≥	—	—	80	—	—
		断裂伸长率保持率/%,≥	80	80	—	80	80
		低温弯折性	−20 ℃无裂纹				
13	耐化学性	外观	无起泡、裂纹、分层、黏结和空洞				
		最大拉力保持率/%,≥	—	85	85	—	85
		拉伸强度保持率/%,≥	85	—	—	85	—
		最大拉力时伸长率保持率/%,≥	—	—	80	—	—
		断裂伸长率保持率/%,≥	80	80	—	80	80
		低温弯折性	−20 ℃无裂纹				
14	人工气候加速老化③	时间/h	1500②				
		外观	无起泡、裂纹、分层、黏结和空洞				
		最大拉力保持率/%,≥	—	85	85	—	85
		拉伸强度保持率/%,≥	85	—	—	85	—
		最大拉力时伸长率保持率/%,≥	—	—	80	—	—
		断裂伸长率保持率/%,≥	80	80	—	80	80
		低温弯折性	−20 ℃无裂纹				

①抗静态荷载仅对用于压铺屋面的卷材要求。

②单层卷材屋面使用产品的人工气候加速老化时间为 2500 h。

③非外露使用的卷材不要求测定人工气候加速老化。

4.抗风揭能力

采用机械固定方法施工的单层屋面卷材,其抗风揭能力的模拟风压等级应不低于 4.3 kPa(4.3 kPa≈90 psf;psf 为英制单位——磅每平方英尺,其与 SI 制的换算为 1 psf=0.0479 kPa)。

四、取样规定及取样地点

(一)取样规定

(1)以同类型的 10000 m^2卷材为一批,不满 10000 m^2时也可作为一批。

(2)大于 1000 卷抽 5 卷,每 500～1000 卷抽 4 卷,100～499 卷抽 3 卷,少于 100 卷抽 2 卷,进行规格尺寸和外观质量检验。

(3)在上述检查合格的试件中任取 1 卷,在距外层端部 500 mm 处截取 3 m(出厂检验为 1.5 m)进行材料性能检验。

(二)取样地点

取样地点为现场仓库。

第五节　聚氨酯防水涂料

一、概述及引用标准

(一)概述

1.定义

聚氨酯防水涂料是由异氰酸酯、聚醚等经加成聚合反应而成的含异氰酸酯基的预聚体,配以催化剂、无水助剂、无水填充剂、溶剂等,经混合等工序加工制成的单组分聚氨酯防水涂料。

2.分类

(1)产品按组分分为单组分(S)和多组分(M)两种。

(2)产品按基本性能分为Ⅰ型、Ⅱ型和Ⅲ型。

(3)产品按是否暴露使用分为外露(E)和非外露(N)。

(4)产品按有害物质限量分为 A 类和 B 类。

(二)引用标准

《聚氨酯防水涂料》(GB/T 19250—2013);

《屋面工程质量验收规范》(GB 50207—2012);

《地下防水工程质量验收规范》(GB 50208—2011)。

二、试验检测参数

(1)主要项目:固体含量(地下防水工程为其他项目),断裂伸长率(地下防水工程为其他项目),拉伸强度,低温弯折性(地下防水工程为其他项目),不透水性(地下防水工程为其他项目)。

(2)其他项目:外观质量,撕裂强度,表干时间,实干时间,流平性,加热伸缩率,黏结强度,吸水率,定伸时老化,热处理,碱处理,酸处理,人工气候老化,燃烧性能。

三、试验检测技术指标

(一)外观

产品为均匀黏稠体,无凝胶、结块。

(二)物理力学性能

材料的物理力学性能应符合表16-15的规定。

表16-15 物理力学性能

序号	项目		技术指标		
			Ⅰ	Ⅱ	Ⅲ
1	固体含量/%,≥	单组分	85.0		
		多组分	92.0		
2	表干时间/h,≤		12		
3	实干时间/h,≤		24		
4	流平性①		20 min时无明显齿痕		
5	拉伸强度/MPa,≥		2.00	6.00	12.0
6	断裂伸长率/%,≥		500	450	250
7	撕裂强度/(N/mm),≥		15	30	40
8	低温弯折性		−35 ℃无裂纹		
9	不透水性		0.3 MPa,120 min不透水		
10	加热伸缩率/%		−4.0～+1.0		
11	黏结强度/MPa,≥		1.0		
12	吸水率/%,≤		5.0		

续表

序号	项目		技术指标		
			Ⅰ	Ⅱ	Ⅲ
13	定伸时老化	加热老化	无裂纹及变形		
		人工气候老化[2]	无裂纹及变形		
14	热处理 (80 ℃,168 h)	拉伸强度保持率/%	80～150		
		断裂伸长率/%,≥	450	400	200
		低温弯折性	−30 ℃无裂纹		
15	碱处理 [0.1%NaOH+饱和 $Ca(OH)_2$ 溶液,168 h]	拉伸强度保持率/%	80～150		
		断裂伸长率/%,≥	450	400	200
		低温弯折性	−30 ℃无裂纹		
16	酸处理 (2% H_2SO_4 溶液,168 h)	拉伸强度保持率/%	80～150		
		断裂伸长率/%,≥	450	400	200
		低温弯折性	−30 ℃无裂纹		
17	人工气候老化[2] (1000 h)	拉伸强度保持率/%	80～150		
		断裂伸长率/%,≥	450	400	200
		低温弯折性	−30 ℃无裂纹		
18	燃烧性能[2]		B_2-E(点火 15 s,燃烧 20 s,F_s≤150 mm,无燃烧滴落物引燃滤纸)[3]		

①该项性能不适用于单组分和喷涂施工的产品,流平性时间也可根据工程要求和施工环境由供需双方商定并在订货合同与产品包装上明示。

②仅外露产品要求测定。

③B_2-E 为燃烧性能等级,F_s 为内焰尖高度。

四、取样规定及取样地点

(一)取样规定

(1)屋面工程:每 10 t 为一批,不足 10 t 按一批抽样。

(2)地下防水工程:每 5 t 为一批,不足 5 t 按一批抽样。

(3)在每批产品中随机抽取两组样品:一组样品用于检验,另一组样品封存备用。每组样品至少 5 kg(多组分产品按配比抽取),抽样前产品应搅拌均匀。若采用喷涂方式,取样量根据需要确定。

(二)取样地点

取样地点为现场仓库。

第六节 止水带

一、概述及引用标准

(一)概述

止水带是通过橡胶硫化技术制造出来的橡胶防水产品,具有一定的变形回弹、伸缩变形等特征,被广泛应用于建筑施工中的伸缩缝、施工缝等,以提高建筑物的防水密封等功能,保障建筑物的正常使用年限和防水的效果。

(二)引用标准

《高分子防水材料 第2部分:止水带》(GB/T 18173.2—2014);

《地下防水工程质量验收规范》(GB 50208—2011)。

二、试验检测参数

(1)主要项目:拉伸强度,拉断伸长率,撕裂强度。

(2)其他项目:硬度,压缩永久变形,脆性温度,热空气老化,臭氧老化,橡胶与金属黏合,橡胶与帘布黏合强度,外观质量。

三、试验检测技术指标

(一)外观质量

止水带中心孔偏差不允许超过壁厚设计值的1/3。

止水带表面不允许有开裂、海绵状等缺陷。

在1 m长度范围内,止水带表面深度不大于2 mm、面积不大于10 mm^2的凹痕、气泡、杂质、明疤等缺陷不得超过3处。

(二)物理性能

止水带橡胶材料的物理性能要求和相应的试验方法应符合表16-16的规定。

表 16-16　止水带的物理性能

序号	项目		指标		
			B、S	J	
				JX	JY
1	硬度(邵尔 A)/度		60±5	60±5	40～70①
2	拉伸强度/MPa,≥		10	16	16
3	拉断伸长率/%,≥		380	400	400
4	压缩永久变形/%	70 ℃×24 h,25%,≤	35	30	30
		23 ℃×168 h,25%,≤	20	20	15
5	撕裂强度/(kN/m),≥		30	30	20
6	脆性温度/℃,≤		−45	−40	−50
7	热空气老化(70 ℃×168 h)	硬度变化(邵尔 A)/度,≤	+8	+6	+10
		拉伸强度/MPa,≥	9	13	13
		拉断伸长率/%,≥	300	320	300
8	臭氧老化 50×10^{-8}:20%,(40±2)℃×48 h		无裂纹		
9	橡胶与金属黏合②		橡胶间破坏	—	—
10	橡胶与帘布黏合强度③/(N/mm),≥		—	5	—

注:遇水膨胀橡胶复合止水带中的遇水膨胀橡胶部分按《高分子防水材料　第 3 部分:遇水膨胀橡胶》(GB/T 18173.3—2014)的规定执行。若有其他特殊需要,可由供需双方协议适当增加检验项目。

①该橡胶硬度范围为推荐值,供不同沉管隧道工程 JY 类止水带设计参考使用。

②橡胶与金属黏合项仅适用于与钢边复合的止水带。

③橡胶与帘布黏合项仅适用于与帘布复合的 JX 类止水带。

四、取样规定及取样地点

(一)取样规定

(1)B 类、S 类止水带以同标记、连续生产的 5000 m 为一批(不足 5000 m 按一批计),从外观质量和尺寸公差检验合格的样品中随机抽取足够的试样,进行橡胶材料的物理性能检验。

(2)J 类止水带以每 100 m 制品所需要的胶料为一批,抽取足够胶料单独制样进行橡胶材料的物理性能检验。

(3)尺寸公差、外观质量100%进行出厂检验;硬度、拉伸强度、拉断伸长率、撕裂强度逐批进行出厂检验。

(二)取样地点

取样地点为现场仓库。

第七节　制品型膨胀橡胶

一、概述及引用标准

(一)概述

遇水膨胀橡胶是以亲水性聚氨酯和橡胶为材料,用特殊方法制得的结构型遇水膨胀防水橡胶。这种橡胶结构内有大量的由环氧乙烷开环而得的—CH_2—CH_2—O—链节,这种链节具有较好的亲水性。

(二)引用标准

《高分子防水材料　第3部分:遇水膨胀橡胶》(GB/T 18173.3—2014);

《地下防水工程质量验收规范》(GB 50208—2011)。

二、试验检测参数

(1)主要项目:拉伸强度,拉断伸长率,体积膨胀倍率。

(2)其他项目:外观质量,硬度,反复浸水试验,低温弯折。

三、试验检测技术指标

(一)外观质量

(1)制品型遇水膨胀橡胶尺寸公差应符合表16-17的规定。

表16-17　尺寸公差　单位:mm

规格尺寸	≤5	>5~10	>10~30	>30~60	>60~150	>150
极限偏差	±0.5	±1.0	−1.0~+1.5	−2.0~+3.0	−3.0~+4.0	−3%~+4%规格尺寸

注:其他规格制品尺寸公差由供需双方协商确定。

(2)每米遇水膨胀橡胶表面允许有深度不大于2 mm、面积不大于16 mm²的凹痕、气泡、杂质、明疤等缺陷不超过 4 处。

(二)物理性能

(1)制品型遇水膨胀橡胶物理性能应符合表 16-18 的规定。

表 16-18　制品型遇水膨胀橡胶物理性能

<table>
<tr><th colspan="2" rowspan="2">项目</th><th colspan="4">指标</th></tr>
<tr><th>PZ-150</th><th>PZ-250</th><th>PZ-400</th><th>PZ-600</th></tr>
<tr><td colspan="2">硬度(邵尔 A)/度</td><td colspan="2">42±10</td><td>45±10</td><td>48±10</td></tr>
<tr><td colspan="2">拉伸强度/MPa,≥</td><td colspan="2">3.5</td><td colspan="2">3</td></tr>
<tr><td colspan="2">拉断伸长率/%,≥</td><td colspan="2">450</td><td colspan="2">350</td></tr>
<tr><td colspan="2">体积膨胀倍率/%,≥</td><td>150</td><td>250</td><td>400</td><td>600</td></tr>
<tr><td rowspan="3">反复浸水试验</td><td>拉伸强度/MPa,≥</td><td colspan="2">3</td><td colspan="2">2</td></tr>
<tr><td>拉断伸长率/%,≥</td><td colspan="2">350</td><td colspan="2">250</td></tr>
<tr><td>体积膨胀倍率/%,≥</td><td>150</td><td>250</td><td>300</td><td>500</td></tr>
<tr><td colspan="2">低温弯折(−20 ℃×2 h)</td><td colspan="4">无裂纹</td></tr>
</table>

注:成品切片测试拉伸强度、拉断伸长率应达到本表的 80%,接头部位的拉伸强度、拉断伸长率应达到本表的 50%。

(2)腻子型遇水膨胀橡胶物理性能应符合表 16-19 的规定。

表 16-19　腻子型遇水膨胀橡胶物理性能

<table>
<tr><th rowspan="2">项目</th><th colspan="3">指标</th></tr>
<tr><th>PN-150</th><th>PN-220</th><th>PN-300</th></tr>
<tr><td>体积膨胀倍率①/%,≥</td><td>150</td><td>220</td><td>300</td></tr>
<tr><td>高温流淌性(80 ℃×5 h)</td><td>无流淌</td><td>无流淌</td><td>无流淌</td></tr>
<tr><td>低温试验(−20 ℃×2 h)</td><td>无脆裂</td><td>无脆裂</td><td>无脆裂</td></tr>
</table>

①检验结果应注明试验方法。

四、取样规定及取样地点

(一)取样规定

(1)以 1000 m 或 5 t 同标记的遇水膨胀橡胶为一批,抽取 1%进行外观质量检验,并在任意 1 m 处随机取 3 点进行规格尺寸检验(腻子型除外);在上述检验合格的样品中随机抽取足够的试样，进行物理性能检验。

（2）对制品型遇水膨胀橡胶的尺寸公差、外观质量、硬度、拉伸强度、拉断伸长率、体积膨胀倍率按批进行出厂检验；对腻子型遇水膨胀橡胶的体积膨胀倍率按批进行出厂检验。

（二）取样地点

取样地点为现场仓库。

第八节 防水工程过程试验检验

一、概述及引用标准

（一）概述

建筑防水工程现场检测方法应根据防水工程的结构形式、设计要求和现场条件等因素进行选择。当满足检测要求时，宜选择无损检测方法。

（二）引用标准

《建筑防水工程现场检测技术规范》（JGJ/T 299—2013）。

二、试验检测参数

（1）主要项目：

①基层：含水率，表面正拉黏结强度。

②防水层：黏结强度，厚度，剥离强度，低温柔性，不透水性，渗漏水检测（蓄水、淋水试验）。

（2）其他项目：基层平整度。

三、试验检测技术指标

（一）基层检测指标

1.含水率

以各测点检测值的最大值作为该测区基层含水率的检测结果，并应以各测区检测结果的最大值为该检测单元基层含水率的检测结果。

2.基层表面正拉黏结强度

基层表面正拉黏结强度检测结果的判定应符合下列规定：

(1)当测区内各测点检测值的算术平均值符合设计要求或国家现行有关标准的规定，且最小值不小于设计值的80%或国家现行标准规定值的80%时，判定该测区所检项目合格。

(2)当测区内测点检测值的最小值不小于设计值的80%或国家现行有关标准规定值的80%，且算术平均值小于设计值或国家现行有关标准的规定时，可在同一测区内加倍选取测点补测，并以前后两批测点检测值的算术平均值和最小值为该测区所检项目的检测结果。

(3)全部测区合格时，判定该检测单元合格。

3.基层平整度

以各测点检测值的最大值作为该测区基层平整度的检测结果，并应以各测区检测结果的最大值为该检测单元基层平整度的检测结果。

(二)防水层检测指标

1.防水层黏结强度

防水层黏结强度检测结果的判定同本小节基层表面正拉黏结强度的检测结果判定规则。

2.防水层厚度

检测结果的判定同本小节基层表面正拉黏结强度的检测结果判定规则。

3.剥离强度

检测结果的判定同本小节基层表面正拉黏结强度的检测结果判定规则。

4.低温柔性

(1)锤击后，应立即用放大镜观察测点有无裂纹，并记录裂纹形态。三个锤击点中可允许出现1条裂纹，当裂纹多于1条时，应判定该测点防水层低温柔性不合格。

(2)测点防水层低温柔性不合格时，应判定整个测区及检测单元的防水层低温柔性不合格。

5.不透水性

(1)检测结束时，渗水仪量筒内水位下降高度不应大于2 mm。下降高度大于2 mm时，应判定该测点防水层不透水性不合格。

(2)测点防水层不透水性不合格时，应判定整个测区及检测单元的防水层不透水性不合格。

6.蓄水试验

发现渗漏水现象时，应记录渗漏水具体部位并判定该测区及检测单元不合格。

7.淋水试验

发现渗漏水现象时，应记录渗漏水具体部位并判定该测区及检测单元不合格。

四、取样规定及取样地点

（一）取样规定

（1）自然间：每100间检测单元不应少于7个，不足100间的按下列划分标准执行：

①不大于10间，检测单元不应少于1个。

②大于10间且不大于50间，检测单元不应少于3个。

③大于50间且不大于100间，检测单元不应少于7个。

（2）水池：每10000 m^2检测单元不应少于5个，不足10000 m^2的按下列划分标准执行：

①不大于100 m^2，检测单元不应少于1个。

②大于100 m^2且不大于1000 m^2，检测单元不应少于3个。

③大于1000 m^2且不大于10000 m^2，检测单元不应少于5个。

（3）建筑屋面、外墙面和地下等防水工程：每10000 m^2检测单元不应少于7个，不足10000 m^2的按下列划分标准执行：

①不大于1000 m^2，检测单元不应少于1个。

②大于1000 m^2且不大于5000 m^2，检测单元不应少于3个。

③大于5000 m^2且不大于10000 m^2，检测单元不应少于7个。

（二）取样地点

取样地点为现场仓库。

第十七章　装饰材料

第一节　饰面人造木板

一、概述及引用标准

(一)概述

饰面人造木板包括刨花板、细木工板、胶合板及高、中、低密度纤维板等板材。

(二)引用标准

《室内装饰装修材料　人造板及其制品中甲醛释放限量》(GB 18580—2017)。

二、试验检测参数

主要项目:游离甲醛释放量或游离甲醛含量。

三、试验检测技术指标

室内装饰装修材料人造板及其制品中甲醛释放限量为 0.124 mg/m^3,限量标识为 E_1。

四、取样规定及取样地点

(一)取样规定

(1)在施工或使用现场抽取样品时,必须从同一地点、同一类别、同一规格的建筑材料或装饰装修材料中随机抽取 1 份,并立即用不会释放或污染的包装材料将样品密封后待测。抽样应覆盖建材的每一种类、生产日期或批号，每幢建筑单体每种材料抽样不少于1份。

（2）随机抽取的样品分成3份，每份至少3块：1份用于污染物的检测、1份用于复测、1份用于留样。

（3）每份样品至少3 m^2，使用面积超过500 m^2时，按每500 m^2再抽样1份。

（二）取样地点

取样地点为现场仓库。

第二节　室内用花岗岩

一、概述及引用标准

（一）概述

花岗岩属于酸性（SiO_2含量大于66%）岩浆岩中的侵入岩，是酸性岩浆岩中最常见的一种岩石，多为浅肉红色、浅灰色、灰白色等。花岗岩多为中粗粒、细粒结构，块状构造，也有一些为斑杂构造、球状构造、似片麻状构造等。其主要矿物为石英、钾长石和酸性斜长石，次要矿物则为黑云母、角闪石，有时还有少量辉石。

（二）引用标准

《天然花岗石建筑板材》（GB/T 18601—2009）；

《建筑材料放射性核素限量》（GB 6566—2010）。

二、试验检测参数

主要项目：外观质量，体积密度，吸水率，压缩强度，弯曲强度，耐磨性能，放射性。

三、试验检测技术指标

（一）外观质量

同一批板材的花岗岩色调应基本调和，花纹应基本一致。花岗岩的外观质量技术指标应符合表17-1的要求。

表 17-1　花岗岩的外观质量技术指标

缺陷名称	规定内容	技术指标		
		优等品	一等品	合格品
缺棱	长度≤10 mm，宽度≤1.2 mm(长度<5 mm，宽度<1.0 mm 不计)，周边每米长允许个数/个	0	1	2
缺角	沿板材边长，长度≤3 mm，宽度≤3 mm(长度≤2 mm，宽度≤2 mm 不计)，每块板材允许个数/个			
裂纹	长度不超过两端顺延至板边总长度的 1/10(长度<20 mm 不计)，每块板材允许条数/条			
色斑	面积≤15 mm×30 mm(面积<10 mm×10 mm 不计)，每块板材允许个数/个		2	3
色线	长度不超过两端顺延至板边总长度的 1/10(长度<40 mm 不计)，每块板材允许条数/条			

注：干挂板材不允许有裂纹存在。

(二)性能要求

花岗岩的性能应符合表 17-2 的要求。

表 17-2　花岗岩的性能技术指标

项目		技术指标	
		一般用途	功能用途
体积密度/(g/cm^3)，≥		2.56	2.56
吸水率/%，≤		0.60	0.40
压缩强度/MPa，≥	干燥	100	131
	水饱和		
弯曲强度/MPa，≥	干燥	8.0	8.3
	水饱和		
耐磨性①/($1/cm^3$)，≥		25	25

①使用在地面、楼梯踏步、台面等严重踩踏或磨损部位的花岗石石材应检验此项。

(三)放射性

天然花岗石建筑板材的放射性核素限量应符合《建筑材料放射性核素限量》

(GB 6566—2010)的规定。

四、取样规定及取样地点

(一)取样规定

(1)在施工或使用现场抽取样品时,必须从同一地点、同一类别、同一规格的建筑材料或装饰装修材料中随机抽取1份,并立即用不会稀释或污染的包装材料将样品密封后待测。

(2)抽样应覆盖建材的每一种类、生产日期或批号,每幢建筑单体每种材料抽样不少于1份。

(3)每份样品至少3 m^2。使用面积超过200 m^2时,按每200 m^2再抽样1份。

(二)取样地点

取样地点为现场仓库。

第三节 卫生间用天然石材台面板

一、概述及引用标准

(一)概述

卫生间用天然石材台面板分类:

(1)按材质分为大理石台面板(M)、花岗石台面板(G)和石灰石台面板(L)。

(2)按形状分为普型台面板(P)和异型台面板(Y)。

(3)按表面加工程度分为镜面台面板(J)和细面台面板(X)。

(二)引用标准

《卫生间用天然石材台面板》(GB/T 23454—2009)。

二、试验检测参数

主要项目:体积密度,吸水率,弯曲强度,放射性。

三、试验检测技术指标

(1)卫生间用天然石材台面板技术指标应符合表17-3的要求。

表 17-3 卫生间用天然石材台面板技术要求

项目		技术要求		
		花岗石台面板	大理石台面板	石灰石台面板
体积密度/(g/cm^3),≥		2.56	2.60	2.16
吸水率/%,≤		0.40	0.50	3.00
弯曲强度/MPa,≥	干燥	8.00	7.00	3.40
	水饱和			

(2)放射性。卫生间用天然石材台面板用石材的放射性核素限量应符合《建筑材料放射性核素限量》(GB 6566—2010)的规定。

四、取样规定及取样地点

(一)取样规定

同一品种、类别的台面板为一批,从每批中随机抽取 2 m^2。

(二)取样地点

取样地点为现场仓库。

第四节 天然砂岩建筑板材

一、概述及引用标准

(一)概述

天然砂岩建筑板材分类:

(1)按矿物组成种类分为杂砂岩(石英含量为 50%~90%)、石英砂岩(石英含量大于 90%)和石英岩(经变质的石英砂岩)。

(2)按形状分为毛板(MB)、普型板(PX)、圆弧板(HM)和异型板(YX)。

(二)引用标准

《天然砂岩建筑板材》(GB/T 23452—2009)。

二、试验检测参数

主要项目:体积密度,吸水率,压缩强度,弯曲强度,耐磨性。

三、试验检测技术指标

天然砂岩技术指标应符合表 17-4 的要求。

表 17-4 天然砂岩技术指标

项目		技术指标		
		杂砂岩	石英砂岩	石英岩
体积密度/(g/cm^3),≥		2.00	2.40	2.56
吸水率/%,≤		8	3	1
压缩强度/MPa,≥	干燥	12.6	68.9	137.9
	水饱和			
弯曲强度/MPa,≥	干燥	2.4	6.9	13.9
	水饱和			
耐磨性①/($1/cm^3$),≥		2	8	8

①仅适用于地面、楼梯踏步、台面等易磨损部位的砂岩石材。

四、取样规定及取样地点

(一)取样规定

同一品种、类别、等级,同一供货批的板材为一批;或将连续安装部位的板材作为一批。

(二)取样地点

取样地点为现场仓库。

第五节 天然石灰石建筑板材

一、概述及引用标准

(一)概述

天然石灰石建筑板材分类:

(1)按密度分为低密度石灰石(密度不小于 1.76 g/cm^3 且不大于 2.16 g/cm^3)、中密度石灰石(密度不小于 2.16 g/cm^3 且不大于 2.56 g/cm^3)和高密度石灰石

(密度不小于 2.56 g/cm³)。

(2)按形状分为毛光板(MG)、普型板(PX)、圆弧板(HM)和异型板(YX)。

(二)引用标准

《天然石灰石建筑板材》(GB/T 23453—2009)。

二、试验检测参数

主要项目:吸水率,压缩强度,弯曲强度,耐磨性。

三、试验检测技术指标

天然石灰石技术指标应符合表 17-5 的要求。

表 17-5　天然石灰石技术指标

项目		技术指标		
		低密度石灰石	中密度石灰石	高密度石灰石
吸水率/%,≤		12.0	7.5	3.0
压缩强度/MPa,≥	干燥	12	28	55
	水饱和			
弯曲强度/MPa,≥	干燥	2.9	3.4	6.9
	水饱和			
耐磨性①/(1/cm³),≥		10	10	10

①仅适用于地面、楼梯踏步、台面等易磨损部位的石灰石石材。

四、取样规定及取样地点

(一)取样规定

同一品种、类别、等级,同一供货批的板材为一批;或将连续安装部位的板材作为一批。

(二)取样地点

取样地点为现场仓库。

第六节 瓷质外墙面砖、地砖

一、概述及引用标准

（一）概述

陶瓷砖：以黏土、长石和石英为主要原料制造的用于覆盖墙面和地面的板状或块状建筑陶瓷制品。

釉：经配制加工后，施于坯体表面经熔融后形成的玻璃层或玻璃与晶体混合层起遮盖或装饰作用的物料。

底釉：施于陶瓷坯体与釉料之间，起遮盖或装饰作用，烧成后不完全玻化或玻化的釉料。

陶瓷砖分类及代号如表17-6所示。

表17-6 陶瓷砖分类及代号

<table>
<tr><td colspan="2">分类方法</td><td colspan="10">分类结果及代号</td></tr>
<tr><td colspan="2" rowspan="2">按吸水率（E）分类</td><td colspan="4">低吸水率（Ⅰ类）</td><td colspan="4">中吸水率（Ⅱ类）</td><td colspan="2">高吸水率（Ⅲ类）</td></tr>
<tr><td colspan="2">$E \leq 0.5\%$
（瓷质砖）</td><td colspan="2">$0.5\% < E \leq 3\%$
（炻瓷砖）</td><td colspan="2">$3\% < E \leq 6\%$
（细炻砖）</td><td colspan="2">$6\% < E \leq 10\%$
（炻质砖）</td><td colspan="2">$E > 10\%$
（陶质砖）</td></tr>
<tr><td rowspan="3">按成型方法分类</td><td rowspan="2">挤压砖（A）</td><td colspan="2">AⅠa类</td><td colspan="2">AⅠb类</td><td colspan="2">AⅡa类</td><td colspan="2">AⅡb类</td><td colspan="2">AⅢ类</td></tr>
<tr><td>精细</td><td>普通</td><td>精细</td><td>普通</td><td>精细</td><td>普通</td><td>精细</td><td>普通</td><td>精细</td><td>普通</td></tr>
<tr><td>干压砖（B）</td><td colspan="2">BⅠa类</td><td colspan="2">BⅠb类</td><td colspan="2">BⅡa类</td><td colspan="2">BⅡb类</td><td colspan="2">BⅢ类[1]</td></tr>
</table>

①BⅢ类仅包括有釉砖。

（二）引用标准

《建筑材料放射性核素限量》(GB 6566—2010)；

《陶瓷砖》(GB/T 4100—2015)；

《陶瓷砖防滑性试验方法》(GB/T 26542—2011)。

二、试验检测参数

(1)主要项目：外形尺寸和表面质量，吸水率，抗冻性（适用于寒冷地区），防滑性能。

(2)其他项目：放射性。

三、试验检测技术指标

不同用途陶瓷砖的产品性能要求见表17-7。

表 17-7 不同用途陶瓷砖的产品性能要求

<table>
<tr><th colspan="2">陶瓷砖种类</th><th>外观尺寸及表面质量</th><th>吸水率</th><th>抗冻性</th><th>防滑性能（地砖摩擦系数）</th><th>放射性</th></tr>
<tr><td rowspan="5">挤压陶瓷砖</td><td>E≤0.5%，AⅠa类</td><td>应符合《陶瓷砖》（GB/T 4100—2015）附录A的要求</td><td>平均值≤0.5%，单个值≤0.6%</td><td>经试验应无裂纹或剥落</td><td rowspan="10">单个值≥0.50</td><td rowspan="10">应符合《建筑材料放射性核素限量》（GB 6566—2010）的规定</td></tr>
<tr><td>0.5%<E≤3%，AⅠb类</td><td>应符合《陶瓷砖》（GB/T 4100—2015）附录B的要求</td><td>平均值0.5%<E≤3%，单个值≤3.3%</td><td>经试验应无裂纹或剥落</td></tr>
<tr><td>3%<E≤6%，AⅡa类</td><td>应符合《陶瓷砖》（GB/T 4100—2015）附录C的要求</td><td>平均值3.0%<E≤6.0%，单个值≤6.5%</td><td rowspan="3">应符合《陶瓷砖》（GB/T 4100—2015）附录Q的要求①</td></tr>
<tr><td>6%<E≤10%，AⅡb类</td><td>应符合《陶瓷砖》（GB/T 4100—2015）附录D的要求</td><td>平均值6%<E≤10%，单个值≤11%</td></tr>
<tr><td>E>10%，AⅢ类</td><td>应符合《陶瓷砖》（GB/T 4100—2015）附录E的要求</td><td>平均值>10%</td></tr>
<tr><td rowspan="5">干压陶瓷砖</td><td>E≤0.5%，BⅠa类</td><td>应符合《陶瓷砖》（GB/T 4100—2015）附录G的要求</td><td>平均值≤0.5%，单个值≤0.6%</td><td>经试验应无裂纹或剥落</td></tr>
<tr><td>0.5%<E≤3%，BⅠb类</td><td>应符合《陶瓷砖》（GB/T 4100—2015）附录H的要求</td><td>平均值0.5%<E≤3%，单个最大值≤3.3%</td><td>经试验应无裂纹或剥落</td></tr>
<tr><td>3%<E≤6%，BⅡa类</td><td>应符合《陶瓷砖》（GB/T 4100—2015）附录J的要求</td><td>平均值3%<E≤6%，单个最大值≤6.5%</td><td rowspan="3">应符合《陶瓷砖》（GB/T 4100—2015）附录Q的要求①</td></tr>
<tr><td>6%<E≤10%，BⅡb类</td><td>应符合《陶瓷砖》（GB/T 4100—2015）附录K的要求</td><td>平均值6%<E≤10%，单个最大值≤11%</td></tr>
<tr><td>E>10%，BⅢ类</td><td>应符合《陶瓷砖》（GB/T 4100—2015）附录L的要求</td><td>平均值>10%，单个最小值>9%。当平均值>20%时，制造商应说明</td></tr>
</table>

①对于明示并准备用在受冻环境中的产品应通过该项试验，一般对明示不用于受冻环境中的产品不要求该项试验。

四、取样规定及取样地点

(一)取样规定

(1)采用瓷质地砖铺设地面时应进行防滑性能检测,同一厂家、同一产品、同一规格的产品为一检验批,每检验批随机抽取样品不少于 0.5 m^2,其他取样要求同花岗岩标准。

(2)一个检验批可以有一种或多种同质量产品构成。

(3)带饰面砖的预制板应以每 1000 m^2 同类墙体饰面砖为一个检验批,不足 1000 m^2 应按 1000 m^2 计,每批应取一组 3 个试样。

(二)取样地点

取样地点为施工现场仓库。

第七节　柔性饰面砖

一、概述及引用标准

(一)概述

柔性饰面砖是指以高分子聚合物及无机非金属骨料为主要原料,通过一定的生产工艺制成的具有一定柔韧性的轻质饰面砖。

(1)分类:按燃烧性能分为普通型和阻燃型,按耐人工老化性和耐沾污性分为Ⅰ级和Ⅱ级。

(2)代号:普通型,代号为 G;阻燃型,代号为 FR。

(二)引用标准

《柔性饰面砖》(JG/T 311—2011)。

二、试验检测参数

主要项目:表观密度,吸水率,耐碱性,柔韧性,耐温变性,耐沾污性,耐人工老化性,水蒸气湿流密度,燃烧性能(只限于阻燃性瓷砖),表面质量,色差,尺寸偏差。

三、试验检测技术指标

(一)表面质量

每块砖的表面应无目视可见的裂缝、孔洞、剥落等缺陷。用于装饰效果的裂纹、孔洞、凹陷等现象可不视为缺陷。

（二）色差

距 1 m 处垂直观察面积为 1 m^2 的同一型号的试样表面应无明显色差。

（三）尺寸偏差

长度、宽度和厚度的尺寸偏差应符合表 17-8 的规定。

表 17-8　尺寸偏差

<table>
<tr><th colspan="2">项目</th><th>边长≤100 mm</th><th>100 mm<边长≤300 mm</th><th>边长>300 mm</th></tr>
<tr><td>长度和宽度</td><td>每块砖（2 或 4 条边）的平均尺寸相对于 10 块砖的平均尺寸的允许偏差</td><td>±1.5%</td><td>±1.0%</td><td>±0.8%</td></tr>
<tr><td>厚度</td><td>每块砖厚度的平均值相对于公称尺寸厚度的最大允许偏差</td><td colspan="3">±10.0%</td></tr>
</table>

（四）物理性能

物理性能应符合表 17-9 的规定。

表 17-9　物理性能

<table>
<tr><th rowspan="2">项目</th><th colspan="2">指标</th></tr>
<tr><th>Ⅰ级</th><th>Ⅱ级</th></tr>
<tr><td>表观密度/（g/cm³）</td><td colspan="2">规定值±0.2</td></tr>
<tr><td>吸水率/%</td><td colspan="2">≤8</td></tr>
<tr><td>耐碱性</td><td colspan="2">48 h 浸泡后试样表面无开裂、剥落，与未浸泡部分相比，允许颜色轻微变化</td></tr>
<tr><td>柔韧性</td><td colspan="2">直径 200 mm 的圆柱弯曲，试样无裂纹</td></tr>
<tr><td>耐温变性</td><td colspan="2">5 次循环试样无开裂、剥落，无明显变色</td></tr>
<tr><td>耐沾污性/级</td><td>≤1</td><td>≤2</td></tr>
</table>

续表

项目		指标	
		Ⅰ级	Ⅱ级
耐人工老化性	老化时间/h	1000	500
	外观	无开裂、剥落	
	粉化/级	≤1	
	变色/级	≤2	
水蒸气湿流密度/[g/(m^2·h)]		>0.85	
燃烧性能①		不应低于B1级	

①燃烧性能仅针对阻燃型柔性饰面砖。

四、取样规定及取样地点

(一)取样规定

以3000 m^2同一品种、同一规格、同一颜色的产品为一批，不足3000 m^2也按一批计，从每批中随机抽取2 m^2产品作为试样。

(二)取样地点

取样地点为现场仓库。

第八节 烧结路面砖

一、概述及引用标准

(一)概述

1.分类

路面砖按照其用途和使用场合可划分为强度类别和耐磨类别。

(1)按强度类别和用途分为：

①F类：用于重型车辆行驶的路面砖。

②SX类：用于吸水饱和时并经受冰冻的路面砖。

③MX类：用于室外不产生冰冻条件下的路面砖。

④NX类：不用于室外，而允许用于吸水后免受冰冻的室内路面砖。

(2)按耐磨类别和使用场合分为：

①Ⅰ类:用于人行道和交通车道。

②Ⅱ类:用于居民区内步道和车道。

③Ⅲ类:用于个人家庭内的地面和庭院。

2.品种、代号

按路面砖形状分为普通型路面砖(代号 P)和联锁型路面砖(代号 L)。

(二)引用标准

《烧结路面砖》(GB/T 26001—2010)。

二、试验检测参数

(1)主要项目:抗压强度,吸水率和饱和系数,抗冻性,泛霜性,耐磨性。

(2)其他项目:外观质量,尺寸偏差,放射性。

三、试验检测技术指标

(一)外观质量

路面砖的外观质量应符合表 17-10 的规定。

表 17-10　外观质量　　单位:mm

项目	标准值
缺损的最大投影尺寸,≤	3.0
缺棱掉角的最大投影尺寸,≤	5.0
裂纹的最大投影尺寸,≤	3.0
翘曲度,≤	3.0

(二)尺寸偏差

路面砖的尺寸偏差应符合表 17-11 的规定。

表 17-11　尺寸偏差　　单位:mm

规格尺寸范围	标准值
≤80	±1.5
>80～280	±2.5
>280	±3.0

(三)物理性能

(1)抗压强度、吸水率及饱和系数应符合表 17-12 的规定。

表 17-12　抗压强度、吸水率及饱和系数

类别	抗压强度/MPa,≥		吸水率/%,≤		饱和系数,≤	
	平均值	单块最小值	平均值	单块最大值	平均值	单块最大值
F 类	70.0	62.8	6.0	7.0	—	—
SX 类	55.0	48.6	8.0	11.0	0.78	0.80
MX 类	30.0	25.1	14.0	17.0	无要求	无要求
NX 类	25.0	20.4	无要求	无要求	无要求	无要求

(2)抗冻性能:路面砖不符合表 17-12 中吸水率和饱和系数的要求时,应进行冻融循环试验。冻融循环试验后,外观质量应符合表 17-10 的规定,且干质量损失不大于 0.5%。

(3)泛霜性能:每块砖样试验后应无泛霜。

(4)耐磨性能:路面砖耐磨性能应符合表 17-13 的规定。

表 17-13　耐磨性能

耐磨类别	磨坑长度/mm,≤
Ⅰ类	28.0
Ⅱ类	32.0
Ⅲ类	35.0

(四)放射性核素限量

用于家庭内地面和庭院的路面砖放射性核素限量应符合《建筑材料放射性核素限量》(GB 6566—2010)中 A 类装修材料的规定。

用于人行道和车行道的路面砖放射性核素限量应符合《建筑材料放射性核素限量》(GB 6566—2010)中 C 类装修材料的规定。

四、取样规定及取样地点

(一)取样规定

同类别、同规格、同等级的路面砖,每 3.5 万～15 万块为一批,不足 3.5 万块亦按一批,超过 15 万块,批量由供需双方确定。

(二)取样地点

取样地点为现场仓库。

第九节　建筑涂料

一、概述及引用标准

(一)概述

复层建筑涂料:由底漆、中层漆和面漆组成的具有多种装饰效果的质感涂料。

底漆:以合成高分子材料为主要成分,用于封闭基层、加固底材及增强主涂层与底材附着能力的涂料。

渗透型底漆:能渗透到底材内部的底漆。

封闭型底漆:能在底材表面连续成膜的底漆。

中层漆:以水泥系、硅酸盐系或合成树脂乳液系等胶结料及颜料和骨料为主要原料,用于形成立体或平面装饰效果的薄质或厚质涂料。

面漆:用于增加装饰效果、提高涂膜性能的涂料。

单色型复层建筑涂料:以水泥系、硅酸盐系或合成树脂乳液系等胶结料及颜料或骨料为主要原料,通过刷涂、辊涂或喷涂等施工方法,在建筑物表面形成单一色装饰效果的涂料。

多彩型复层建筑涂料:以水性成膜物质(合成树脂乳液等)、水性着色胶颗粒、颜填料、水、助剂等构成的体系制成的多彩涂料为主要原料,通过喷涂等施工方法,在建筑物表面形成具有仿石等装饰效果的涂料。

厚浆型复层建筑涂料:以水泥系、硅酸盐系或合成树脂乳液以及各种颜料、体质颜料、助剂为主要原料,通过刮涂、辗涂、喷涂等施工方法,在建筑物表面形成具有立体造型艺术质感效果的质感涂料。

岩片型复层建筑涂料:以合成树脂乳液为主要成膜物质,由彩色岩片和砂、助剂等配制而成,通过喷涂等施工方法,在建筑物表面形成具有仿石效果的质感涂料。

砂粒型复层建筑涂料:以合成树脂乳液为基料,由颜料、不同色彩和粒径的砂石等填料及助剂配制而成,通过喷涂、刮涂等施工方法,在建筑物表面形成具有仿石等艺术效果的质感涂料。

复合型复层建筑涂料：由两种或两种以上的中层漆组成，分多道施工，并与底漆和面漆配套使用，形成具有质感效果的涂料。

（二）引用标准

《建筑用墙面涂料中有害物质限量》(GB 18582—2020)；

《复层建筑涂料》(GB/T 9779—2015)；

《建筑涂饰工程施工及验收规程》(JGJ/T 29—2015)。

二、试验检测参数

(1)主要项目：初期干燥抗裂性，黏结强度，耐温变性，透水性，耐冲击性，耐人工气候老化性，耐沾污性。

(2)其他项目：容器中状态，施工性，干燥时间，低温稳定性，柔韧性，断裂伸长率，涂膜外观，耐洗刷性，耐碱性，耐水性，水蒸气透过率，挥发性有机化合物(VOC)含量，苯、甲苯、乙苯和二甲苯总和含量，游离甲醛含量，可溶性重金属含量，总铅含量，烷基酚聚氧乙烯醚总和含量。

三、试验检测技术指标

(1)内墙复层建筑涂料技术指标应符合表 17-14 的要求。

表 17-14 内墙复层建筑涂料技术指标

<table>
<tr><th colspan="2" rowspan="3">项目</th><th colspan="5">指标</th></tr>
<tr><th colspan="2">Ⅰ型</th><th colspan="2">Ⅱ型</th><th>Ⅲ型</th></tr>
<tr><th>单色型</th><th>多彩型</th><th>厚浆型</th><th>岩片型、砂粒型</th><th>复合型</th></tr>
<tr><td colspan="2">容器中状态</td><td colspan="5">搅拌混合后无硬块，呈均匀状态</td></tr>
<tr><td colspan="2">施工性</td><td colspan="5">施工无困难</td></tr>
<tr><td colspan="2">干燥时间(表干)/h</td><td colspan="5">≤4</td></tr>
<tr><td colspan="2">低温稳定性</td><td colspan="5">不变质</td></tr>
<tr><td colspan="2">初期干燥抗裂性</td><td colspan="2">—</td><td colspan="3">无裂纹</td></tr>
<tr><td rowspan="2">断裂伸长率[①]/%</td><td>标准状态</td><td colspan="2">—</td><td>≥200</td><td colspan="2">—</td></tr>
<tr><td>热处理
(80 ℃,96 h)</td><td colspan="2">≥80</td><td colspan="3">—</td></tr>
<tr><td colspan="2">柔韧性(标准状态)[①]</td><td colspan="3">—</td><td colspan="2">直径 50 mm 无裂纹</td></tr>
</table>

续表

项目		指标				
		Ⅰ型		Ⅱ型		Ⅲ型
		单色型	多彩型	厚浆型	岩片型、砂粒型	复合型
复合涂层	涂膜外观	正常				
	耐洗刷性/次	≥2000		—		
	黏结强度(标准状态)/MPa	—		≥0.40		

①仅适用于弹性内墙复层建筑涂料。

(2)外墙复层建筑涂料技术指标应符合表17-15的要求。

表17-15　外墙复层建筑涂料技术指标

项目		指标				
		Ⅰ型		Ⅱ型		Ⅲ型
		单色型	多彩型	厚浆型	岩片型、砂粒型	复合型
容器中状态		搅拌混合后无硬块,呈均匀状态				
施工性		施工无困难				
干燥时间(表干)/h		≤4				
低温稳定性		不变质				
初期干燥抗裂性		—		无裂纹		
断裂伸长率[①]/%	标准状态	—		≥200	—	
	热处理	≥80		—		
柔韧性[①]	热处理(5 h)	—			直径50 mm无裂纹	
	低温处理(2 h)	—			直径100 mm无裂纹	
复合涂层	涂膜外观	正常				
	涂层耐温变性(5次循环)	无异常				
	耐碱性(48 h)	无异常				
	耐水性(96 h)	无异常				
	耐洗刷性/次	≥2000		—		
	耐沾污性	≤15%	≤2级	≤15%	≤2级	
	耐冲击性(500 g,300 mm)	—		无异常		

续表

<table>
<tr><td colspan="3" rowspan="3">项目</td><td colspan="5">指标</td></tr>
<tr><td colspan="2">Ⅰ型</td><td colspan="2">Ⅱ型</td><td>Ⅲ型</td></tr>
<tr><td>单色型</td><td>多彩型</td><td>厚浆型</td><td>岩片型、砂粒型</td><td>复合型</td></tr>
<tr><td rowspan="6">复合涂层</td><td rowspan="2">透水性/mL</td><td>水性</td><td colspan="3">≤2.0</td><td colspan="2">—</td></tr>
<tr><td>溶剂型</td><td colspan="3">≤0.5</td><td colspan="2">—</td></tr>
<tr><td rowspan="2">黏结强度/MPa</td><td>标准状态</td><td colspan="2">—</td><td colspan="3">≥0.60</td></tr>
<tr><td>浸水后</td><td colspan="2">—</td><td colspan="3">≥0.40</td></tr>
<tr><td colspan="2">耐人工气候老化性(400 h)</td><td colspan="5">不起泡、不剥落、无裂纹，粉化 0 级，变色≤1 级</td></tr>
<tr><td colspan="2">水蒸气透过率②/[g/(m²·d)]</td><td colspan="5">商定</td></tr>
</table>

①仅适用于弹性外墙复层建筑涂料。

②仅适用于外墙外保温体系用复层建筑涂料。

(3)水性墙面涂料中有害物质限量的限量值应符合表 17-16 的要求。

表 17-16 水性墙面涂料中有害物质限量的限量值要求

<table>
<tr><td colspan="2" rowspan="3">项目</td><td colspan="4">限量值</td></tr>
<tr><td rowspan="2">内墙涂料①</td><td colspan="2">外墙涂料①</td><td rowspan="2">腻子②</td></tr>
<tr><td>含效应颜料类</td><td>其他类</td></tr>
<tr><td colspan="2">VOC 含量，≤</td><td>80 g/L</td><td>120 g/L</td><td>100 g/L</td><td>10 g/kg</td></tr>
<tr><td colspan="2">甲醛含量/(mg/kg)，≤</td><td colspan="4">50</td></tr>
<tr><td colspan="2">苯系物总和含量/(mg/kg)，≤
[限苯、甲苯、二甲苯(含乙苯)]</td><td colspan="4">100</td></tr>
<tr><td colspan="2">总铅(Pb)含量/(mg/kg)，≤
(限色漆和腻子)</td><td colspan="4">90</td></tr>
<tr><td rowspan="3">可溶性重金属含量/(mg/kg)，≤
(限色漆和腻子)</td><td>镉(Cd)含量</td><td colspan="4">75</td></tr>
<tr><td>铬(Cr)含量</td><td colspan="4">60</td></tr>
<tr><td>汞(Hg)含量</td><td colspan="4">60</td></tr>
<tr><td colspan="2">烷基酚聚氧乙烯醚总和含量/(mg/kg)，≤</td><td colspan="3">1000</td><td>—</td></tr>
</table>

①涂料产品所有项目均不考虑水的稀释配比。

②膏状腻子及仅以水稀释的粉状腻子所有项目均不考虑水的稀释配比；粉状腻子(除仅以水稀释的粉状腻子外)除总铅、可解性质金属项目直接测试粉体外，其余项目按产品明示的施工状态下的施工配比将粉体与水、胶粘剂等其他液体混合后测试。如施工状态下的施工配比为某一范围时，应按照水用量最小、胶粘剂等其他液体用量最大的配比混合后测试。

四、取样规定及取样地点

(一)取样规定

(1)在施工或使用现场抽取样品时,必须从同一地点、同一类别、同一规格的建筑材料或装饰装修材料中随机抽取 1 份,并立即用不会释放或污染的包装材料将样品密封后待测。抽样应覆盖建材的每一种类、生产日期或批号,每幢建筑单体每种材料抽样不少于 1 份。

(2)随机抽取的样品分成 3 份:1 份用于污染物的检测,1 份用于复测,1 份用于留样。

(二)取样地点

取样地点为现场仓库。

第十节　水溶性聚乙烯醇建筑胶粘剂

一、概述及引用标准

(一)概述

水性胶粘剂是以天然高分子或合成高分子为粘料,以水为溶剂或分散剂,取代对环境有污染的有毒有机溶剂,而制备成的一种环境友好型胶粘剂。现有水基胶粘剂并非 100%无溶剂的,可能含有有限的挥发性有机化合物作为其水性介质的助剂,以便控制黏度或流动性。水性胶粘剂的优点主要是无毒害、无污染、不燃烧、使用安全、易实现清洁生产工艺等,缺点包括干燥速度慢、耐水性差、防冻性差。

水溶性聚乙烯醇建筑胶粘剂是指以聚乙烯醇为主要原料,经化学改性制得的水溶性高分子建筑胶粘剂,主要用于配制墙面腻子、陶瓷砖的铺贴砂浆。

(二)引用标准

《室内装饰装修材料　胶粘剂中有害物质限量》(GB 18583—2008);

《水溶性聚乙烯醇建筑胶粘剂》(JC/T 438—2019)。

二、试验检测参数

(1)主要项目:外观,不挥发物含量,黏结强度,pH 值,低温稳定性。

(2)其他项目:游离甲醛含量,苯含量,甲苯+二甲苯含量,挥发性有机化合物含量,甲醛释放量。

三、试验检测技术指标

水溶性聚乙烯醇建筑胶粘剂技术指标应符合表17-17的要求。

表17-17　水溶性聚乙烯醇建筑胶粘剂技术指标

项目		指标	
		无醛型	普通型
外观		无色或浅色透明液体	
不挥发物含量/%		≥6.0	
黏结强度/MPa		≥0.5	
pH值		6～10	
低温稳定性		室温下恢复到流动状态	
有害物质限量	游离甲醛/(g/kg)	≤0.1	≤1.0
	苯/(g/kg)	≤0.20	
	甲苯+二甲苯/(g/kg)	≤10	
	总挥发性有机物/(g/L)	≤350	
	甲醛释放量①/(mg/m³)	≤1.0	—

①仅针对室内环境有特殊要求的场所。

四、取样规定及取样地点

(一)取样规定

(1)在施工或使用现场抽取样品时,必须从同一地点、同一类别、同一规格的建筑材料或装饰装修材料中随机抽取1份,并立即用不会释放或污染的包装材料将样品密封后待测。抽样应覆盖建材的每一种类、生产日期或批号,每幢建筑单体每种材料抽样不少于1份。

(2)随机抽取的样品分成3份:1份用于污染物的检测,1份用于复测,1份用于留样,每份不少于0.5 kg。

(二)取样地点

取样地点为现场仓库。

第十一节　高分子防水卷材胶粘剂

一、概述及引用标准

(一)概述

溶剂型胶粘剂是指用于高聚物改性沥青防水卷材和高分子防水卷材的黏合剂,主要为各种与卷材配套使用的溶剂型胶粘剂。

(二)引用标准

《室内装饰装修材料　胶粘剂中有害物质限量》(GB 18583—2008);

《高分子防水卷材胶粘剂》(JC/T 863—2011)。

二、试验检测参数

主要项目:外观,黏度,不挥发物含量,适用期,黏合性,剥离强度。

三、试验检测技术指标

(一)外观

卷材胶粘剂经搅拌应为均匀液体,无分散颗粒或凝胶。

(二)技术指标

高分子防水卷材胶粘剂技术指标应符合表17-18的要求。

表17-18　高分子防水卷材胶粘剂技术指标

序号	项目	技术指标	
		基底胶(J)	搭接胶(D)
1	黏度/(Pa·s)	规定值[①]±20%	
2	不挥发物含量/%	规定值[①]±2	
3	适用期[②]/min,≥	180	

续表

<table>
<tr><th rowspan="2">序号</th><th rowspan="2" colspan="3">项目</th><th colspan="2">技术指标</th></tr>
<tr><th>基底胶(J)</th><th>搭接胶(D)</th></tr>
<tr><td rowspan="6">4</td><td rowspan="6">剪切状态下的黏合性</td><td rowspan="3">卷材与卷材</td><td>标准试验条件/(N/mm),≥</td><td>—</td><td>3.0 或卷材破坏</td></tr>
<tr><td>热处理后保持率(80 ℃,168 h)/%,≥</td><td>—</td><td>70</td></tr>
<tr><td>碱处理后保持率[10% $Ca(OH)_2$,168 h]/%,≥</td><td>—</td><td>70</td></tr>
<tr><td rowspan="3">卷材与基底</td><td>标准试验条件/(N/mm),≥</td><td>2.5</td><td>—</td></tr>
<tr><td>热处理后保持率(80 ℃,168 h)/%,≥</td><td>70</td><td>—</td></tr>
<tr><td>碱处理后保持率[10% $Ca(OH)_2$,168 h]/%,≥</td><td>70</td><td>—</td></tr>
<tr><td rowspan="2">5</td><td rowspan="2">剥离强度</td><td rowspan="2">卷材与卷材</td><td>标准试验条件/(N/mm),≥</td><td>—</td><td>1.5</td></tr>
<tr><td>浸水后保持率(168 h)/%,≥</td><td>—</td><td>70</td></tr>
</table>

①规定值是指企业标准、产品说明书或供需双方商定的指标量值。

②适用期仅用于双组分产品，指标也可由供需双方协商确定。

四、取样规定及取样地点

(一)取样规定

(1)在施工或使用现场抽取样品时，必须从同一地点、同一类别、同一规格的建筑材料或装饰装修材料中随机抽取 1 份，并立即用不会释放或污染的包装材料将样品密封后待测。抽样应覆盖建材的每一种类、生产日期或批号，每幢建筑单体每种材料抽样不少于 1 份。

(2)随机抽取的样品分成 3 份：1 份用于污染物的检测，1 份用于复测，1 份用于留样，每份不少于 0.5 kg。

(二)取样地点

取样地点为现场仓库。

第十二节　饰面砖粘贴

一、概述及引用标准

(一)概述

黏结强度是指试样饰面砖单位面积上的黏结力。带饰面砖的预制构件进入施工现场后,应对饰面砖黏结强度进行复验;现场粘贴外墙饰面砖施工前应对饰面砖样板黏结强度进行检验;大面积施工应采用饰面砖样板黏结强度合格的饰面砖、黏结材料和施工工艺;现场粘贴施工的外墙饰面砖,应对饰面砖黏结强度进行检验。

(二)引用标准

《建筑工程饰面砖粘结强度检验标准》(JGJ/T 110—2017)。

二、试验检测参数

主要项目:黏结强度。

三、试验检测技术指标

带饰面砖的预制构件,当一组试样均符合判定指标要求时,判定其黏结强度合格;当一组试样均不符合判定指标要求时,判定其黏结强度不合格;当一组试样仅符合判定指标的一项要求时,应在该组试样原取样检验批内重新抽取两组试样检验,若检验结果仍有一项不符合判定指标要求,则判定其黏结强度不合格。判定指标应符合下列规定:

(1)每组试样平均黏结强度不应小于 0.6 MPa。

(2)每组允许有一个试样的黏结强度小于 0.6 MPa,但不应小于 0.4 MPa。

现场粘贴的同类饰面砖,当一组试样均符合判定指标要求时,判定其黏结强度合格;当一组试样均不符合判定指标要求时,判定其黏结强度不合格;当一组试样仅符合判定指标的一项要求时,应在该组试样原取样检验批内重新抽取两组试样检验,若检验结果仍有一项不符合判定指标要求,判定其黏结强度不合格。判定指标应符合下列规定:

(1)每组试样平均黏结强度不应小于 0.4 MPa。

(2)每组允许有一个试样的黏结强度小于 0.4 MPa,但不应小于 0.3 MPa。

四、取样规定及取样地点

(一)取样规定

(1)现场粘贴的外墙面砖黏结强度检验应以每1000 m^2同类墙体饰面砖为一个检验批,不足1000 m^2的也应按1000 m^2计。每批应取一组3个试样,每相邻的3个楼层至少取一组试样,试样应随机抽取,取样间距不得小于500 mm。

(2)采用水泥基胶粘剂粘贴外墙面砖时,可按胶粘剂使用说明书规定的时间或在粘贴外墙14 d及以后进行黏结强度检验。粘贴后28 d以内达不到标准或有争议时,应以28～60 d内约定时间检验的黏结强度为准。

(3)带饰面砖的预制构件应符合下列规定:

①生产厂应提供带饰面砖的预制构件质量及其他证明文件,其中饰面砖黏结强度检验结果应符合《建筑工程饰面砖粘结强度检验标准》(JGJ/T 110—2017)的规定。

②复验应以每500 m^2同类带饰面砖的预制构件为一个检验批,不足500 m^2的也应作为一个检验批。每批应取一组3块板,每块板应制取1个试样对饰面砖黏结强度进行检验。

(4)现场粘贴外墙饰面砖应符合下列规定:每种类型的基体上应粘贴不小于1 m^2饰面砖样板,每个样板应各制取一组3个饰面砖黏结强度试样,取样间距不得小于500 mm。

(5)现场粘贴饰面砖黏结强度检验应以每500 m^2同类基体饰面砖为一个检验批,不足500 m^2的也应作为一个检验批。每批应取不少于一组3个试样,每连续3个楼层应取不少于一组试样,取样宜均匀分布。

(二)取样地点

取样地点为现场实体。

第十八章　幕墙材料

第一节　石　材

一、概述及引用标准

(一)概述

石材幕墙通常是指由石材面板和支承结构(横梁立柱、钢结构、连接件等)组成的,不承担主体结构荷载与作用的建筑围护结构。

(二)引用标准

《建筑装饰装修工程质量验收标准》(GB 50210—2018);

《建筑幕墙》(GB/T 21086—2007)。

二、试验检测参数

(1)主要项目:石材的弯曲强度,抗冻系数(适用于严寒、寒冷地区)。

(2)其他项目:吸水率。

三、试验检测技术指标

(1)石材面板弯曲强度标准值、吸水率应符合表18-1的规定。

表 18-1 石材面板的弯曲强度、吸水率要求

项目	天然花岗石	天然大理石	其他石材
(干燥及水饱和石材)弯曲强度标准值/MPa	≥8.0	≥7.0	≥4.0
吸水率	≤0.6%	≤0.5%	≤0.5%

(2)在严寒和寒冷地区,幕墙用石材面板的抗冻系数不应小于0.8。

四、取样规定及取样地点

(一)取样规定

(1)同一厂家、同一类型的进场材料应至少抽取一组样品进行复验。如进行干燥、水饱和条件下的垂直和平行层理的弯曲强度试验,应制备20个试样;如进行干燥、水饱和、冻融循环后的垂直和平行层理的弯曲强度试验,应制备30个试样。

(2)每种试验条件下的试样取5个为一组。

(二)取样地点

取样地点为现场仓库。

第二节 建筑幕墙用硅酮结构密封胶(双组分)

一、概述及引用标准

(一)概述

硅酮结构密封胶是一种新型防水密封材料,储存条件是避光、通风、防潮,具有粘接性能好、温度适用范围广等特性。

双组分硅酮结构密封胶、TR建筑密封胶产品说明:双组分硅酮结构密封胶是一种新型防水密封材料,性能优于其他密封胶,为双组分膏状物,两组分有明显的色差,便于混合均匀。

(二)引用标准

《建筑用硅酮结构密封胶》(GB 16776—2005);

《建筑节能工程施工质量验收标准》(GB 50411—2019)。

二、试验检测参数

(1)主要项目:邵氏硬度,标准条件拉伸黏结性,相容性。

(2)其他项目:外观,下垂度,适用期,表干时间,热老化。

三、试验检测技术指标

(一)外观

产品应为细腻、均匀膏状物,无气泡、结块、凝胶、结皮,无不宜分散的析出物。双组分产品两组分的颜色应有明显区别。

(二)物理力学性能

建筑幕墙用硅酮结构密封胶物理力学性能应符合表18-2的要求。

表18-2　产品物理力学性能

序号	项目			技术指标
1	下垂度	垂直放置/mm		≤3
		水平放置		不变形
2	适用期/min			≥20
3	表干时间/h			≤3
4	硬度/(邵氏A)			20～60
5	拉伸黏结性	拉伸黏结强度/MPa	23 ℃	≥0.60
			90 ℃	≥0.45
			−30 ℃	≥0.45
			浸水后	≥0.45
			水-紫外线光照后	≥0.45
		黏结破坏面积/%		≤5
		23 ℃最大拉伸强度时伸长率/%		≥100
6	热老化	热失重/%		≤10
		龟裂		无
		粉化		无

(三)相容性

硅酮结构胶与结构装配系统用附件的相容性应符合表 18-3 的规定。硅酮结构胶与实际工程用基材的黏结性:黏结破坏面积的算术平均值应不大于 20%。

表 18-3 结构装配系统用附件同硅酮结构胶相容性判定指标

试验项目		判定指标
附件同密封胶相容	颜色变化	试验试件与对比试件颜色变化一致
	玻璃与密封胶	试验试件、对比试件与玻璃黏结破坏面积的差值≤5%

四、取样规定及取样地点

(一)取样规定

(1)连续生产时每 3 t 为一批,不足 3 t 也为一批;间断生产时,每釜投料为一批。

(2)随机抽样。单组分产品抽样量为 5 支;双组分产品从原包装中抽样,抽样量为 3~5 kg,抽取的样品应立即密封包装。

(二)取样地点

取样地点为现场仓库。

第三节 石材用密封胶

一、概述及引用标准

(一)概述

1.品种

(1)产品按聚合物分为硅酮(SR)、改性硅酮(MS)、聚氨酯(PU)等。

(2)产品按组分分为单组分型(1)和双组分型(2)。

2.级别

产品按位移能力分为 12.5、20、25、50 级别,如表 18-4 所示。

表 18-4 密封胶级别

级别	试验拉压幅度/%	位移能力/%
12.5	±12.5	12.5
20	±20	20
25	±25	25
50	±50	50

3.次级别

20、25、50级密封胶按拉伸模量分为低模量(LM)和高模量(HM)两个次级别。

12.5级密封胶按弹性恢复率不小于40%为弹性体(E),50、25、20、12.5E密封胶为弹性密封胶。

(二)引用标准

《建筑节能工程施工质量验收标准》(GB 50411—2019);

《石材用建筑密封胶》(GB/T 23261—2009)。

二、试验检测参数

主要项目:外观,下垂度,表干时间,挤出性,弹性恢复率,拉伸模量,定伸黏结性,冷拉热压后黏结性,浸水后定伸黏结性,质量损失,污染性。

三、试验检测技术指标

(一)外观

(1)密封胶应为细腻、均匀膏状物或黏稠体,不应有气泡、结块、结皮或凝胶,无不易分散的析出物。

(2)双组分密封胶的各组分的颜色应有明显差异。产品的颜色也可由供需双方商定,产品的颜色与供需双方商定的样品相比,不得有明显差异。

(二)物理力学性能

双组分密封胶的适用期由供需双方商定,密封胶物理力学性能应符合表18-5的规定。

表 18-5 物理力学性能

序号	项目		技术指标						
			50LM	50HM	25LM	25HM	20LM	20HM	12.5E
1	下垂度/mm	垂直,≤	3						
		水平	无变形						
2	表干时间/h,≤		3						
3	挤出性/(mL/min),≥		80						
4	弹性恢复率/%,≥		80						40
5	拉伸模量①/MPa	+23 ℃ −20 ℃	≤0.4 和≤0.6	>0.4 或>0.6	≤0.4 和≤0.6	>0.4 或>0.6	≤0.4 和≤0.6	>0.4 或>0.6	— —
6	定伸黏结性		无破坏						
7	冷拉热压后黏结性		无破坏						
8	浸水后定伸黏结性		无破坏						
9	质量损失/%,≤		5.0						
10	污染性/mm	污染宽度,≤	2.0						
		污染深度,≤	2.0						

①拉伸模量试验在+23 ℃和−20 ℃两个温度下进行,每个温度下测3个试件,结果取算数平均值。当+23 ℃下的试验结果不大于0.4 MPa且−20 ℃下的试验结果不大于0.6 MPa时,判定为低模量(LM);当+23 ℃下的试验结果大于0.4 MPa或−20 ℃下的试验结果大于0.6 MPa时,判定为高模量(HM)。

四、取样规定及取样地点

(一)取样规定

(1)以每5 t同一品种、同一级别的产品为一个检验批,不足5 t的也应作为一个检验批。

(2)产品随机取样,样品总量约为4 kg,双组分产品取样后应立即分别密封包装。

(二)取样地点

取样地点为现场仓库。

第四节 铝塑复合板

一、概述及引用标准

(一)概述

铝塑复合板由多层材料复合而成,上下层为高纯度铝合金板,中间为无毒低密度聚乙烯(PE)芯板,其正面还粘贴一层保护膜。在室外环境中,铝塑板正面涂覆氟碳树脂(PVDF)涂层;在室内环境中,其正面可采用非氟碳树脂涂层。

(二)引用标准

《建筑装饰装修工程质量验收标准》(GB 50210—2018);

《建筑幕墙用铝塑复合板》(GB/T 17748—2016)。

二、试验检测参数

主要项目:燃烧性能,剥离强度。

三、试验检测技术指标

(1)铝塑复合板的燃烧性能应符合表18-6的规定。

表18-6 燃烧性能

项目		技术要求	
		阻燃型	高阻燃型
芯材燃烧热值/(MJ/kg)		≤15	≤12
板材燃烧性能等级/级		B_1(B)	
板材燃烧性能附加信息/级	产烟特性等级	s1	
	燃烧滴落物/微粒等级	d0	
	烟气毒性等级	t0	

(2)铝塑复合板的剥离强度:平均值不小于110 (N·mm)/mm,最小值不小于100 (N·mm)/mm。

四、取样规定及取样地点

（一）取样规定

（1）以每 3000 m^2 同一品种、同一规格、同一颜色的产品为一批，不足 3000 m^2 的按一批计算。

（2）剥离强度试件应在 3 张整板上取样，试样尺寸为 25 mm×350 mm，取样位置距板边不得小于 50 mm，每张板沿纵向和横向各取 1 块，每张整板上取 2 块，共 6 块。

（3）芯材燃烧热值试件应在 3 张整板上取样，试样尺寸为 350 mm×25 mm，取样位置距板边不得小于 50 mm，每张整板上取 1 块，共 3 块。

（4）板材燃烧性能应在 5 张整板上取样，试样尺寸为 1500 mm×1000 mm，取样位置距板边不得小于 50 mm，每张整板上取 1 块，共 5 块。

（二）取样地点

取样地点为现场仓库。

第五节 隔热型材

一、概述及引用标准

（一）概述

铝合金建筑隔热型材是指以隔热材料连接铝合金型材而制成的具有隔热功能的复合型材，俗称“断桥型材”。简单来讲，就是两个铝合金型材之间加了一个“隔热带”，进而中断金属的传热功能。

浇注式隔热型材：把液态隔热材料注入铝合金型材浇注槽并固化，切除铝合金型材浇注槽内的临时连接桥使之断开金属连接，通过隔热材料将铝合金型材断开的两部分结合在一起复合而成的具有隔热功能的铝合金建筑型材。

穿条式隔热型材：指通过开齿、穿条、滚压工序，将条形隔热材料穿入铝合金型材穿条槽内，并采用使之被铝合金型材牢固咬合的复合方式加工而成的具有隔热功能的铝合金建筑型材。

（二）引用标准

《建筑节能工程施工质量验收标准》（GB 50411—2019）；

《铝合金建筑型材　第6部分:隔热型材》(GB/T 5237.6—2017)。

二、试验检测参数

主要项目:抗拉强度,抗剪强度。

三、试验检测技术指标

抗拉特征值大于或等于24 N/mm,抗剪特征值大于或等于24 N/mm。

四、取样规定及取样地点

(一)取样规定

(1)按进场批次抽样。

(2)抗拉强度试样每批抽取2根隔热型材,在抽取的每根隔热型材中部和两端各取5个试样,并做标识(共30个),将试样分3份(每份至少包括3个中部)分别用于低温、室温、高温试验,试样长(100±2)mm。

(3)抗剪强度试样每批抽取2根隔热型材,在抽取的每根隔热型材中部切取1个试样,于两端分别切取2个试样。试样长(100±2)mm,试样最短允许缩至18 mm[仲裁时试样长(100±2)mm]。

(二)取样地点

取样地点为现场仓库。

第六节　外墙节能构造钻芯检验

一、概述及引用标准

(一)概述

外墙节能构造钻芯检验应在外墙施工完工后、节能分部工程验收前进行。

钻芯检验外墙节能构造的取样部位和数量应遵守下列规定:

(1)取样部位应由建设监理与施工双方共同确定,不得在外墙施工前预先确定。

(2)取样位置应选取节能构造有代表性的外墙上相对隐蔽的部位,并宜兼顾不同朝向和楼层。取样位置必须确保钻芯操作安全,且应方便操作。

(二)引用标准

《建筑节能工程施工质量验收标准》(GB 50411—2019)。

二、试验检测参数

主要项目:芯样外观,保温材料种类,保温层厚度,平均厚度。

三、试验检测技术指标

(1)钻取芯样时应尽量避免冷却水流入墙体内及污染墙面。从空心钻头中取出芯样时应谨慎操作,以保持芯样完整。当芯样严重破损难以准确判断节能构造或保温层厚度时,应重新取样检验。

(2)对照设计图纸观察、判断保温材料种类是否符合设计要求;必要时,也可采用其他方法加以判断。

(3)用分度值为 1 mm 的钢尺,在垂直于芯样表面(外墙面)的方向上量取保温层厚度,精确到 1 mm。

(4)在垂直于芯样表面(外墙面)的方向上实测芯样保温层厚度,当实测厚度的平均值达到设计厚度的 95%及以上时,应判定保温层厚度符合设计要求;否则,应判定保温层厚度不符合设计要求。

四、取样规定及取样地点

(一)取样规定

单位工程每种节能保温做法至少取 3 个芯样。取样部位宜均匀分布,不宜在同一房间外墙上取 2 个或 2 个以上芯样。

(二)取样地点

取样地点为现场实体。

第十九章　节能材料

第一节　建筑外门窗进场检验

一、概述及引用标准

（一）概述

气密性能：可开启部分在正常锁闭状态时，外门窗阻止空气渗透的能力。

水密性能：可开启部分在正常锁闭状态时，在风雨同时作用下，外门窗阻止雨水渗漏的能力。

抗风压性能：可开启部分在正常锁闭状态时，在风压作用下，外门窗变形不超过允许值且不发生损坏或功能障碍的能力。其中，外门窗变形包括受力杆件变形和面板变形，损坏包括裂缝、面板破损、连接破坏、黏结破坏、窗扇掉落或被打开以及可观察到的不可恢复的变形等现象，功能障碍包括五金件松动、启闭困难、胶条脱落等现象。

门窗保温性能：建筑外门窗阻止热量由室内向室外传递的能力，用传热系数表征。

门窗传热系数：稳态传热条件下，门窗两侧空气温差为 1 K 时单位时间内通过单位面积的传热量。

门窗（包括天窗）节能工程使用的材料、构件进场时，应按工程所处的气候区核查质量证明文件、节能性能标识证书、门窗节能性能计算书、复验报告，对下列性能进行复验，复验应为见证取样检验。

（1）严寒、寒冷地区：门窗的传热系数、气密性能。

(2)夏热冬冷地区:门窗的传热系数气密性能,玻璃的遮阳系数、可见光透射比。

(3)夏热冬暖地区:门窗的气密性能,玻璃的遮阳系数、可见光透射比。

(4)严寒、寒冷、夏热冬冷和夏热冬暖地区:透光、部分透光遮阳材料的太阳光透射比、太阳光反射比,中空玻璃的密封性能。

(二)引用标准

《建筑节能工程施工质量验收标准》(GB 50411—2019);

《建筑外门窗保温性能检测方法》(GB/T 8484—2020);

《建筑外窗气密、水密、抗风压性能现场检测方法》(JG/T 211—2007);

《建筑外门窗气密、水密、抗风压性能现场检测方法》(GB/T 7106—2019)。

二、试验检测参数

(1)主要项目:气密性,水密性,抗风压性能,传热系数(适用于严寒、寒冷和夏热冬冷地区),中空玻璃露点,玻璃遮阳系数,可见光投射性。

(2)注意事项:具有国家建筑门窗节能性能标识的门窗产品,验收时应对照标识证书和计算报告,核对相关的材料、附件、节点构造,复验玻璃的节能性能指标(即可见光透射比、遮阳系数、传热系数、中空玻璃的密封性能),可不再进行产品的传热系数和气密性能复验。应核查标识证书与门窗的一致性,核查标识的传热系数和气密性能等指标,并按门窗节能性能标识模拟计算报告核对门窗节点构造。中空玻璃密封性能按照《建筑节能工程施工质量验收标准》(GB 50411—2019)附录 E 的检验方法进行检验。

三、试验检测技术指标

气密性、水密性、抗风压性能、传热系数、中空玻璃露点、玻璃遮阳系数、可见光投射性应满足设计要求。

四、取样规定及取样地点

(一)取样规定

(1)同一厂家的同材质、类型和型号的门窗每 200 樘划分为一个检验批。

(2)同一厂家的同材质、类型和型号的特种门窗每 50 樘划分为一个检验批。

(3)异形或有特殊要求的门窗检验批的划分也可根据其特点和数量,由施工单位与监理单位协商确定。

(二)取样地点

取样地点为现场仓库。

第二节 建筑外门窗实体检验

一、概述及引用标准

(一)概述

现场实体检验:在监理工程师见证下,对已经完成施工作业的分项或子分部工程,按照有关规定在工程实体上抽取试样,在现场进行检验;当现场不具备检验条件时,送至具有相应资质的检测机构进行检验的活动,简称实体检验。

建筑外窗气密性能现场实体检验的方法应符合国家现行有关标准的规定,下列建筑的外窗应进行气密性能实体检验:

(1)严寒、寒冷地区建筑。

(2)夏热冬冷地区高度大于或等于 24 m 的建筑和有集中供暖或供冷的建筑。

(3)其他地区有集中供冷或供暖的建筑。

实体检验的样本应在施工现场由监理单位和施工单位随机抽取,且应分布均匀、具有代表性,不得预先确定检验位置。

外窗气密性能的现场实体检验应由监理工程师见证,由建设单位委托有资质的检测机构实施。

(二)引用标准

《建筑节能工程施工质量验收标准》(GB 50411—2019)。

二、试验检测参数

主要项目:

(1)严寒、寒冷地区:气密性,传热系数,中空玻璃露点。

(2)夏热冬冷地区:气密性,传热系数,玻璃遮阳系数,可见光透射比,中空玻璃露点。

(3)夏热冬暖地区:气密性,玻璃遮阳系数,可见光透射比,中空玻璃露点。

三、试验检测技术指标

建筑外门窗实体检验检测技术指标应符合本章第一节第三小节“试验检测技术指标”的规定。

四、取样规定及取样地点

(一)取样规定

同一厂家、同一品种、同一类型的产品各抽查不少于3樘。

(二)取样地点

严寒、寒冷地区，夏热冬冷地区及夏热冬暖地区现场实体。

第三节 绝热用模塑聚苯乙烯泡沫塑料(EPS)

一、概述及引用标准

(一)概述

1.定义

聚苯乙烯塑料是由苯乙烯聚合物或苯乙烯与其他单体组成的共聚物制得的塑料，共聚物中苯乙烯质量占绝大多数。

绝热用模塑聚苯乙烯泡沫塑料(EPS)俗称苯板，是由可发性聚苯乙烯珠粒经加热预发泡后，在模具中加热成型制成的具有闭孔结构的使用温度不超过75 ℃的聚苯乙烯塑料板材。

2.分类

(1)类别。按压缩强度分为Ⅰ、Ⅱ、Ⅲ、Ⅳ、Ⅴ、Ⅵ、Ⅶ级，见表19-5。

表19-5 按压缩强度分类 单位:kPa

等级	压缩强度范围
Ⅰ	60～<100
Ⅱ	100～<150
Ⅲ	150～<200
Ⅳ	200～<300
Ⅴ	300～<500
Ⅵ	500～<800
Ⅶ	≥800

按绝热性能分为2级：033级、037级。

按燃烧性能分为3级：B_1级、B_2级、B_3级。

(2)产品标记。

①标记方法：产品名称-压缩强度等级-燃烧性能等级-绝热性能等级-标准编号。

②标记示例：压缩强度等级为Ⅱ级、燃烧性能等级为B_1级、绝热性能等级为033级的模塑聚苯乙烯泡沫塑料标记为：

EPS-Ⅱ级-B_1-033-GB/T 10801.1—2021

(二)引用标准

《建筑节能工程施工质量验收标准》(GB 50411—2019)；

《绝热用模塑聚苯乙烯泡沫塑料(EPS)》(GB/T 10801.1—2021)。

二、试验检测参数

(1)主要项目：表观密度偏差，压缩强度，绝热性能，尺寸稳定性。

(2)其他项目：水蒸气透过系数，吸水率，熔结性，燃烧性能。

三、试验检测技术指标

(一)物理机械性能

物理机械性能应符合表19-6的规定。

表19-6　物理机械性能

项目		性能指标						
		Ⅰ	Ⅱ	Ⅲ	Ⅳ	Ⅴ	Ⅵ	Ⅶ
压缩强度/kPa		≥60	≥100	≥150	≥200	≥300	≥500	≥800
尺寸稳定性/%		≤4	≤3	≤2	≤2	≤2	≤1	≤1
水蒸气透过系数/[ng/(Pa·m·s)]		≤6	≤4.5	≤4.5	≤4	≤3	≤2	≤2
吸水率/%		≤6	≤4	≤2				
熔结性①	断裂弯曲负荷/N	≥15	≥25	≥35	≥60	≥90	≥120	≥150
	弯曲变形/mm	≥20		—				
表观密度偏差②/%		±5						

①断裂弯曲负荷或弯曲变形有一项能符合指标要求即为合格。

②表观密度由供需双方协商决定。

（二）绝热性能

绝热性能应符合表 19-7 的规定。

表 19-7 绝热性能

项目	033 级	037 级
导热系数/[W/(m·K)] （平均温度 25 ℃）	≤0.033	≤0.037

（三）燃烧性能

燃烧性能分级及判据应符合《建筑材料及制品燃烧性能分级》(GB 8624—2012)中 B_1、B_2或 B_3级的要求。

四、取样规定及取样地点

（一）取样规定

同一规格产品每 2000 m^2为一批，每批至少取 3 m^2。每次对同一厂家、同一品种的产品抽查不少于三组。

（二）取样地点

取样地点为现场仓库。

第四节 绝热用挤塑聚苯乙烯泡沫塑料(XPS)

一、概述及引用标准

（一）概述

挤塑板的全称是挤塑聚苯乙烯泡沫板，又名“XPS 板”。

聚苯乙烯泡沫塑料分为膨胀性 EPS 和连续性挤出型 XPS 两种，与 EPS 板相比，XPS 板是第三代硬质发泡保温材料，从工艺上克服了 EPS 板繁杂的生产工艺，具有 EPS 板无法替代的优越性能。它是由聚苯乙烯树脂及其他添加剂经挤压过程制造出的拥有连续均匀表层及闭孔式蜂窝结构的板材，完全不会出现空隙。

挤塑板是以聚苯乙烯树脂辅以聚合物在加热混合的同时，注入催化剂，而后挤塑压出连续性闭孔发泡的硬质泡沫塑料板，其内部为独立的密闭式气泡结构，是一种具有抗压强度高、吸水率低、防潮、不透气、质轻、耐腐蚀、超抗老化（长期使用几乎无老化）、导热系数低等优异性能的环保型保温材料。

（二）引用标准

《建筑节能工程施工质量验收标准》（GB 50411—2019）；

《绝热用挤塑聚苯乙烯泡沫塑料（XPS）》（GB/T 10801.2—2018）。

二、试验检测参数

（1）主要项目：压缩强度，绝热性能。

（2）其他项目：吸水率，水蒸气透过系数，尺寸稳定性，燃烧性能。

三、试验检测技术指标

（一）物理力学性能

产品的物理力学性能应符合表19-8的规定。

表19-8　物理力学性能

<table>
<tr><td rowspan="2">项目</td><td colspan="10">性能指标（带表皮）</td></tr>
<tr><td>X150</td><td>X200</td><td>X250</td><td>X300</td><td>X350</td><td>X400</td><td>X450</td><td>X500</td><td>X700</td><td>X900</td></tr>
<tr><td>压缩强度/kPa</td><td>≥150</td><td>≥200</td><td>≥250</td><td>≥300</td><td>≥350</td><td>≥400</td><td>≥450</td><td>≥500</td><td>≥700</td><td>≥900</td></tr>
<tr><td>吸水率（浸水96 h）/%（体积分数）</td><td>≤2.0</td><td>≤1.5</td><td colspan="8">≤1.0</td></tr>
<tr><td>水蒸气透过系数[（23±1）℃，0%～（50±2）%相对湿度梯度]/[ng/（m·s·Pa）]</td><td colspan="2">≤3.5</td><td colspan="3">≤3.0</td><td colspan="5">≤2.0</td></tr>
<tr><td>尺寸稳定性[（70±2）℃，48 h]/%</td><td colspan="8">≤1.5</td><td colspan="2">≤3.0</td></tr>
<tr><td rowspan="2">项目</td><td colspan="10">性能指标（不带表皮）</td></tr>
<tr><td colspan="5">W200</td><td colspan="5">W300</td></tr>
<tr><td>压缩强度/kPa</td><td colspan="5">≥200</td><td colspan="5">≥300</td></tr>
<tr><td>吸水率（浸水96 h）/%（体积分数）</td><td colspan="5">≤2.0</td><td colspan="5">≤1.5</td></tr>
<tr><td>水蒸气透过系数[（23±1）℃，0%～（50±2）%相对湿度梯度]/[ng/（m·s·Pa）]</td><td colspan="5">≤3.5</td><td colspan="5">≤3.0</td></tr>
<tr><td>尺寸稳定性[（70±2）℃，48 h]/%</td><td colspan="10">≤1.5</td></tr>
</table>

(二)绝热性能

产品的绝热性能应符合表 19-9 的规定。

表 19-9　绝热性能

项目		等级		
		024 级	030 级	034 级
导热系数/[W/(m·K)]	平均温度为 10 ℃	≤0.022	≤0.028	≤0.032
	平均温度为 25 ℃	≤0.024	≤0.030	≤0.034
热阻/[(m^2·K)/W]	厚度为 25 mm,平均温度为 10 ℃	≥1.14	≥0.89	≥0.78
	厚度为 25 mm,平均温度为 25 ℃	≥1.04	≥0.83	≥0.74

(三)燃烧性能

燃烧性能应满足《建筑材料及制品燃烧性能分级》(GB 8624—2012)中 B_1 级或 B_2 级的要求。

四、取样规定及取样地点

(一)取样规定

以 600 m^3 的同一类别、同一规格的出厂产品为一批,不足 600 m^3 的按一批计。每批至少取 3 m^3。

(二)取样地点

取样地点为现场仓库。

第五节　胶粉聚苯颗粒浆料

一、概述及引用标准

(一)概述

胶粉聚苯颗粒是由胶粉料、聚苯颗粒轻料和水泥混拌组成的材料。

(1)胶粉聚苯颗粒浆料:由可再分散胶粉、无机胶凝材料、外加剂等制成的胶粉料与作为主要骨料的聚苯颗粒复合而成的保温灰浆。

(2)胶粉聚苯颗粒保温浆料:可直接作为保温层材料的胶粉聚苯颗粒浆料,

简称保温浆料。

(3)胶粉聚苯颗粒贴砌浆料:用于粘贴、砌筑和找平聚苯板的胶粉聚苯颗粒浆料,简称贴砌浆料。

(二)引用标准

《建筑节能工程施工质量验收标准》(GB 50411—2019);

《胶粉聚苯颗粒外墙外保温系统材料》(JG/T 158—2013)。

二、试验检测参数

(1)主要项目:导热系数,干表面密度,抗压强度。

(2)其他项目:软化系数,线性收缩率,抗拉强度,拉伸黏结强度,燃烧性能等级。

三、试验检测技术指标

胶粉聚苯颗粒浆料性能指标见表19-10。

表19-10　胶粉聚苯颗粒浆料性能指标

<table>
<tr><th colspan="3" rowspan="2">项目</th><th colspan="3">性能指标</th></tr>
<tr><th>保温浆料</th><th colspan="2">贴砌浆料</th></tr>
<tr><td colspan="3">干表观密度/(kg/m³)</td><td>180～250</td><td colspan="2">250～350</td></tr>
<tr><td colspan="3">抗压强度/MPa</td><td>≥0.20</td><td colspan="2">≥0.30</td></tr>
<tr><td colspan="3">软化系数</td><td>≥0.50</td><td colspan="2">≥0.60</td></tr>
<tr><td colspan="3">导热系数/[W/(m・K)]</td><td>≤0.06</td><td colspan="2">≤0.08</td></tr>
<tr><td colspan="3">线性收缩率/%</td><td>≤0.30</td><td colspan="2">≤0.30</td></tr>
<tr><td colspan="3">抗拉强度/MPa</td><td>≥0.10</td><td colspan="2">≥0.12</td></tr>
<tr><td rowspan="4">拉伸黏结强度/MPa</td><td rowspan="2">与水泥砂浆</td><td>标准状态</td><td rowspan="2">≥0.10</td><td>≥0.12</td><td rowspan="4">破坏部位不应位于界面</td></tr>
<tr><td>浸水处理</td><td>≥0.10</td></tr>
<tr><td rowspan="2">与聚苯板</td><td>标准状态</td><td rowspan="2">—</td><td>≥0.10</td></tr>
<tr><td>浸水处理</td><td>≥0.08</td></tr>
<tr><td colspan="3">燃烧性能等级</td><td>不应低于 B_1 级</td><td colspan="2">A 级</td></tr>
</table>

四、取样规定及取样地点

(一)取样规定

粉状材料:同种产品、同一级别、同一规格产品每30 t为一批,不足30 t时以一批计。从每批任抽10袋,从每袋中分别取试样不少于500 g,混合均匀,按四分法缩取出比试验所需量大1.5倍的试样为检验样。

(二)取样地点

取样地点为现场仓库。

第六节　建筑保温砂浆

一、概述及引用标准

(一)概述

1.定义

建筑保温砂浆是指以膨胀珍珠岩、玻化微珠、膨胀蛭石等为骨料,掺加胶凝材料及其他功能组分制成的干混砂浆。

2.分类

产品按其性能分为Ⅰ型和Ⅱ型。

3.产品标记

产品标记由三部分组成:型号、产品名称、标准编号。

示例1:Ⅰ型建筑保温砂浆的标记为:

Ⅰ建筑保温砂浆 GB/T 20473—2021

示例2:Ⅱ型建筑保温砂浆的标记为:

Ⅱ建筑保温砂浆 GB/T 20473—2021

(二)引用标准

《建筑节能工程施工质量验收标准》(GB 50411—2019);

《建筑保温砂浆》(GB/T 20473—2021)。

二、试验检测参数

(1)主要项目:导热系数,干密度,抗压强度。

(2)其他项目：外观质量，堆积密度，石棉含量，放射性，2 h 稠度损失率，拉伸黏结强度，线收缩率，压剪黏结强度，燃烧性能，硬化后的特殊要求。

三、试验检测技术指标

(一)外观质量

产品的外观应均匀、无结块。

(二)堆积密度

Ⅰ型应不大于 300 kg/m^3，Ⅱ型应不大于 400 kg/m^3。

(三)石棉含量

应不含石棉纤维。

(四)放射性

天然放射性核素镭 226、钍 232、钾 40 的放射性比活度应同时满足 $I_{Ra} \leqslant 1.0$ 和 $I_r \leqslant 1.0$。

(五)2 h 稠度损失率

2 h 稠度损失率应不大于 30%。

(六)硬化后的性能要求

保温砂浆拌合物硬化后(养护至规定龄期)的性能要求应符合表 19-11 的规定。

表 19-11　硬化后的性能要求

项目	技术要求	
	Ⅰ型	Ⅱ型
干密度/(kg/m^3)	≤350	≤450
抗压强度/MPa	≥0.50	≥1.0
导热系数/[W/(m·K)](平均温度 25 ℃)	≤0.070	≤0.085
拉伸黏结强度/MPa	≥0.10	≥0.15
线收缩率	≤0.30%	
压剪黏结强度/kPa	≥60	
燃烧性能	应符合 GB 8624 规定的 A 级要求	

(七)硬化后的特殊要求

当用户有抗冻性要求时,15 次冻融循环后质量损失率应不大于 5%,抗压强度损失率应不大于 25%。

四、取样规定及取样地点

(一)取样规定

相同原料、相同生产工艺、同一类型、稳定连续生产的产品 100 t 为一个检验批。稳定连续生产三天产量不足 100 t 亦为一个检验批。

抽样应有代表性,可连续抽样,也可以从 20 个以上不同堆放部位的包装袋中取等量样品并混匀,总量应不少于试验用量的 3 倍。

(二)取样地点

取样地点为现场仓库。

第七节 墙体胶结材料

一、概述及引用标准

(一)概述

外墙保温用胶粘剂是一种实用性很强的胶粘剂,不仅本身要具备优良的性能,还要与适宜的施工技术相配合,才会取得好的效果。

建筑外墙保温工程使用的胶粘剂按形态可分为液态胶粘剂与干粉胶粘剂两类。

液态胶粘剂是有机高分子分散液,厂商应配套提供专用的由水泥、填料、添加剂等混合好的粉料,用户只需将二者混合便可直接使用。但有些厂商只提供液态胶粘剂,需要用户在使用时自己按要求混入水泥、填料、添加剂等助剂。

干粉胶粘剂是由生产厂家用高分子乳胶粉、水泥、填料与各种添加剂混合好的粉料,用户只需加水搅拌均匀即可使用,操作简便。

(二)引用标准

《建筑节能工程施工质量验收标准》(GB 50411—2019)。

二、试验检测参数

主要项目:拉伸黏结强度。

三、试验检测技术指标

拉伸黏结强度应符合设计要求。

四、取样规定及取样地点

(一)取样规定

对于同一厂家、同一品种的产品,当单位工程建筑面积在 2000 m^2 以下时抽查 3 次,当单位工程建筑面积在 2000 m^2 以上时抽查不少于 6 次,每次抽取 3 个试样进行检查。

(二)取样地点

取样地点为现场仓库。

第八节　墙体瓷砖胶粘剂

一、概述及引用标准

(一)概述

瓷砖胶粘剂是一种以水泥为基底的由聚合物改性的优质胶粘剂,具有柔韧性和速干性,厚薄施工皆宜,其特殊的配方使其能粘贴瓷砖于各种类型的底材上。其组成为水泥、石英砂及浓缩增黏剂。

(二)引用标准

《建筑节能工程施工质量验收标准》(GB 50411—2019)。

二、试验检测参数

主要项目:拉伸黏结强度。

三、试验检测技术指标

拉伸黏结强度应符合设计要求。

四、取样规定及取样地点

(一)取样规定

对于同一厂家、同一品种的产品,当单位工程建筑面积在 2000 m^2 以下时抽查 3 次，当单位工程建筑面积在 2000 m^2 以上时抽查不少于 6 次，每次抽取 3 个试样进行检查。

(二)取样地点

取样地点为现场仓库。

第九节 墙体耐碱玻璃纤维网格布

一、概述及引用标准

(一)概述

玻璃纤维网格布是指表面经高分子材料涂覆处理的、具有耐碱功能的网格状玻璃纤维织物，它作为增强材料内置于抹面胶浆中，用以提高抹面层的抗裂性和抗冲击性。

(二)引用标准

《建筑节能工程施工质量验收标准》(GB 50411—2019)；

《外墙外保温工程技术标准》(JGJ 144—2019)。

二、试验检测参数

主要项目：断裂强力(经向、纬向)。

三、试验检测技术指标

耐碱玻璃纤维网格布耐碱断裂强力(经向、纬向)应不小于 1000 N/50 mm。

四、取样规定及取样地点

(一)取样规定

对于同一厂家、同一品种的产品，当单位工程建筑面积在 2000 m^2 以下时抽查 3 次，当单位工程建筑面积在 2000 m^2 以上时抽查不少于 6 次，每次抽取 3 个试样进行检查。

(二)取样地点

取样地点为现场仓库。

第十节 墙体保温板钢丝网架

一、概述及引用标准

(一)概述

钢丝网架:由单面或双面钢丝网片和焊接其上的斜插腹丝构成的一种三维钢丝骨架。钢丝网架的腹丝为交叉或平行斜插,腹丝与钢丝网片间形成一定的夹角以保证其网架的稳定性。

钢丝网片:采用钢丝焊接而成的一种网格均匀分布的片状体。

腹丝:穿入绝热材料与网片焊接的钢丝。

(二)引用标准

《建筑节能工程施工质量验收标准》(GB 50411—2019);

《墙体保温系统用钢丝网架复合保温板》(GB/T 26540—2022)。

二、试验检测参数

(1)主要项目:焊点抗拉力。

(2)其他项目:钢丝网片焊点漏焊率,腹丝与钢丝网片焊点漏焊率。

三、试验检测技术指标

(1)焊点抗拉力应大于或等于 330 N。

(2)钢丝网片焊点漏焊率应不大于 0.8%。

(3)腹丝与钢丝网片焊点漏焊率应不大于 3%,且钢丝网架复合保温板周边 200 mm 内应无漏焊、脱焊、虚焊。

四、取样规定及取样地点

(一)取样规定

对于同一厂家、同一品种的产品,当单位工程建筑面积在 2000 m^2 以下时抽查 3 次,当单位工程建筑面积在 2000 m^2 以上时抽查不少于 6 次,每次抽取 3 个试样进行检查。

(二)取样地点

取样地点为现场仓库。

第十一节　抹面胶浆、抗裂砂浆

一、概述及引用标准

（一）概述

抹面胶浆：由水泥基胶凝材料、高分子聚合物材料以及填料和添加剂等组成，具有一定变形能力和良好黏结性能，与玻璃纤维网格布共同组成抹面层的聚合物水泥砂浆或非水泥基聚合物砂浆。

抗裂砂浆：以高分子聚合物、水泥、砂为主要材料配制而成的具有良好抗变形能力和黏结性能的聚合物砂浆。

（二）引用标准

《建筑节能工程施工质量验收标准》(GB 50411—2019)；

《外墙外保温工程技术标准》(JGJ 144—2019)。

二、试验检测参数

主要项目：拉伸黏结强度。

三、试验检测技术指标

拉伸黏结强度应符合设计要求。

四、取样规定及取样地点

（一）取样规定

对于同一厂家、同一品种的产品，当单位工程建筑面积在 2000 m^2 以下时抽查 3 次，当单位工程建筑面积在 2000 m^2 以上时抽查不少于 6 次，每次抽取 3 个试样进行检查。

（二）取样地点

取样地点为现场仓库。

第十二节　施工过程试验检测——保温板材与基层的黏结强度

一、概述及引用标准

(一)概述

保温板材与基层之间及各构造层之间的黏结或连接必须牢固;保温板材与基层的连接方式、拉伸黏结强度和黏结面积比应符合设计要求;保温板材与基层之间的拉伸黏结强度应进行现场拉拔试验,且不得在界面破坏。

(二)引用标准

《建筑节能工程施工质量验收标准》(GB 50411—2019)。

二、试验检测参数

主要项目:拉拔试验。

三、试验检测技术指标

粘贴保温板薄抹灰外保温系统现场检验保温板与基层墙体拉伸黏结强度不应小于0.10 MPa,且应为保温板破坏。

胶粉聚苯颗粒保温浆料外保温系统现场检验系统拉伸黏结强度不应小于0.06 MPa,胶粉聚苯颗粒浆料贴砌EPS板外保温系统现场检验系统拉伸黏结强度不应小于0.10 MPa,且破坏部位不得位于各层界面。

EPS板现浇混凝土外保温系统现场检验EPS板与基层墙体的拉伸黏结强度不应小于0.10 MPa,且应为EPS板破坏。

现场喷涂硬泡聚氨酯外保温系统现场检验保温层与基层墙体的拉伸黏结强度不应小于0.10 MPa,抹面层与保温层的拉伸黏结强度不应小于0.1 MPa,且破坏部位不得位于各层界面。

四、取样规定及取样地点

(一)取样规定

每个检验批应抽查不少于3处。

(二)取样地点

取样地点为现场实体。

第十三节 施工过程试验检测——保温浆料(同条件试块)

一、概述及引用标准

(一)概述

保温浆料是指由无机胶凝材料、添加剂、填料与轻骨料等混合,使用时按比例加水搅拌制成的浆料,又称保温砂浆。

(二)引用标准

《建筑节能工程施工质量验收标准》(GB 50411—2019)。

二、试验检测参数

主要项目:导热系数,干密度,抗压强度。

三、试验检测技术指标

抗压强度、导热系数、抗压强度试件的干密度和导热系数试件的干密度均应符合设计要求和相应标准要求。

四、取样规定及取样地点

(一)取样规定

每个检验批应抽取制作同条件养护试块不少于三组。

(二)取样地点

取样地点为现场仓库。

第十四节　施工过程试验检测——锚栓

一、概述及引用标准

(一)概述

锚栓是指由膨胀件和膨胀套管组成,依靠膨胀产生的摩擦力或机械锁定作用连接保温系统与基层墙体的机械固定件。

(二)引用标准

《外墙外保温工程技术标准》(JGJ 144—2019);

《外墙保温用锚栓》(JG/T 366—2012)。

二、试验检测参数

主要项目:拉拔试验。

三、试验检测技术指标

圆盘抗拔力标准值大于或等于 0.5 kN。

四、取样规定及取样地点

(一)取样规定

每一批产品抽样 1‰,且不少于 5 件。

(二)取样地点

取样地点为施工现场。

第二十章　土工回填料

第一节　回填料原材检验及击实试验

一、概述及引用标准

(一)概述

最大干密度是指在击数一定时,当含水率较低时,击实后的干密度随着含水率的增加而增大;而当含水率达到某一值时,干密度达到最大值,此时含水率继续增加反而导致干密度的减小。

最佳含水率表示土在最大干密度时所对应的含水率,它是土中水分的质量与干土颗粒的质量的比值。

通用的确定土和路面材料标准干密度的方法是击实试验法。通过击实试验确定土和材料的最佳含水量和最大干密度,并以此最大干密度作为该土和该材料的标准干密度。击实试验分轻型击实和重型击实。

(二)引用标准

《土工试验方法标准》(GB/T 50123—2019);

《建筑地基基础工程施工质量验收标准》(GB 50202—2018);

《电力建设施工质量验收规程　第1部分:土建工程》(DL/T 5210.1—2021);

《公路土工试验规程》(JTG 3430—2020)。

二、试验检测参数

主要项目:外观检查,最大干密度,最佳含水率,颗粒分析。

三、试验检测技术指标

(1)回填土料应符合设计要求。

(2)应根据工程要求和试样最大粒径按表 20-1 选用击实试验方法。当粒径大于 40 mm 的颗粒含量大于 5%且不大于 30%时,应对试验结果进行校正;当粒径大于 40 mm 的颗粒含量大于 30%时,按《公路土工试验规程》(JTG 3430—2020)T0133 试验进行。

表 20-1　击实试验方法种类

试验方法	类别	锤底直径/cm	锤质量/kg	落高/cm	试桶尺寸		试样尺寸		层数	每层击数	最大粒径/mm
					内径/cm	高度/cm	高度/cm	体积/cm^3			
轻型	Ⅰ-1	5	2.5	30	10	12.7	12.7	997	3	27	20
	Ⅰ-2	5	2.5	30	15.2	17	12	2177	3	59	40
重型	Ⅱ-1	5	4.5	45	10	12.7	12.7	997	5	27	20
	Ⅱ-2	5	4.5	45	15.2	17	12	2177	5	98	40

四、取样规定及取样地点

(一)取样规定

(1)对于轻型击实试验,取天然含水率的代表性土样 20 kg (重型为 50 kg)。

(2)每类土都应做击实试验,以确定该类土的最大干密度和最优含水量。

(3)应从回填土料堆上取有代表性的土壤做击实试验,当回填土与做击实试验的土壤有变化时,应重新做击实试验。

(二)取样地点

取样地点为用作回填的土料堆、料场。

第二节 回填土压实系数

一、概述及引用标准

(一)概述

压实系数(K)指路基(回填土)经压实实际达到的干密度与由击实试验得到的试样的最大干密度的比值。路基的压实质量以施工压实度K(%)表示。压实系数愈接近1,表明压实质量要求越高。

(二)引用标准

《土工试验方法标准》(GB/T 50123—2019);

《建筑地基基础工程施工质量验收标准》(GB 50202—2018);

《电力建设施工质量验收规程 第1部分:土建工程》(DL/T 5210.1—2021)。

二、试验检测参数

主要项目:压实系数。

三、试验检测技术指标

压实系数应不小于设计要求。

四、取样规定及取样地点

(一)取样规定

场地平整:每层100～400 m^2取一组;单独基坑:20～50 m^2取一组,且不得少于一组;室内回填:沟道及基础,每层20～50 m^2取一组;其他:50～200 m^2取一组。

取样方法有环刀法、灌砂法、灌水法、核子密度仪法。

(二)取样地点

取样地点为施工现场。

第二十一章　桩基及地基处理

第一节　膨胀土地基

一、概述及引用标准

(一)概述

膨胀土:土中黏粒成分主要由亲水性矿物组成,同时具有显著的吸水膨胀和失水收缩两种变形特性的黏性土。

自由膨胀率:人工制备的烘干松散土样在水中膨胀稳定后,其体积增加值与原体积之比的百分率。

膨胀率:固结仪中的环刀土样,在一定压力下浸水膨胀稳定后,其高度增加值与原高度之比的百分率。

膨胀力:固结仪中的环刀土样,在体积不变时浸水膨胀产生的最大内应力。

收缩系数:环刀土样在直线收缩阶段含水量每减少1%时的竖向线缩率。

(二)引用标准

《建筑地基基础工程施工质量验收标准》(GB 50202—2018);

《膨胀土地区建筑技术规范》(GB 50112—2013)。

二、试验检测参数

主要项目:自由膨胀率,收缩系数,膨胀力。

三、试验检测技术指标

膨胀土地基主要检测项目指标是膨胀土的性能指标，提供实测值。

四、取样规定及取样地点

（一）取样规定

（1）勘探点的布置及控制性钻孔深度应根据地形地貌条件和地基基础设计等级确定，钻孔深度不应小于大气影响深度，且控制性勘探孔不应小于8 m，一般性勘探孔不应小于5 m。

（2）取原状土样的勘探点应根据地基基础设计等级、地貌单元和地基土胀缩等级布置，其数量不应少于勘探点总数的1/2；详细勘察阶段，地基基础设计等级为甲级的建筑物，不应少于勘探点总数的2/3，且不得少于3个勘探点。

（3）采取原状土样应从地表下1 m处开始，在地表下1 m至大气影响深度内，每1 m取土样1件；土层有明显变化处，宜增加取土数量；大气影响深度以下，取土间距可为1.5～2.0 m。

（二）取样地点

取样地点为施工现场。

第二节　地基工程

一、概述及引用标准

（一）概述

地基处理：提高地基承载力，改善其变形性能或渗透性能而采取的技术措施。

复合地基：部分土体被增强或被置换，形成由地基土和竖向增强体共同承担荷载的人工地基。

地基承载力特征值：由载荷试验测定的地基土压力变形曲线线性变形段内规定的变形所对应的压力值，其最大值为比例界限值。

（二）引用标准

《土工试验方法标准》（GB/T 50123—2019）；

《建筑地基基础工程施工质量验收标准》(GB 50202—2018)；
《建筑地基处理技术规范》(JGJ 79—2012)；
《电力建设施工质量验收规程　第1部分:土建工程》(DL/T 5210.1—2021)。

二、试验检测参数及技术要求

试验检测参数及技术要求应符合表21-1的规定。

表21-1　试验检测参数及技术要求

序号	基础类别	检测项目	技术要求	检测方法
1	素土、灰土地基	地基承载力	不小于设计值	静载荷试验
		压实系数	不小于设计值	环刀法
2	砂和砂石地基	地基承载力	不小于设计值	静载荷试验
		压实系数	不小于设计值	灌砂法、灌水法
3	土工合成材料地基	地基承载力	不小于设计值	静载荷试验
4	粉煤灰地基	地基承载力	不小于设计值	静载荷试验
		压实系数	不小于设计值	环刀法
5	强夯地基	地基承载力	不小于设计值	静载荷试验
		处理后地基土的强度	不小于设计值	原位测试
		变形指标	设计值	原位测试
6	注浆地基	地基承载力	不小于设计值	静载荷试验
		处理后地基土的强度	不小于设计值	原位测试
		变形指标	设计值	原位测试
7	预压地基	地基承载力	不小于设计值	静载荷试验
		处理后地基土的强度	不小于设计值	原位测试
		变形指标	设计值	原位测试
8	砂石桩复合地基	复合地基承载力	不小于设计值	静载荷试验
		桩体密实度	不小于设计值	重型动力触探
9	高压喷射注浆复合地基	复合地基承载力	不小于设计值	静载荷试验
		单桩承载力	不小于设计值	静载荷试验
		桩身强度	不小于设计值	28 d试块强度或钻芯法

续表

序号	基础类别	检测项目	技术要求	检测方法
10	水泥土搅拌桩复合地基	复合地基承载力	不小于设计值	静载荷试验
		单桩承载力	不小于设计值	静载荷试验
		桩身强度	不小于设计值	28 d 试块强度或钻芯法
11	土和灰土挤密桩复合地基	复合地基承载力	不小于设计值	静载荷试验
		桩体填料平均压实系数	≥97.0%	环刀法
12	水泥粉煤灰碎石桩复合地基	复合地基承载力	不小于设计值	静载荷试验
		单桩承载力	不小于设计值	静载荷试验
		桩身强度	不小于设计值	28 d 试块强度
		桩身完整性	—	低应变检测
13	夯实水泥土桩复合地基	复合地基承载力	不小于设计值	静载荷试验
		桩体填料平均压实系数	≥97.0%	环刀法
		桩身强度	不小于设计值	28 d 试块强度

三、取样规定及取样地点

(一)取样规定

(1)素土和灰土地基、砂和砂石地基、土工合成材料地基、粉煤灰地基、强夯地基、注浆地基、预压地基的承载力的检验数量每 300 m^2 不应少于 1 点，超过 3000 m^2 部分每 500 m^2 不应少于 1 点。每单位工程不应少于 3 点。

(2)采用环刀法检验垫层的施工质量时，取样点应位于每层垫层厚度的 2/3 深度处。检验点数量：条形基础下垫层每 10～20 m 不应少于 1 个点，独立柱基、单个基础下垫层不应少于 1 个点，其他基础下垫层每 50～100 m^2 不应少于 1 个点。采用标准贯入试验或动力触探法检验垫层的施工质量时，每分层平面上检验点的间距不应大于 4 m。

(二)取样地点

取样地点为施工现场。

四、检测试验说明

(一)强夯地基

强夯处理后的地基承载力检验,应在施工结束后间隔一定时间进行,对于碎石土和砂土地基,间隔时间宜为7~14 d;粉土和黏性土地基,间隔时间宜为14~28 d;强夯置换地基,间隔时间宜为28 d。

强夯地基均匀性检验,可采用动力触探试验或标准贯入试验、静力触探试验等原位测试,以及室内土工试验。检验点的数量可根据场地复杂程度和建筑物的重要性确定:对于简单场地上的一般建筑物,按每400 m^2 不少于1个检测点,且不少于3点;对于复杂场地或重要建筑地基,每300 m^2 不少于1个检验点,且不少于3点。强夯置换地基可采用超重型或重型动力触探试验等方法,检查置换墩着底情况及承载力与密度随深度的变化,检验数量不应少于墩点数的3%,且不少于3点。

(二)振冲碎石桩、沉管砂石桩复合地基

振冲碎石桩、沉管砂石桩复合地基的质量检验应符合下列规定:

(1)施工后,应间隔一定时间方可进行质量检验。粉质黏土地基不宜少于21 d,粉土地基不宜少于14 d,砂土和杂填土地基不宜少于7 d。

(2)施工质量的检验:对桩体可采用重型动力触探试验;对桩间土可采用标准贯入、静力触探、动力触探或其他原位测试等方法;对消除液化的地基检验应采用标准贯入试验。桩间土质量的检测位置应在等边三角形或正方形的中心。检验深度不应小于处理地基深度,检测数量不应少于桩孔总数的2%。

(3)竣工验收时,地基承载力检验应采用复合地基静载荷试验,试验数量不应少于总桩数的1%,且每个单体建筑不应少于3点。

(三)水泥土搅拌桩复合地基

水泥土搅拌桩的施工质量检验可采用下列方法:

(1)成桩3 d内,采用轻型动力触探(N_{10})检查上部桩身的均匀性,检验数量为施工总桩数的1%,且不少于3根。

(2)成桩7 d后,采用浅部开挖桩头进行检查,开挖深度宜超过停浆(灰)面下0.5 m,检查搅拌的均匀性,量测成桩直径,检查数量不少于总桩数的5%。

静载荷试验宜在成桩28 d后进行。水泥土搅拌桩复合地基承载力检验应采用复合地基静载荷试验和单桩静载荷试验,验收检验数量不少于总桩数的1%,复合地基静载荷试验数量不少于3台(多轴搅拌为3组)。

对变形有严格要求的工程,应在成桩28 d后,采用双管单动取样器钻取芯样

做水泥土抗压强度检验,检验数量为施工总桩数的0.5%,且不少于6点。

(四)旋喷桩复合地基

旋喷桩复合地基承载力检验应采用复合地基静载荷试验和单桩静载荷试验,检验数量不得少于总桩数的1%,且每个单体工程复合地基静载荷试验的数量不得少于3台。

(五)灰土挤密桩、土挤密桩复合地基

应随机抽样检测夯后桩长范围内灰土或土填料的平均压实系数$\overline{\lambda}_c$,抽检的数量不应少于桩总数的1%,且不得少于9根。对灰土桩桩身强度有怀疑时,尚应检验消石灰与土的体积配合比。

应抽样检验处理深度内桩间土的平均挤密系数$\overline{\eta}_c$,检测探井数不应少于总桩数的0.3%,且每项单体工程不得少于3个。

对消除湿陷性的工程,除应检测上述内容外,尚应进行现场浸水静载荷试验,试验方法应符合现行国家标准《湿陷性黄土地区建筑标准》(GB 50025—2018)的规定。

承载力检验应在成桩14~28 d后进行,检测数量不应少于总桩数的1%,且每项单体工程复合地基静载荷试验不应少于3点。

(六)夯实水泥土桩复合地基

夯实水泥土桩复合地基质量检验应符合下列规定:

(1)夯填桩体的干密度质量检验应随机抽样检测,抽检的数量不应少于总桩数的2%。

(2)复合地基静载荷试验和单桩静载荷试验检验数量不应少于桩总数的1%,且每项单体工程复合地基静载荷试验检验数量不应少于3点。

(七)水泥粉煤灰碎石桩复合地基

水泥粉煤灰碎石桩复合地基质量检验应符合下列规定:

(1)竣工验收时,水泥粉煤灰碎石桩复合地基承载力检验应采用复合地基静载荷试验和单桩静载荷试验。

(2)承载力检验宜在施工结束28 d后进行,其桩身强度应满足试验荷载条件;复合地基静载荷试验和单桩静载荷试验的数量不应少于总桩数的1%,且每个单体工程的复合地基静载荷试验的数量不应少于3点。

(3)采用低应变动力试验检测桩身完整性,检查数量不低于总桩数的10%。

(八)多桩型复合地基

多桩型复合地基的质量检验应符合下列规定:

(1)竣工验收时,多桩型复合地基承载力检验应采用多桩复合地基静载荷试验和单桩静载荷试验,检验数量不得少于总桩数的1%。

(2)多桩复合地基载荷板静载荷试验,对每个单体工程检验数量不得少于3点。

(3)增强体施工质量检验,对散体材料增强体的检验数量不应少于其总桩数的2%,对具有黏结强度的增强体,完整性检验数量不应少于其总桩数的10%。

第三节　桩基工程——试桩

一、概述及引用标准

(一)概述

单桩的竖向极限承载力标准值是指单桩在竖向荷载作用下达到破坏状态前或出现不适合继续承载的变形时所对应的最大荷载,它取决于对桩的支承阻力和桩身材料强度。单桩的竖向极限承载力标准值是基桩承载力的最基本参数,其他如特征值、设计值都是根据竖向极限承载力标准值计算出来的。

当设计有要求或有下列情况之一时,施工前应进行试验桩检测并确定单桩极限承载力:设计等级为甲级的桩基,无相关试桩资料可参考的设计等级为乙级的桩基,地质条件复杂、基桩施工质量可靠性低的桩基,本地区采用的新型桩或采用新工艺成桩的桩基。

(二)引用标准

《建筑地基基础工程施工质量验收标准》(GB 50202—2018);

《建筑基桩检测技术规范》(JGJ 106—2014)。

二、试验检测参数

主要项目:单桩极限承载力。

三、试验检测技术指标

试桩的单桩极限承载力应满足设计要求。

四、取样规定及取样地点

(一)取样规定

为设计提供依据的试桩采用相应的静载荷试验方法确定单桩极限承载力，检测数量应满足设计要求，且在同一条件下不少于3根。当预计工程桩总数小于50根时，检测数量不应小于2根。

打入式预制桩有下列要求之一时，应采用高应变法进行试打桩的打桩过程监测，在相同施工工艺和相近的地基条件下，试打桩数量不应小于3根：控制打桩过程中的桩身应力，确定沉桩工艺参数，选择沉桩设备，选择桩端持力层。

(二)取样地点

取样地点为试桩现场。

第四节　桩基工程——工程桩

一、概述及引用标准

(一)概述

桩身完整性是反映桩身截面尺寸相对变化、桩身材料密实性和连续性的综合定性指标。

桩身完整性检测主要是对桩身的完整性进行检测，检测方法有低应变法、声波透射法、高应变法和钻芯法，除中小直径灌注桩外，大直径灌注桩一般同时选用两种或多种方法检测，使各种方法能相互补充印证，优势互补。另外，对设计等级高、地基条件复杂、施工质量变异性大的桩基，或低应变完整性判定可能有技术困难时，提倡采用直接法(静载荷试验、钻芯和开挖，管桩可采用孔内摄像)进行验证。

符合下列条件之一时，应采用单桩竖向抗压静载荷试验进行承载力验收检测。

(1)设计等级为甲级的桩基。

(2)施工前未按要求进行试桩的工程。

(3)施工前进行了单桩静载荷试验，但施工过程中变更了工艺参数或施工质量出现了异常。

(4)地基条件复杂，桩施工质量可靠性低。

(5)本地区采用的新型桩或采用新工艺成桩的桩基。

(6)施工过程中产生挤土上浮或偏位的群桩。

(二)引用标准

《建筑地基基础工程施工质量验收标准》(GB 50202—2018);

《建筑基桩检测技术规范》(JGJ 106—2014)。

二、试验检测参数

(1)主要项目:承载力,桩身完整性。

(2)其他项目:单桩竖向抗拔力,单桩水平静载力。

(3)注意事项:声波透射法不适用于直径小于 600 mm 灌注桩桩身完整性检测。

三、试验检测技术指标

(1)基桩承载力不小于设计值;单桩竖向抗拔力、单桩水平静载力应满足设计要求。

(2)桩身完整性分四类:

①Ⅰ类:桩身完整。

②Ⅱ类:桩身有轻微缺陷,不会影响桩身结构承载力的正常发挥。

③Ⅲ类:桩身有明显缺陷,对桩身结构承载力有影响。

④Ⅳ类:桩身存在严重缺陷。

四、取样规定及取样地点

(一)取样规定

1.桩基承载力取样规定

(1)工程桩应进行承载力检验,对于地基基础设计等级为甲级或地质条件复杂、成桩质量可靠性低的灌注桩,应采用静载荷试验的方法进行检验,检验桩数不应少于总桩数的 1%,且不应少于 3 根;当总桩数少于 50 根时,检验桩数不应少于 2 根。

(2)预制桩和满足高应变法适用范围的灌注桩,可采用高应变法检测单桩竖向抗压承载力,检测数量不宜少于总桩数的 5%,且不得少于 5 根。

(3)对于端承型大直径灌注桩,当受设备或现场条件限制无法检测单桩竖向抗压承载力时,可选择下列方式之一进行持力层核验:

①采用钻芯法测定桩底沉渣厚度,并钻取桩端持力层岩土芯样检验桩端持力层,检测数量不应少于总桩数的 10%,且不应少于 10 根。

②采用深层平板载荷试验或岩基平板载荷试验时，检测数量不应少于总桩数的1%，且不应少于3根。

2.桩身完整性取样规定

(1)对设计等级为甲级或地质条件复杂、成桩质量可靠性低的灌注桩，抽检数量不应少于总桩数的30%，且不应少于20根；对混凝土预制桩及地下水位以上且终孔后经过核验的灌注桩，检验数量不应少于总桩数的10%，且不得少于10根，每个柱子承台下不得少于1根；其他桩基工程的抽检数量不应少于总桩数的20%，且不应少于10根。

(2)除符合上款规定外，每个柱下承台检测桩数不应少于1根。

(3)大直径嵌岩灌注桩或设计等级为甲级的大直径灌注桩，应在本条第(1)(2)款规定的检测桩数范围内，按不少于总桩数10%的比例采用声波透射法或钻芯法检测。

(4)可通过低应变法、声波透射法、钻芯法、高应变(可同时检测承载力)法判定桩身完整性类别，可用低应变法、声波透射法检测桩身缺陷及位置，可用钻芯法检测桩长、混凝土强度、桩底沉渣厚度等，可用高应变法检测桩身缺陷及位置，分析桩侧和桩端土阻力，进行打桩过程监测。

(二)取样地点

取样地点为施工现场。

第二十二章　基坑支护

第一节　土钉墙

一、概述及引用标准

（一）概述

土钉墙是一种原位土体加筋技术，它是设置在坡体中的加筋杆件（即土钉或锚杆）与其周围土体牢固黏结形成的复合体以及面层所构成的类似于重力挡土墙的支护结构。

土钉的类型主要有以下几种：

(1)钻孔注浆型：先用钻机等机械设备在土体中钻孔，成孔后置入杆体（一般采用 HRB335 带肋钢筋制作），然后沿全长注水泥浆。钻孔注浆钉几乎适用于各种土层，其抗拔力较高、质量较可靠、造价较低，是最常用的土钉类型。

(2)直接打入型：在土体中直接打入钢管、角钢等型钢、钢筋、毛竹、圆木等，不再注浆。由于打入式土钉直径小、与土体间的黏结摩阻强度低、承载力低、钉长又受限制，所以布置较密，可用人力或振动冲击钻、液压锤等机具打入。直接打入土钉的优点是不需预先钻孔、对原位土的扰动较小、施工速度快，但在坚硬黏性土中很难打入，不适用于服务年限大于 2 年的永久支护工程，杆体采用金属材料时造价稍高，国内应用很少。

(3)打入注浆型：在钢管中部及尾部设置注浆孔成为钢花管，将其打入土中后压灌水泥浆形成土钉。钢花管注浆土钉具有直接打入钉的优点且抗拔力较高，特别适合于成孔困难的淤泥、淤泥质土等软弱土层，各种填土及砂土，应用较为广泛，缺点是造价比钻孔注浆土钉略高、防腐性能较差，故不适用于永久性工程。

(二)引用标准

《建筑基坑支护技术规程》(JGJ 120—2012)。

二、试验检测参数

主要项目：土钉抗拔承载力，喷射混凝土强度，喷射混凝土面层厚度，预应力锚杆抗拔承载力。

三、试验检测技术指标

(1)土钉抗拔承载力不小于设计值(土钉抗拔试验)。

(2)喷射混凝土强度不小于设计值(28 d强度)。

(3)喷射混凝土面层厚度偏差为±10 mm。

(4)预应力锚杆抗拔承载力不小于设计值(土钉抗拔试验)。

四、取样规定及取样地点

(一)取样规定

(1)应对土钉的抗拔承载力进行检测，土钉检测数量不宜少于土钉总数的1%，且同一土层中的土钉检测数量不应少于3根；对安全等级为二、三级的土钉墙，抗拔承载力检测值应分别不小于土钉轴向拉力标准值的1.3、1.2倍；检测土钉应采用随机抽样的方法选取；检测试验应在注浆固结体强度达到10 MPa或达到设计强度的70%后进行；当检测的土钉不合格时，应扩大检测数量。

(2)土钉墙面层喷射混凝土应进行现场试块强度试验，每500 m^2喷射混凝土面积的试验数量不应少于一组，每组试块不应少于3个。

(3)应对土钉墙的喷射混凝土面层厚度进行检测，每500 m^2喷射混凝土面积的检测数量不应少于一组，每组的检测点不应少于3个；全部检测点的面层厚度平均值不应小于厚度设计值，最小厚度不应小于厚度设计值的80%。

(4)复合土钉墙中的预应力锚杆，应进行抗拔承载力检测。

(二)取样地点

取样地点为施工现场。

第二节　水泥土墙

一、概述及引用标准

(一)概述

水泥土墙是由水泥土桩相互搭接形成的格网状、壁状等形式的重力式挡土结构物，通常采用搅拌桩，亦可采用旋喷桩等。

(二)引用标准

《建筑基坑支护技术规程》(JGJ 120—2012)。

二、试验检测参数

主要项目：墙身完整性，墙体强度(设计有要求时)。

三、试验检测技术指标

(1)墙身完整性检测即检查形成墙体的水泥桩桩身的完整性。桩身完整性分四类：

①Ⅰ类：桩身完整。

②Ⅱ类：桩身有轻微缺陷，不会影响桩身结构承载力的正常发挥。

③Ⅲ类：桩身有明显缺陷，对桩身结构承载力有影响。

④Ⅳ类：桩身存在严重缺陷。

(2)墙身强度不小于设计值。

四、取样规定及取样地点

(一)取样规定

应采用钻芯法检测水泥土搅拌桩的单轴抗压强度、完整性、深度。进行单轴抗压强度试验的芯样直径不应小于80 mm。检测桩数不应少于总桩数的1%，且不应少于6根。

(二)取样地点

取样地点为施工现场。

第三节 锚杆与锚索

一、概述及引用标准

(一)概述

锚杆是当代煤矿当中巷道支护的最基本的组成部分,它将巷道的围岩加固在一起,使围岩自身支护自身。现在的锚杆不仅用于矿山,也用于工程技术中,如对边坡、隧道、坝体进行主体加固。

在吊桥中,在边孔将主缆进行锚固时,要将主缆分为许多股钢束分别锚于锚锭内,这些钢束被称为锚索。锚索是通过外端固定于坡面,另一端锚固在滑动面以内的稳定岩体中穿过边坡滑动面的预应力钢绞线,直接在滑动面上产生抗滑阻力,增大抗滑摩擦阻力,使结构面处于压紧状态,以提高边坡岩体的整体性,从而从根本上改善岩体的力学性能,有效地控制岩体的位移,促使其稳定,达到整治顺层、滑坡及危岩、危石的目的。

(二)引用标准

《建筑基坑支护技术规程》(JGJ 120—2012)。

二、试验检测参数

主要项目:抗拔承载力。

三、试验检测技术指标

抗拔承载力不小于设计值。

四、取样规定及取样地点

(一)取样规定

检测数量不应少于锚杆总数的5%,且同一土层中的锚杆检测数量不应少于3根。

(二)取样地点

取样地点为施工现场。

第二十三章　混凝土结构后锚固及砌体工程植筋锚固力

第一节　混凝土后锚固(植筋、锚栓)现场力学性能检测

一、概述及引用标准

(一)概述

后锚固:通过相关技术手段在已有混凝土结构上进行的锚固。

锚栓:将被连接件锚固到基材上的锚固组件产品,分为机械锚栓和化学锚栓。

(二)引用标准

《混凝土结构后锚固技术规程》(JGJ 145—2013)。

二、试验检测参数

主要项目:抗拔承载力。

三、试验检测技术指标

抗拔承载力应不小于设计值。

四、取样规定及取样地点

(一)取样规定

(1)锚固质量现场检验抽样时,应以同品种、同规格、同强度等级的锚固件安装于锚固部位基本相同的同类构件为一检验批,并应从每一检验批所含的锚固

件中进行抽样。

(2)现场破坏性检验宜选择锚固区以外的同条件位置,应取每一检验批锚固件总数的0.1%且不少于5件进行检验。锚固件为植筋且数量不超过100件时,可取3件进行检验。

(二)取样地点

取样地点为施工现场。

第二节 砌体工程植筋锚固力检测

一、概述及引用标准

(一)概述

植筋:以专用的有机或无机胶粘剂将带肋钢筋或全螺纹螺杆种植于混凝土基材中的一种后锚固连接方法。

(二)引用标准

《砌体结构工程施工质量验收规范》(GB 50203—2011)。

二、试验检测参数

主要项目:抗拔承载力。

三、试验检测技术指标

锚固钢筋拉拔试验的轴向受拉非破坏承载力检验值应为6.0 kN。抽检钢筋在检验值作用下基材应无裂缝、钢筋应无滑移和宏观裂损现象,持荷2 min期间荷载值降低应不大于5%。检验抽样判定规则可参照表23-1、表23-2。

表23-1 正常一次性抽样的判定

样本容量	合格判定数	不合格判定数	样本容量	合格判定数	不合格判定数
5	0	1	20	2	3
8	1	2	32	3	4
13	1	2	50	5	6

表 23-2 正常二次性抽样的判定

抽样次数与样本容量	合格判定数	不合格判定数	抽样次数与样本容量	合格判定数	不合格判定数
(1)—5 (2)—10	0 1	2 2	(1)—20 (2)—40	1 3	3 4
(1)—8 (2)—16	0 1	2 2	(1)—32 (2)—64	2 6	5 7
(1)—13 (2)—26	0 3	3 4	(1)—50 (2)—100	3 9	6 10

四、取样规定及取样地点

(一)取样规定

植筋小于或等于 90 根，取样 5 根。

植筋为 91～150 根，取样 8 根。

植筋为 151～280 根，取样 13 根。

植筋为 281～500 根，取样 20 根。

植筋为 501～1200 根，取样 32 根。

植筋为 1201～3200 根，取样 50 根。

(二)取样地点

取样地点为施工现场。

第二十四章　室内空气质量

一、概述及引用标准

(一)概述

室内空气质量即一定时间和一定区域内，空气中所含有的各项检测物达到一个恒定不变的检测值，是用来指示环境健康和适宜居住的重要指标。其主要的标准有含氧量、甲醛含量、水汽含量、颗粒物等，是一套综合数据，能够充分反映一地的空气状况。

(二)引用标准

《民用建筑工程室内环境污染控制标准》(GB 50325—2020)；

《环境空气中氡的测量方法》(HJ 1212—2021)；

《空气质量　氨的测定　离子选择电极法》(GB/T 14669—1993)；

《公共场所卫生检验方法　第 2 部分：化学污染物》(GB/T 18204.2—2014)。

二、试验检测参数

主要项目：氡，甲醛，氨，苯，甲苯，二甲苯，总挥发性有机化合物(TVOC)的浓度检测。

三、试验检测技术指标

室内空气质量应符合表 24-1 的规定。

表 24-1　室内空气质量指标

污染物浓度	Ⅰ类民用建筑工程	Ⅱ类民用建筑工程
氡/(Bq/m^3)	≤150	≤150

续表

污染物浓度	Ⅰ类民用建筑工程	Ⅱ类民用建筑工程
甲醛/(mg/m^3)	≤0.07	≤0.08
氨/(mg/m^3)	≤0.15	≤0.20
苯/(mg/m^3)	≤0.06	≤0.09
甲苯/(mg/m^3)	≤0.15	≤0.20
二甲苯/(mg/m^3)	≤0.20	≤0.20
TVOC/(mg/m^3)	≤0.45	≤0.50

四、取样规定及取样地点

(一)取样规定

应抽检有代表性的房间进行室内环境污染物浓度检测,抽检数量不得少于5%,并不得少于3间;房间总数少于3间时,应全数检测。凡进行了样板间室内环境污染物浓度检测且检测结果合格的,抽检数量减半,并不得少于3间。当室内环境污染物浓度检测结果不符合规定时,应查找原因并采取措施进行处理,并可对不合格项进行再次检测,但再次检测的抽检数量应增加1倍,并应包含同类型的房间和不合格房间。

房间使用面积小于50 m^2时,检测点数为1个;大于或等于50 m^2且小于100 m^2时,检测点数为2个;大于或等于100 m^2且小于500 m^2时,检测点数大于或等于3个;大于或等于500 m^2且小于1000 m^2时,检测点数大于或等于5个;大于或等于1000 m^2且小于3000 m^2时,检测点数大于或等于6个;大于或等于3000 m^2时,检测点数大于或等于9个。

检测点距内墙面应不小于0.5 m,距楼地面高度0.5～1.5 m,检测点应均匀分布,避开通风道和通风口。

(二)取样地点

取样地点为现场各单体。

第二十五章　回弹(钻芯)法检测混凝土抗压强度

第一节　结构混凝土抗压强度现场检测（回弹法和超声回弹综合法）

一、概述及引用标准

（一）概述

回弹法：根据回弹值推定混凝土强度的方法。

超声回弹综合法：通过测定混凝土的超声波声速值和回弹值检测混凝土抗压强度的方法。

测区：按检测方法要求布置的具有一个或若干个测点的区域。

测点：在测区内，取得检测数据的检测点。

测区混凝土抗压强度换算值：根据测区混凝土中的声速代表值和回弹代表值，通过测强曲线换算所得的该测区现龄期混凝土的抗压强度值。

混凝土抗压强度推定值：测区混凝土抗压强度换算值总体分布中保证率不低于95%的结构或构件现龄期混凝土强度值。

（二）引用标准

《回弹法检测混凝土抗压强度技术规程》(JGJ/T 23—2011)；

《高强混凝土强度检测技术规程》(JGJ/T 294—2013)。

二、试验检测参数

主要项目:结构混凝土抗压强度。

三、试验检测技术指标

混凝土抗压强度不小于设计要求。

四、取样规定及取样地点

(一)取样规定

(1)普通混凝土回弹检测:单个检测适用于单个结构或构件的检测。批量检测适用于在相同的生产工艺条件下,混凝土强度等级相同,原材料、配合比、成型工艺、养护条件基本一致且龄期相近的同类结构或构件。按批进行构件检测,抽检数量不得少于同批构件总数的30%且构件数量不得少于10件。抽检构件时,应随机抽取并使选构件具有代表性。每一结构或构件测区数都不应少于10个。

(2)对某一方向尺寸小于4.5 m且另一方向尺寸小于0.3 m的构件,测区数量不应少于5个。

(3)当结构或构件所采用的材料及其龄期与制定测强曲线所采用的材料及龄期有较大差异时,应用同条件试件或钻取混凝土芯样进行修正,试件或钻芯数量不宜少于6个。

(4)高强度混凝土回弹检测:对同批构件按批抽样检测时,构件应随机抽样,抽样数量不宜少于同批构件的30%,且不宜少于10件。当检验批中构件数量大于50件时,构件抽样数量可按现行国家标准《建筑结构检测技术标准》(GB/T 50344—2019)进行调整,但抽取构件总数不宜少于10件,并应按现行国家标准《建筑结构检测技术标准》(GB/T 50344—2019)进行检测批混凝土的强度推定。

(5)注意事项:

①采用回弹法测量混凝土抗压强度时,要求混凝土不得少于14 d,不得多于1000 d,温度要求为-4～40 ℃。

②每次试验前应先对回弹仪进行率定,率定值为80±2。

③应使用碱性试剂测碳化深度。

④每个测区的大小为200 mm×200 mm,分为16个测点。应去除3个最高值和3个最低值,取10个测点的平均值。

(二)取样地点

取样地点为施工现场。

第二节 结构混凝土抗压强度现场检测(钻芯法)

一、概述及引用标准

(一)概述

钻芯法:从结构或构件中钻取圆柱状试件得到在检测龄期混凝土强度的方法。

芯样试件抗压强度值:由芯样试件得到相当于边长为150 mm的立方体试件的混凝土抗压强度。

芯样试件劈裂抗拉强度值:由芯样试件得到相当于边长为150 mm的立方体试件的混凝土劈裂抗拉强度。

芯样试件抗折强度值:由芯样试件得到相当于边长为150 mm×150 mm×600 mm的棱柱体试件的混凝土抗折强度。

混凝土强度推定值:混凝土强度分布中的0.05分位值的估计值。

构件混凝土强度代表值:单个构件混凝土强度实测值的均值。

(二)引用标准

《钻芯法检测混凝土强度技术规程》(JGJ/T 384—2016)。

二、试验检测参数

主要项目:结构混凝土抗压强度。

三、试验检测技术指标

对同一强度等级的构件,当符合下列规定时,结构实体混凝土强度可判为合格。

(1)3个芯样的抗压强度算术平均值不小于设计要求的混凝土强度等级值的88%。

(2)3个芯样抗压强度的最小值不小于设计要求的混凝土强度等级值的80%。

四、取样规定及取样地点

(一)取样规定

钻芯取样构件应随机抽取,所选构件应具有代表性,芯样应在结构或构件受力较小、混凝土强度质量具有代表性、便于钻芯机安放与操作的部位,并应避开主筋、预埋件和管线的位置。用钻芯法和非破损法综合测定强度时,应与非破损法在同一测区部位或附近钻取。所选构件数不得少于同批构件总数的30%,且芯样数量不得少于15个。单个构件检测时,每个构件钻芯数量不应少于3个。

(二)取样地点

取样地点为施工现场。

第二十六章　钢筋保护层厚度

一、概述及引用标准

（一）概述

钢筋保护层厚度的检验，可采用非破损或局部破损的方法，也可采用非破损方法并用局部破损方法进行校准。当采用非破损方法检验时，所使用的检测仪器应经过计量检验，检测操作应符合相应规程的规定。钢筋保护层厚度检验的检测误差不应大于1 mm。

（二）引用标准

《混凝土结构工程施工质量验收规范》(GB 50204—2015)。

二、试验检测参数

(1)主要项目：钢筋保护层厚度，钢筋位置。

(2)其他项目：钢筋直径。

三、试验检测技术指标

(1)结构实体纵向受力钢筋保护层厚度的允许偏差应符合表26-1的规定。

表 26-1　结构实体纵向受力钢筋保护层厚度的允许偏差

构件类型	允许偏差/mm
梁	−7～+10
板	−5～+8

梁类、板类构件纵向受力钢筋的保护层厚度应分别进行验收，并应符合下列规定：

①当全部钢筋保护层厚度检验的合格率为90%及以上时，可判为合格。

②当全部钢筋保护层厚度检验的合格率小于90%但不小于80%时，可再抽取相同数量的构件进行检验；当按两次抽样总和计算的合格率为90%及以上时，仍可判为合格。

(2)钢筋位置、钢筋直径应符合设计要求。

四、取样规定及取样地点

(一)取样规定

(1)结构实体钢筋保护层厚度检验构件的选取应符合下列规定：

①对悬挑构件之外的梁板类构件，应各抽取构件数量的2%且不少于5个构件进行检验。

②对悬挑梁，应抽取构件数量的5%且不少于10个构件进行检验；当悬挑梁数量少于10个时，应全数检验。

③对悬挑板，应抽取构件数量的10%且不少于20个构件进行检验；当悬挑板数量少于20个时，应全数检验。

(2)对选定的梁类构件，应对全部纵向受力钢筋的保护层厚度进行检验；对选定的板类构件，应抽取不少于6根纵向受力钢筋的保护层厚度进行检验。对每根钢筋，应选择有代表性的不同部位量测3点取平均值。

(3)钢筋保护层厚度检验的结构部位，应由监理(建设)、施工等各方根据结构构件的重要性共同选定。

(4)悬挑结构上部钢筋保护层厚度偏差要进行检测。

(二)取样地点

取样地点为现场实体。

第二十七章　楼板厚度检验

一、概述及引用标准

（一）概述

墙厚、板厚、层高的检验可采用非破损或局部破损的方法，也可采用非破损方法并用局部破损方法进行校准。当采用非破损方法检验时，所使用的检测仪器应经过计量检验，检测操作应符合国家现行相关标准的规定。

（二）引用标准

《混凝土结构工程施工质量验收规范》(GB 50204—2015)。

二、试验检测参数

主要项目：楼板厚度。

三、试验检测技术指标

楼板厚度允许偏差为－10～＋5 mm。

结构实体位置与尺寸偏差项目应分别进行验收，并应符合下列规定：

(1)当检验项目的合格率为80％及以上时，可判为合格。

(2)当检验项目的合格率小于80％但不小于70％时，可再抽取相同数量的构件进行检验；当按两次抽样总和计算的合格率为80％及以上时，仍可判为合格。

四、取样规定及取样地点

（一）取样规定

(1)结构实体位置与尺寸偏差检验构件的选取应符合下列规定：

①梁、柱应抽取构件数量的1%，且不应少于3个构件。

②墙、板应按有代表性的自然间抽取1%，且不应少于3间。

(2)悬挑板取距离支座0.1 m处，沿宽度方向取包括中心位置在内的3点取平均值；其他楼板，在同一对角线上量测中间及距离两端各0.1 m处，取3点的平均值。

(二)取样地点

取样地点为现场实体。

第二十八章　砌体工程现场

一、概述及引用标准

（一）概述

原位轴压法：采用原位压力机在墙体上进行抗压测试，检测砌体抗压强度的方法。

扁式液压顶法：采用扁式液压千斤顶在墙体上进行抗压测试，检测砌体的受压应力、弹性模量、抗压强度的方法，简称扁顶法。

切制抗压试件法：从墙体上切割、取出外形几何尺寸为标准抗压砌体试件，运至试验室进行抗压测试的方法。

原位砌体通缝单剪法：在墙体上沿单个水平灰缝进行抗剪测试，检测砌体抗剪强度的方法，简称原位单剪法。

原位双剪法：采用原位剪切仪在墙体上对单块或双块顺砖进行双面抗剪测试，检测砌体抗剪强度的方法。

推出法：采用推出仪从墙体上水平推出单块丁砖，测得水平推力及推出砖下的砂浆饱满度，以此推定砌筑砂浆抗压强度的方法。

筒压法：将取样砂浆破碎、烘干并筛分成符合一定级配要求的颗粒，装入承压筒并施加筒压荷载，检测其破损程度（筒压比），根据筒压比推定砌筑砂浆抗压强度的方法。

砂浆片剪切法：采用砂浆测强仪检测砂浆片的抗剪强度，以此推定砌筑砂浆抗压强度的方法。

砂浆回弹法：采用砂浆回弹仪检测墙体、柱中砂浆表面的硬度，根据回弹值和碳化深度推定其强度的方法。

点荷法：在砂浆片的大面上施加点荷载，推定砌筑砂浆抗压强度的方法。

砂浆片局压法:采用局压仪对砂浆片试件进行局部抗压测试,根据局部抗压荷载值推定砌筑砂浆抗压强度的方法。

烧结砖回弹法:采用专用回弹仪检测烧结普通砖或烧结多孔砖表面的硬度,根据回弹值推定其抗压强度的方法。

(二)引用标准

《砌体工程现场检测技术标准》(GB/T 50315—2011)。

二、试验检测参数

主要项目:推定砌筑砂浆强度或砖、砖砌体强度。

三、试验检测技术指标

推定的砌筑砂浆强度或砖、砖砌体强度应满足设计要求。

四、取样规定及取样地点

(一)取样规定

(1)当检测对象为整栋建筑物或建筑物的一部分时,应将其划分为一个或若干个可以独立进行分析的结构单元,再将每一结构单元划分为若干个检测单元。

(2)每一检测单元内,不宜少于 6 个测区,应将单个构件(单片墙体、柱)作为 1 个测区;当一个检测单元不足 6 个构件时,应将每个构件作为 1 个测区。

(3)每一测区应随机布置若干测点,各种检测方法的测点数应符合下列要求:

①原位轴压法、扁顶法、切制抗压试件法、原位单剪法、筒压法,测点数不应少于 1 个。

②原位双剪法、推出法,测点数不应少于 3 个。

③砂浆片剪切法、砂浆回弹法、点荷法、砂浆片局压法、烧结砖回弹法,测点数不应少于 5 个。

④回弹法的测位,相当于其他检测方法的测点。

(二)取样地点

取样地点为现场实体。

第二十九章　生活饮用水

一、概述及引用标准

(一)概述

生活饮用水:供人生活的饮水和用水。

常规指标:反映生活饮用水水质基本状况的指标。

(二)引用标准

《生活饮用水卫生标准》(GB 5749—2022);

《生活饮用水标准检验方法》(GB/T 5750.1～5750.13—2006)。

二、试验检测参数

主要项目:微生物指标,毒理指标,感官性状和一般化学指标,放射性指标等。

三、试验检测技术指标

生活饮用水水质应符合表 29-1 和表 29-3 的要求,出厂水和末梢水中消毒剂限值、消毒剂余量均应符合表 29-2 的要求。

表 29-1　生活饮用水水质常规指标及限值

序号	指标	限值
一、微生物指标		
1	总大肠菌群/(MPN/100 mL 或 CFU/100 mL)①	不得检出
2	大肠埃希氏菌/(MPN/100 mL 或 CFU/100 mL)①	不得检出

续表

序号	指标	限值
3	菌落总数/(MPN/mL 或 CFU/mL)②	100
二、毒理指标		
4	砷/(mg/L)	0.01
5	镉/(mg/L)	0.005
6	铬(六价)(mg/L)	0.05
7	铅/(mg/L)	0.01
8	汞/(mg/L)	0.001
9	氰化物/(mg/L)	0.05
10	氟化物/(mg/L)②	1.0
11	硝酸盐(以 N 计)/(mg/L)②	10
12	三氯甲烷/(mg/L)③	0.06
13	一氯二溴甲烷/(mg/L)③	0.1
14	二氯一溴甲烷/(mg/L)③	0.06
15	三溴甲烷/(mg/L)③	0.1
16	三卤甲烷(三氯甲烷、一氯二溴甲烷、二氯一溴甲烷、三溴甲烷的总和)③	该类化合物中各种化合物的实测浓度与其各自限制的比值之和不超过 1
17	二氯乙酸/(mg/L)③	0.05
18	三氯乙酸/(mg/L)③	0.1
19	溴酸盐/(mg/L)③	0.01
20	亚氯酸盐/(mg/L)③	0.7
21	氯酸盐/(mg/L)③	0.7
三、感官性状和一般化学指标④		
22	色度(铂钴色度单位)/度	15
23	浑浊度(散射浑浊度单位)/NTU②	1
24	臭和味	无异臭、异味
25	肉眼可见物	无
26	pH	不小于 6.5 且不大于 8.5
27	铝/(mg/L)	0.2

续表

序号	指标	限值
28	铁/(mg/L)	0.3
29	锰/(mg/L)	0.1
30	铜/(mg/L)	1.0
31	锌/(mg/L)	1.0
32	氯化物/(mg/L)	250
33	硫酸盐/(mg/L)	250
34	溶解性总固体/(mg/L)	1000
35	总硬度(以 $CaCO_3$ 计)/(mg/L)	450
36	高锰酸盐指数(以 O_2 计)/(mg/L)	3
37	氨(以 N 计)/(mg/L)	0.5
四、放射性指标⑤		
38	总 α 放射性/(Bq/L)	0.5(指导值)
39	总 β 放射性/(Bq/L)	1(指导值)

①MPN 表示最可能数;CFU 表示菌落形成单位。当水样检出总大肠菌群时,应进一步检验大肠埃希氏菌;当水样未检出总大肠菌群时,不必检验大肠埃希氏菌。

②小型集中式供水和分散式供水因水源与净水技术受限时,菌落总数指标限值按 500 MPN/mL或 500 CFU/mL 执行,氟化物指标限值按 1.2 mg/L 执行,硝酸盐(以 N 计)指标限值按 20 mg/L 执行,浑浊度指标限值按 3 NTU 执行。

③水处理工艺流程中预氧化或消毒方式:

——采用液氯、次氯酸钙及氯胺时,应测定三氯甲烷、一氯二溴甲烷、二氯一溴甲烷、三溴甲烷、三卤甲烷、二氯乙酸、三氯乙酸;

——采用次氯酸钠时,应测定三氯甲烷、一氯二溴甲烷、二氯一溴甲烷、三溴甲烷、三卤甲烷、二氯乙酸、三氯乙酸、氯酸盐;

——采用臭氧时,应测定溴酸盐;

——采用二氧化氯时,应测定亚氯酸盐;

——采用二氧化氯与氯混合消毒剂发生器时,应测定亚氯酸盐、氯酸盐、三氯甲烷、一氯二溴甲烷、二氯一溴甲烷、三溴甲烷、三卤甲烷、二氯乙酸、三氯乙酸;

——当原水中含有上述污染物,可能导致出厂水和末梢水出现超标风险时,无论采用何种预氧化或消毒方式,都应对其进行测定。

④当发生影响水质的突发公共事件时,经风险评估,感官性状和一般化学指标可暂时适当放宽。

⑤放射性指标超过指导值(总 β 放射性扣除 ^{40}K 后仍然大于 1 Bq/L),应进行核素分析和评价,判定能否饮用。

表 29-2 生活饮用水消毒剂常规指标及要求

序号	指标	与水接触时间/min	出厂水和末梢水限值/(mg/L)	出厂水余量/(mg/L)	末梢水余量/(mg/L)
40	游离氯[①④]	≥30	≤2	≥0.3	≥0.05
41	总氯[②]	≥120	≤3	≥0.5	≥0.05
42	臭氧[③]	≥12	≤0.3	—	≥0.02 如采用其他协同消毒方式，消毒剂限值及余量应满足相应要求
43	二氧化氯[④]	≥30	≤0.8	≥0.1	≥0.02

①采用液氯、次氯酸钠、次氯酸钙消毒方式时，应测定游离氯。

②采用氯胺消毒方式时，应测定总氯。

③采用臭氧消毒方式时，应测定臭氧。

④采用二氧化氯消毒方式时，应测定二氧化氯；采用二氧化氯与氯混合消毒剂发生器消毒方式时，应测定二氧化氯和游离氯。两项指标均应满足限值要求，至少一项指标应满足余量要求。

表 29-3 生活饮用水水质扩展指标及限值

序号	指标	限值
一、微生物指标		
44	贾第鞭毛虫/(个/10 L)	<1
45	隐孢子虫/(个/10 L)	<1
二、毒理指标		
46	锑/(mg/L)	0.005
47	钡/(mg/L)	0.7
48	铍(mg/L)	0.002
49	硼/(mg/L)	1.0
50	钼/(mg/L)	0.07
51	镍/(mg/L)	0.02
52	银/(mg/L)	0.05

续表

序号	指标	限值
53	铊/(mg/L)	0.0001
54	硒/(mg/L)	0.01
55	高氯酸盐/(mg/L)	0.07
56	二氯甲烷/(mg/L)	0.02
57	1,2-二氯乙烷/(mg/L)	0.03
58	四氯化碳/(mg/L)	0.002
59	氯乙烯/(mg/L)	0.001
60	1,1-二氯乙烯/(mg/L)	0.03
61	1,2-二氯乙烯(总量)/(mg/L)	0.05
62	三氯乙烯/(mg/L)	0.02
63	四氯乙烯/(mg/L)	0.04
64	六氯丁二烯/(mg/L)	0.0006
65	苯/(mg/L)	0.01
66	甲苯/(mg/L)	0.7
67	二甲苯(总量)/(mg/L)	0.5
68	苯乙烯/(mg/L)	0.02
69	氯苯/(mg/L)	0.3
70	1,4-二氯苯/(mg/L)	0.3
71	三氯苯(总量)/(mg/L)	0.02
72	六氯苯/(mg/L)	0.001
73	七氯/(mg/L)	0.0004
74	马拉硫磷/(mg/L)	0.25
75	乐果/(mg/L)	0.006
76	灭草松/(mg/L)	0.3
77	百菌清/(mg/L)	0.01
78	呋喃丹/(mg/L)	0.007
79	毒死蜱/(mg/L)	0.03
80	草甘膦/(mg/L)	0.7

续表

序号	指标	限值
81	敌敌畏/(mg/L)	0.001
82	莠去津/(mg/L)	0.002
83	溴氰菊酯/(mg/L)	0.02
84	2,4-滴/(mg/L)	0.03
85	乙草胺/(mg/L)	0.02
86	五氯酚/(mg/L)	0.009
87	2,4,6-三氯酚/(mg/L)	0.2
88	苯并(a)芘/(mg/L)	0.00001
89	邻苯二甲酸二(2-乙基己基)酯/(mg/L)	0.008
90	丙烯酰胺/(mg/L)	0.0005
91	环氧氯丙烷/(mg/L)	0.0004
92	微囊藻毒素-LR(藻类暴发情况发生时)/(mg/L)	0.001
三、感官性状和一般化学指标①		
93	钠/(mg/L)	200
94	挥发酚类(以苯酚计)/(mg/L)	0.002
95	阴离子合成洗涤剂/(mg/L)	0.3
96	2-甲基异莰醇/(mg/L)	0.00001
97	土臭素/(mg/L)	0.00001

①当发生影响水质的突发公共事件时,经风险评估,感官性状和一般化学指标可暂时适当放宽。

四、取样规定及取样地点

(一)取样规定

(1)容器应整洁干净无污染,可用硼硅玻璃瓶或聚乙烯塑料瓶。

(2)取 3～5 L 水,分 2～3 个容器装。

(3)取样应在管道安装完成且冲洗消毒后。

(二)取样地点

取样地点为生活用水出口。

第三十章　道路工程

第一节　路　基

一、概述及引用标准

(一)概述

压实度:筑路材料压实后的密度与标准密度之比,以百分比表示。

弯沉:在规定的荷载作用下,路基或路面表面产生的总垂直变形值(总弯沉)或垂直回弹变形值(回弹弯沉),以 0.01 mm 计。

(二)引用标准

《城镇道路工程施工与质量验收规范》(CJJ 1—2008);

《公路路基路面现场测试规程》(JTG 3450—2019)。

二、试验检测参数

主要项目:路基压实度,回弹弯沉,路床平整度。

三、试验检测技术指标

(1)路基压实度应符合表 30-1 的规定。

表 30-1 路基压实度标准

填挖类型	路床顶面以下深度/cm	道路类别	压实度/%（重型击实）	检验频率		检验方法
				范围	点数	
挖方	0～30	城市快速路、主干路	≥95	1000 m^2	每层3点	环刀法、灌水法或灌砂法
		次干路	≥93			
		支路及其他小路	≥90			
填方	0～80	城市快速路、主干路	≥95			
		次干路	≥93			
		支路及其他小路	≥90			
	>80～150	城市快速路、主干路	≥93			
		次干路	≥90			
		支路及其他小路	≥90			
	>150	城市快速路、主干路	≥90			
		次干路	≥90			
		支路及其他小路	≥87			

(2)回弹弯沉值不应大于设计规定。

(3)路床平整度不应大于 15 mm。

四、取样规定及取样地点

(一)取样规定

测定压实度时，每 1000 m^2 测 3 点；测定回弹弯沉时，每车道、每 20 m 测 1 点；测路床平整度时，每 20 m，路宽小于 9 m 测 1 点、路宽为 9～15 m 测 2 点、路宽大于 15 m 测 3 点。

(二)取样地点

取样地点为施工现场。

第二节 砂垫层

一、概述及引用标准

(一)概述

灌砂法是利用粒径为0.30～0.60 mm或0.25～0.50 mm清洁干净的均匀砂,从一定高度自由下落到试洞内,按其单位重不变的原理来测量试洞的容积(即用标准砂来置换试洞中的集料),并结合集料的含水量来推算出试样的实测干密度。

(二)引用标准

《城镇道路工程施工与质量验收规范》(CJJ 1—2008);

《公路路基路面现场测试规程》(JTG 3450—2019)。

二、试验检测参数

主要项目:压实度,垫层厚度。

三、试验检测技术指标

(1)砂垫层的压实度应大于或等于90%。

(2)砂垫层厚度应不小于设计规定。

四、取样规定及取样地点

(一)取样规定

测定压实度时,每1000 m^2、每压实层抽检3点;测砂垫层厚度时,每20 m,路宽小于9 m测2点、路宽为9～15 m测4点、路宽大于15 m测6点。

(二)取样地点

取样地点为施工现场。

第三节　基　层

一、概述及引用标准

(一)概述

无侧限抗压强度:试样在无侧向压力情况下,抵抗轴向压力的极限强度。

7 d无侧限抗压强度:按试验配合比调配无机结合料试样,计算出试模中所需的无机结合料量,放入试模中,用路强仪压至试模中,拆模后养护,7 d后在路强仪中试压,得出的强度就是7 d无侧限抗压强度。

(二)引用标准

《城镇道路工程施工与质量验收规范》(CJJ 1—2008);

《公路路基路面现场测试规程》(JTG 3450—2019)。

二、试验检测参数

主要项目:压实度,回弹弯沉,7 d无侧限抗压强度,断面高程,平整度。

三、试验检测技术指标

(一)石灰稳定土,石灰、粉煤灰稳定砂砾(碎石),石灰、粉煤灰稳定钢渣基层及底基层

(1)压实度应符合以下要求:

①城市快速路、主干路基层应大于或等于97%,底基层应大于或等于95%。

②其他等级道路基层应大于或等于95%,底基层应大于或等于93%。

(2)7 d无侧限抗压强度应符合设计要求。

(3)允许偏差应符合表30-2的规定。

表30-2　允许偏差

项目		允许偏差	检验频率		检验方法
			范围	点数	
纵断高程	基层	±15 mm	20 m	1	用水准仪测量
	底基层	±20 mm			

续表

项目		允许偏差	检验频率				检验方法
			范围	点数			
平整度	基层	≤10 mm	20 m	路宽	<9 m	1	用3 m直尺和塞尺连续量两尺，取较大值
					9～15 m	2	
	底基层	≤15 mm			>15 m	3	

(二)水泥稳定土类基层及底基层

(1)压实度应符合以下要求：

①城市快速路、主干路基层应大于或等于97%，底基层应大于或等于95%。

②其他等级道路基层应大于或等于95%，底基层应大于或等于93%。

(2)基层、底基层7 d无侧限抗压强度应符合设计要求。

(3)允许偏差应符合表30-2的规定。

(三)级配砂砾及级配砾石基层及底基层

(1)基层压实度应大于或等于97%，底基层压实度应大于或等于95%。

(2)弯沉值不应大于设计规定。

(3)允许偏差应符合表30-2的规定。

(四)级配碎石及级配碎砾石基层和底基层

(1)基层压实度不得小于97%，底基层压实度不应小于95%。

(2)弯沉值不应大于设计规定。

(3)允许偏差应符合表30-2的规定。

(五)沥青混合料(沥青碎石)基层

(1)压实度不得低于95%(马歇尔击实试件密度)。

(2)弯沉值不应大于设计规定。

(3)允许偏差应符合表30-3的规定。

表30-3 允许偏差

项目	允许偏差	检验频率		检验方法
		范围	点数	
纵断高程	±15 mm	20 m	1	用水准仪测量

续表

<table>
<tr><th rowspan="2">项目</th><th rowspan="2">允许偏差</th><th colspan="4">检验频率</th><th rowspan="2">检验方法</th></tr>
<tr><th>范围</th><th colspan="3">点数</th></tr>
<tr><td rowspan="3">平整度</td><td rowspan="3">≤10 mm</td><td rowspan="3">20 m</td><td rowspan="3">路宽</td><td><9 m</td><td>1</td><td rowspan="3">用 3m 直尺和塞尺连续量两尺，取较大值</td></tr>
<tr><td>9～15 m</td><td>2</td></tr>
<tr><td>>15 m</td><td>3</td></tr>
</table>

(六)沥青贯入式基层

(1)压实度不应小于 95%。

(2)弯沉值不应大于设计规定。

(3)允许偏差应符合表 30-2 的规定。

四、取样规定及取样地点

(一)取样规定

测定压实度(或干密度)和路面厚度时，每 1000 m^2测 1 点。

测定回弹弯沉值时，每车道、每 20 m 测 1 点。

测 7 d 无侧限抗压强度时，每 2000 m^2抽检一组(6 块)。

测纵断面高程时，每 20 m 测 1 点。

测平整度时，每 20 m，路宽小于 9 m 测 1 点、路宽为 9～15 m 测 2 点、路宽大于15 m测 3 点。

(二)取样地点

取样地点为施工现场。

第四节　水泥混凝土面层

一、概述及引用标准

(一)概述

水泥混凝土面层是指用水泥混凝土铺筑的道路面层。

(二)引用标准

《城镇道路工程施工与质量验收规范》(CJJ 1—2008)；

《公路路基路面现场测试规程》(JTG 3450—2019)。

二、试验检测参数

(1)主要项目:抗压强度,弯拉强度。

(2)其他项目:厚度,平整度,抗滑性。

三、试验检测技术指标

(1)用于不同交通等级道路面层水泥的弯拉强度、抗压强度最小值应符合表30-4的规定。

表 30-4 道路面层水泥的弯拉强度、抗压强度最小值

道路等级	特重交通		重交通		中、轻交通	
龄期/d	3	28	3	28	3	28
抗压强度/MPa	25.5	57.5	22.0	52.5	16.0	42.5
弯拉强度/MPa	4.5	7.5	4.0	7.0	3.5	6.5

(2)混凝土抗压强度评定取样应符合本书第十章第二节的规定。

(3)混凝土弯拉强度应符合设计规定。

(4)混凝土面层厚度应符合设计规定,允许误差为±5 mm。

(5)混凝土路面允许偏差应符合表30-5的规定。

表 30-5 混凝土路面允许偏差

项目		允许偏差或规定值		检验频率		检验方法
		城市快速路、主干路	次干路、支路	范围	点数	
平整度	标准差(σ)	≤1.2 mm	≤2 mm	100 m	1	用测平仪测量
	最大间隙	≤3 mm	≤5 mm	20 m	1	用3 m直尺和塞尺连续量两尺,取较大值

(6)抗滑构造深度应符合设计要求。

四、取样规定及取样地点

(一)取样规定

测弯拉强度时,每 100 m^3 的同配合比的混凝土,取样 1 次;不足 100 m^3 时按 1 次计。每次取样应至少留置一组标准养护试件。同条件养护试件的留置组数应根据实际需要确定,最少一组。

测定路面厚度时,每 1000 m^2 抽测 1 点。

测平整度标准差时,每 100 m 测 1 点;测平整度最大间隙时,每 20 m 测 1 点。

测定抗滑性能时,每车道、每 1000 m^2 测 1 点。

(二)取样地点

取样地点为施工现场。

第五节　沥青混合料面层

一、概述及引用标准

(一)概述

沥青混合料面层:用沥青结合料与不同矿料拌制的特粗粒式、粗粒式、中粒式、细粒式、砂粒式沥青混合料铺筑面层的总称。

平整度:路面表面相对于理想平面的竖向偏差,通常以最大间隙、颠簸累积值、国际平整度指数表征,以 mm 或 m/km 计。

(二)引用标准

《城镇道路工程施工与质量验收规范》(CJJ 1—2008);

《公路路基路面现场测试规程》(JTG 3450—2019)。

二、试验检测参数

主要项目:压实度(或干密度),回弹弯沉,路面厚度,路面平整度,渗水系数。

三、试验检测技术指标

(一)热拌沥青混合料面层

(1)沥青混合料面层压实度,对城市快速路、主干路不应小于 96%;对次干路及以下道路不应小于95%。

(2)面层厚度应符合设计规定,允许偏差为-5~+10 mm。

(3)弯沉值不应大于设计规定。

(4)热拌沥青混合料面层允许偏差应符合表30-6的规定。

表 30-6 热拌沥青混合料面层允许偏差

项目		允许偏差		检验频率				检验方法
				范围	点数			
平整度	标准差 σ 值	快速路、主干路	≤1.5 mm	100 m	路宽	<9 m	1	用测平仪检测
						9~15 m	2	
		次干路、支路	≤2.4 mm			>15 m	3	
	最大间隙	次干路、支路	≤5 mm	20 m	路宽	<9 m	1	用3 m直尺和塞尺连续量取两尺,取最大值
						9~15 m	2	
						>15 m	3	

(二)冷拌沥青混合料面层

(1)冷拌沥青混合料面层的压实度不应小于95%。

(2)面层厚度应符合设计规定,允许偏差为-5~+15 mm。

(3)冷拌沥青混合料面层允许偏差应符合表30-7的规定。

表 30-7 冷拌沥青混合料面层允许偏差

项目	允许偏差	检验频率				检验方法
		范围	点数			
平整度	≤10 mm	20 m	路宽	<9 m	1	用3 m直尺和塞尺连续量取两尺,取最大值
				9~15 m	2	
				>15 m	3	

四、取样规定及取样地点

(一)取样规定

(1)测定压实度(或干密度)和路面厚度时,每1000 m^2测1点。

(2)测定热拌沥青混合料面层回弹弯沉值时,每车道、每 20 m 测 1 点。

(3)测定热拌沥青混合料面层路面平整度:

①测定标准差 σ 值时,每 100 m,路宽小于 9 m 测 1 点、路宽为 9～15 m 测 2 点、路宽大于 15 m 测 3 点。

②测定最大间隙时,每 20 m,路宽小于 9 m 测 1 点、路宽为 9～15 m 测 2 点、路宽大于 15 m 测 3 点。

(4)测定冷拌沥青混合料面层路面平整度时,每 20 m,路宽小于 9 m 测 1 点、路宽为 9～15 m 测 2 点、路宽大于 15 m 测 3 点。

(二)取样地点

取样地点为施工现场。

第三十一章　预制构件

一、概述及引用标准

（一）概述

预制构件是指按照设计规格在工厂或现场预先制成的钢、木或混凝土构件，在此特指混凝土预制构件。

（二）引用标准

《混凝土结构工程施工质量验收规范》(GB 50204—2015)。

二、试验检测参数

主要项目：承载力，挠度，裂缝宽度。

三、试验检测技术指标

预制构件技术指标应符合表 31-1 的要求。

表 31-1　预制构件技术指标

项目	数据			
设计要求的最大裂缝宽度限值/mm	0.1	0.2	0.3	0.4
构件检验的最大裂缝宽度允许值/mm	0.07	0.15	0.20	0.25

承载力、挠度按《混凝土结构工程施工质量验收规范》(GB 50204—2015)附录 B 进行验算。

四、取样规定及取样地点

(一)取样规定

对成批生产的构件,应将同一工艺正常生产的不超过 1000 件,且不超过 3 个月的同类型产品作为一批。在各批中随机抽取 1 个构件。

(二)取样地点

取样地点为施工现场。

附录一 《建筑工程检测试验技术管理规范》(JGJ 190—2010)(节选)

2 术语

2.0.1 检测试验

依据国家有关标准和设计文件对建筑工程的材料和设备性能、施工质量及使用功能等进行测试,并出具检测试验报告的过程。

2.0.2 检测机构

为建筑工程提供检测服务并具备相应资质的社会中介机构,其出具的报告为检测报告。

2.0.3 企业试验室

施工企业内部设置的为控制施工质量而开展试验工作的部门,其出具的报告为试验报告。

2.0.4 现场试验站

施工单位根据工程需要在施工现场设置的主要从事试样制取、养护、送检以及对部分检测试验项目进行试验的部门。

3 基本规定

3.0.1 建筑工程施工现场检测试验技术管理应按以下程序进行:

1 制订检测试验计划。

2 制取试样。

3 登记台账。

4 送检。

5 检测试验。

6 检测试验报告管理。

3.0.2 建筑工程施工现场应配备满足检测试验需要的试验人员、仪器设备、设施及相关标准。

3.0.3 建筑工程施工现场检测试验的组织管理和实施应由施工单位负责。当建筑工程实行施工总承包时，可由总承包单位负责整体组织管理和实施，分包单位按合同确定的施工范围各负其责。

3.0.4 施工单位及其取样、送检人员必须确保提供的检测试样具有真实性和代表性。

3.0.5 承担建筑工程施工检测试验任务的检测单位应符合下列规定：

1 当行政法规、国家现行标准或合同对检测单位的资质有要求时，应遵守其规定；当没有要求时，可由施工单位的企业试验室试验，也可委托具备相应资质的检测机构检测。

2 对检测试验结果有争议时，应委托共同认可的具备相应资质的检测机构重新检测。

3 检测单位的检测试验能力应与其所承接检测试验项目相适应。

3.0.6 见证人员必须对见证取样和送检的过程进行见证，且必须确保见证取样和送检过程的真实性。

3.0.7 检测方法应符合国家现行相关标准的规定。当国家现行标准未规定检测方法时，检测机构应制定相应的检测方案并经相关各方认可，必要时应进行论证或验证。

3.0.8 检测机构应确保检测数据和检测报告的真实性和准确性。

3.0.9 建筑工程施工检测试验中产生的废弃物、噪声、振动和有害物质等的处理、处置，应符合国家现行标准的相关规定。

4 检测试验项目

4.1 材料、设备进场检测

4.1.1 材料、设备的进场检测内容应包括材料性能复试和设备性能测试。

4.1.2 进场材料性能复试与设备性能测试的项目和主要检测参数，应依据国家现行相关标准、设计文件和合同要求确定。常用建筑材料进场复试项目、主要检测参数和取样依据可按本规范附录A的规定确定。

4.1.3 对不能在施工现场制取试样或不适于送检的大型构配件及设备等，可由监理单位与施工单位等协商在供货方提供的检测场所进行检测。

4.2 施工过程质量检测试验

4.2.2 施工过程质量检测试验的主要内容应包括:土方回填、地基与基础、基坑支护、结构工程、装饰装修等5类。施工过程质量检测试验项目、主要检测试验参数和取样依据可按表4.2.2(略)的规定确定。

4.2.3 施工工艺参数检测试验项目应由施工单位根据工艺特点及现场施工条件确定,检测试验任务可由企业试验室承担。

4.3 工程实体质量与使用功能检测

4.3.2 工程实体质量与使用功能检测的主要内容应包括实体质量及使用功能等2类。工程实体质量与使用功能检测项目、主要检测参数和取样依据可按表4.3.2(略)的规定确定。

附录二 《电力建设土建工程施工技术检验规范》(DL/T 5710—2014)(节选)

2 术语

2.0.1 检测试验

依据国家有关标准和设计文件对建筑工程的材料和设备性能、施工质量及使用功能等进行测试,并出具检测试验报告的过程。

2.0.2 检测试验单位

取得相应资质并在其资质范围内从事检测试验工作的单位。

2.0.3 现场试验室

根据工程需要在施工现场设置的,由检测试验单位派出的,主要从事试样制取、养护、送检以及对部分检测试验项目进行试验的部门。

2.0.4 见证人员

具有相关检测试验专业知识,受建设单位或监理单位委派,对试样的取样、制作、送检及现场工程实体检测试验过程的真实性、规范性见证的技术人员。

2.0.5 见证取样

具有取样资格的人员在见证人员见证下对工程中的试样和建筑材料在现场取样、制作,并送至有资质的检测试验单位进行检测的活动。

2.0.6 见证检测

检测试验单位在见证人员见证下进行的检测试验活动。

2.0.8 第三方检测试验单位

两个相互联系的主体之外具有法人资格的,以公正、权威的非当事人身份,根据有关法律、标准或合同进行质量检验活动的检测试验单位。

3 基本规定

3.0.2 电力建设土建工程检测试验应委托具有相应资质的单位进行检测试验。见证取样检测、鉴定检测试验项目应委托第三方检测试验单位进行检测。第三方检测试验单位不得与所检测试验项目相关的设计、施工、监理单位有隶属或经济利益关系。

3.0.3 工程规模较大、检测试验工作量较多时,建设单位宜与有相应资质的第三方检测试验单位签订检测委托合同,第三方检测试验单位按合同要求设立现场试验室,开展相应的检测试验工作。

3.0.4 承担电力建设土建工程检测试验任务的检测试验单位应取得计量认证证书和相应的资质等级证书。当设置现场试验室时,检测试验单位及由其派出的现场试验室应取得电力工程质量监督机构认定的资质等级证书。

3.0.5 检测试验单位及由其派出的现场试验室必须在其资质规定和技术能力范围内开展检测试验工作。

3.0.6 检测试验单位及由其派出的现场试验室应配备能满足所开展检测试验项目要求的检测试验人员、设备、仪器、设施及相关标准。

3.0.7 检测试验单位及由其派出的现场试验室应按国家现行有关管理规定和技术标准,建立健全检测试验质量管理体系,并按管理体系运行。

3.0.8 检测试验单位及其检测试验人员应对检测试验数据和检测试验报告的真实性和准确性负责。

3.0.9 检测试验试样的提供方及其取样人员、见证方及见证人员应对试样的代表性、真实性负责。

3.0.10 对实行见证取样和见证检测的项目,不符合见证要求的,检测试验单位不得进行检测。

4 管理要求

4.1 组织及职责

4.1.1 电力建设工程应建立检测试验管理网络及其组织机构,明确各参建单位及相关人员职责。

4.1.2 各参建单位在检测试验工作中应履行以下职责:

1　建设单位应履行下列职责：

1)执行国家和行业有关质量法规，建立检测试验质量管理网络和程序，明确各方职责。

2)批准施工检测试验计划、外部委托送检计划及见证计划。

3)督促检测试验单位、监理单位、施工单位按要求完成与检测试验相关的工作。

4)检查各参建单位有关检测试验的工程建设标准强制性条文及国家现行标准的执行情况。

5)必要时配备满足要求的见证人员。

2　监理单位应履行下列职责：

1)审核检测试验单位资质、检测试验能力及人员资格，并动态检查，建立管理台账。

2)审查施工检测试验计划并监督实施。

3)根据施工检测试验计划，制订见证计划，并配备满足要求的见证人员。

4)核查检测试验资料，检查检测试验数量、频次、试验结果是否满足设计文件、合同及国家现行有关标准的规定。

5)督促、检查检测试验发现的不合格项、品的处置情况直至整改闭环。

6)检查施工单位、检测试验单位的试验台账。

7)按照监理合同及有关规定进行平行检验或见证取样抽检工作。

3　检测试验单位应履行下列职责：

1)执行国家现行检测试验标准，当设置现场试验室时，应组织开展检测试验质量管理网络活动。

2)编制检测试验管理制度、控制程序及检测试验异常情况处理预案，做好检测试验工作。

3)按照委托方要求参加新技术、新工艺、新流程、新装备、新材料有关的试验项目或现场施工需要的工艺性试验。

4)及时提交检测试验报告，出现不合格项、品应及时报告委托单位，并协助分析原因。

5)当设置现场试验室时，应定期编制检测试验报表，向建设单位、监理单位报告其主要的检测试验工作。

6)当设置现场试验室时，对所开展的检测试验项目应及时进行统计、分析，提出有关工程质量控制方面的建议。

7)当设置现场试验室时，应参与工程质量事故的分析调查。

8)当设置现场试验室时，对其资质规定和技术能力范围以外的检测试验项目,应根据施工检测试验计划编制外部委托送检计划。

4 施工单位应履行下列职责:

1)负责本单位工程项目检测试验工作的组织管理和实施。

2)编制施工检测试验计划,并按经审批的计划做好检测试验委托工作,保证检测试验数量、频次满足设计文件、合同及国家现行有关标准的要求。

3)实行见证取样检测的项目,应提前通知见证人员,对取样、制样、送检过程负责。

4)提供工程验收所需的检测试验资料,建立检测试验档案。

5)按规定处置检测试验的不合格项、品。

6)根据检测试验资料和反馈信息,组织改进施工管理工作,促进新技术、新工艺、新流程、新装备、新材料的试验和应用。

7)配合建设单位、监理单位、检测试验单位对工程施工质量的检查、抽检和验收等工作。

4.5 施工检测试验计划

4.5.1 施工单位应在工程施工前按单位工程编制施工检测试验计划,报监理单位审查,并经建设单位批准后,在监理单位监督下组织实施。当设现场试验室时,施工检测试验计划尚应经现场试验室核查。

4.5.2 施工检测试验计划应按检测试验项目分别编制,并应包括以下内容:

1 检测试验项目名称。

2 检测试验参数。

3 检测试验试样规格。

4 代表批量。

5 抽检频次和取样规则。

6 工程部位。

7 计划检测试验时间。

4.5.3 施工检测试验计划编制应依据国家现行有关标准的规定和施工质量控制的需要,并应符合以下规定:

1 原材料的检测试验应依据进场计划、批次及相关标准规定的抽检率确定抽检频次。

2 施工过程质量检测试验应依据合同的约定以及相关规范的规定确定抽检频次。

3 工程实体质量与使用功能检测应按照国家现行有关标准的规定确定检测部位与频次。

4 计划检测试验时间应根据工程施工进度计划确定。

5 应注明属于工程建设标准强制性条文规定的检测试验项目。

6 应明确检测试验项目的检测试验单位。当设现场试验室时，应明确外部委托送检的检测试验项目，并编制外部委托送检计划。

4.5.4 发生以下或其他影响施工检测试验计划实施的情况时，应及时调整检测试验计划，调整后的检测试验计划应按本规范第 4.5.1 条的规定重新审批后实施：

1 设计变更。

2 施工工艺改变。

3 施工进度调整。

4 材料和设备的规格、型号、数量或供货源地变化。

4.6 取样与委托

4.6.1 检测试验的抽样方法、检测试验程序及要求等应符合国家现行有关标准的规定。

4.6.2 除确定工艺参数可制作模拟试样外，试样必须在施工现场随机抽取或在相应施工部位制取，严禁在现场外制取。

4.6.3 见证人、取样人或供应商代表等相关人员应根据有关技术标准的规定共同对试样的取样、制样过程，试样的留置、养护情况等进行确认，并做好标识。当设置现场试验室时，试样可由现场试验室具备取样资格的人员抽取或制取。

4.6.4 标识后的试样应在有效期内及时委托至检测试验单位进行检测试验。委托方应正确填写检测试验委托单，委托单应注明检测试验项目、主要检测试验参数及相关要求。主要检测试验委托单式样可按本规范附录 A.1 执行。

4.6.5 收样人员应对委托单的填写内容、试样的状况以及封样、标识等情况进行检查，确认无误后，在委托单上签收。

4.6.6 检测试验单位自行取样的检测试验项目应做好取样记录。

4.6.7 试样的交接、制备、流转、贮存、处置应符合国家现行有关标准的规定。

4.6.8 在现场取样、制样需养护的试样，设立现场试验室的，由现场试验室负责管理；未设现场试验室的，施工单位应建立相应的管理制度，配备取样、制样人员，取样、制样设备和养护设施或及时送至检测试验单位养护，并配备专人管理。

4.7 试样的标识与试验台账

4.7.1 试样应有唯一性标识，并应符合下列要求：

1 试样应按照取样时间顺序连续编号，不得空号、重号。

2 试样标识的内容应根据试样的特性和所处的检测试验状态确定，宜包括名称、规格(或强度等级)、制取日期、检测试验状态等信息。

3 试样标识应字迹清晰、附着牢固。

4.7.2 施工现场施工单位、监理单位、检测试验单位应分别建立试验台账，并及时按要求在试验台账中做好试样的登记工作。试验台账应包括混凝土原材料试验台账、钢筋试验台账、钢筋接头试验台账、混凝土试验台账、砂浆试验台账、回填土试验台账、混凝土配合比试验台账和需要建立的其他试验台账。

4.7.3 试验台账应作为施工资料保存。主要试验台账的表式可按本规范附录B执行。

4.9 见证管理

4.9.1 见证检测或见证取样的检测试验项目应按国家有关行政法规及技术标准的规定确定。

4.9.2 实行见证取样的检测试验项目应确定满足工程需要的见证人员，每个工程项目不得少于2人。

4.9.3 见证人员应由监理单位或建设单位具备见证取样资格的人员担任，并由建设单位书面通知监理单位、施工单位和检测试验单位。见证人员发生变化时，应通知相关单位，办理书面变更手续。

4.9.4 送检单位应对实行见证取样的检测试验项目在取样、送检前通知见证人员。

4.9.5 见证人员应核查见证检测试验的项目、数量和比例以及试样的代表性是否满足有关规定。

4.9.6 见证人员应对见证取样和送检的全过程进行见证并填好见证取样单。主要见证取样单式样可按本规范附录A.2执行。

4.9.7 检测试验单位接收试样时应核实见证人员及见证取样单。当见证人员与备案见证人员不符或见证取样单无见证人员签字时，不得接收试样。

附录三 《房屋建筑工程和市政基础设施工程实行见证取样和送检的规定》(节选)

第五条 涉及结构安全的试块、试件和材料见证取样和送检的比例不得低于有关技术标准中规定应取样数量的30%。

第六条 下列试块、试件和材料必须实施见证取样和送检。

(一)用于承重结构的混凝土试块。

(二)用于承重墙体的砌筑砂浆试块。

(三)用于承重结构的钢筋及连接接头试件。

(四)用于承重墙的砖和混凝土小型砌块。

(五)用于拌制混凝土和砌筑砂浆的水泥。

(六)用于承重结构的混凝土中使用的掺加剂。

(七)地下、屋面、厕浴间使用的防水材料。

(八)国家规定必须实行见证取样和送检的其他试块、试件和材料。